新型双钢板-混凝土组合结构 创新、实践与理论

王　涛　严加宝　著

科学出版社

北　京

内 容 简 介

本书总结了作者近年来双钢板-混凝土组合结构相关研究成果。本书从工程出发,通过试验研究、理论及数值分析,对新型加强型槽钢连接件受剪,采用该新型连接件的双钢板-混凝土组合梁受弯、组合板受冲剪、组合剪力墙抗震等力学机理进行全面系统的阐述,并针对该新型双钢板-混凝土组合结构正截面受弯、斜截面受剪、受面外冲剪、受压及受剪等承载力提出了实用设计计算方法。

本书主要内容为基础性研究成果,可为从事双钢板-混凝土组合结构的研究人员、工程技术人员提供参考。

图书在版编目(CIP)数据

新型双钢板-混凝土组合结构创新、实践与理论/王涛,严加宝著. —北京:科学出版社,2023.1

ISBN 978-7-03-069472-0

Ⅰ.①新… Ⅱ.①王… ②严… Ⅲ.①钢筋混凝土结构-组合结构-研究 Ⅳ.①TU375

中国版本图书馆 CIP 数据核字(2021)第 147933 号

责任编辑:任加林 / 责任校对:马英菊
责任印制:吕春珉 / 封面设计:东方人华平面设计部

科 学 出 版 社出版
北京东黄城根北街 16 号
邮政编码:100717
http://www.sciencep.com

北京中科印刷有限公司印刷

科学出版社发行 各地新华书店经销

*

2023 年 1 月第 一 版   开本:787×1092 1/16
2023 年 1 月第一次印刷   印张:16 1/4
字数:316 000

定价:128.00 元
(如有印装质量问题,我社负责调换〈中科〉)
销售部电话 010-62136230 编辑部电话 010-62135397(BA08)

前　言

双钢板-混凝土组合结构是近年来发展的一种新型结构，其通常由两片外包钢板与夹芯混凝土组成。双钢板-混凝土组合结构具有施工简单、节省模具与人力、抗冲击、抗爆性能优越等优势，因而为发展高性能工程结构提供了更多选择。双钢板-混凝土组合结构作为高性能结构构件在近海及土木工程设施中已有一定应用并呈现出广泛工程应用潜力，如建筑结构剪力墙（江苏盐城电视塔）、沉管隧道（港珠澳大桥沉管隧道节段）、新一代核电站、防护结构、极地采油平台防冰墙及盾构隧道衬片等。近年来，我国在基础设施领域的快速发展，为双钢板-混凝土组合结构应用提供了充足发展空间，同时也带来了全新挑战。

双钢板-混凝土组合结构源于钢结构及混凝土结构，但同时显著不同于上述两种传统结构。因此，针对该新型结构研究须从基础做起，以为后续工程应用提供技术成果支持。国外从 20 世纪 70 年代开始将双钢板-混凝土组合结构应用于深海原油储运、沉管隧道、核电等工程领域；2000 年后，国内学者将双钢板-混凝土组合结构应用于高层建筑墙、核电墙体、隧道等工程结构中。国内外研究内容主要集中于双钢板-混凝土组合结构正截面受弯、斜截面受剪、受面外冲剪，双钢板-混凝土组合剪力墙水平受剪、抗冲击及抗爆性能等方面。由于双钢板-混凝土组合结构采用的钢-混凝土连接形式不同，国内外针对双钢板-混凝土组合结构研究成果呈现出一定差异性，难以做到工程结构与分析的通用性。同时，由于双钢板-混凝土组合结构自身的新颖性，目前有限的研究成果难以预测其在各种荷载作用下的破坏机理。因此，有必要针对该种结构开展相关理论及试验研究，并发展新的分析与设计方法。

本书从提出一种基于新型槽钢连接件的双钢板-混凝土组合结构开始，围绕新型槽钢连接件受剪、双钢板-混凝土组合梁受弯、双钢板-混凝土组合板受冲剪、双钢板-混凝土组合剪力墙抗震等性能进行阐述。本书重点阐述基于新型槽钢连接件双钢板-混凝土组合结构在上述不同工况下的破坏机理与性能分析，并发展了相关理论及数值分析模型，便于相关研究人员及工程设计人员在进行该新型双钢板-混凝土组合结构设计与分析时参考。

在本书撰写过程中，硕士研究生关慧凝、胡惠韬以及博士研究生刘青峰做了大量辅助性工作，在此作者表示衷心感谢。

本书基于作者及其科研团队近 3 年来的研究成果，局限于作者水平，书中难免存在不足之处，敬请读者批评指正。

作　者

2020 年 11 月

目 录

第1章 绪　　论

1.1　双钢板混凝土组合结构及其特点

双钢板-混凝土组合结构通常由两片外包钢板与夹芯混凝土组成。在外包钢板与夹芯混凝土之间通常采用剪力连接件或黏性材料进行连接，从而实现不同材料层之间的组合效应，进而形成一个结构整体。常见的双钢板-混凝土组合结构及剪力连接件如图 1.1 所示，如大头栓钉、角钢、槽钢、J 型钩、激光/摩擦焊接连接件等。双钢板-混凝土组合结构中，外包钢板扮演了混凝土结构中受压与受拉钢筋角色；剪力连接件所起作用为提供斜截面受剪承载力，抵抗外包钢板与核心混凝土之间滑移并提供钢-混组合界面受剪承载力，维护结构整体性（尤其在爆炸与冲击荷载下）；核心混凝土作所起作用与混凝土结构中混凝土材料功能相同。剪力连接件形式较为多样，除了图 1.1 中的样式外，还有钢管束、角钢加劲肋、对穿螺栓等，其主要作用与力学作用机理将在第 3 章中详细阐述。

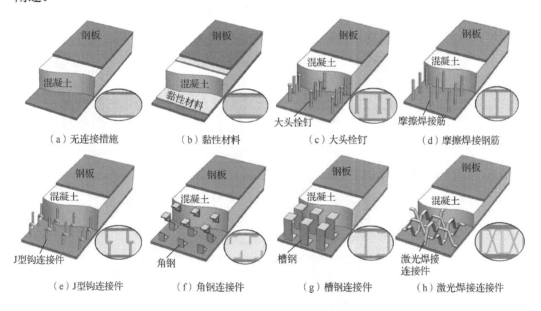

（a）无连接措施　　（b）黏性材料　　（c）大头栓钉　　（d）摩擦焊接钢筋

（e）J型钩连接件　　（f）角钢连接件　　（g）槽钢连接件　　（h）激光焊接连接件

图 1.1　常见的双钢板-混凝土组合结构及剪力连接件

双钢板-混凝土组合结构起源于国外，该型结构有多种命名，如 double skin composite structure、steel-concrete-steel sandwich structure、Bi-steel structure、steel-concrete composite walls 等。英国学者 Wright 等研发了采用重叠大头栓钉的双钢板-混凝土结构，并将其命名为 double skin composite structure[1-5]，如图 1.1（c）所示。因此，double skin composite structure 泛指采用大头栓钉的双钢板-混凝土组合结构。同时期，Roberts 等[6]采用

steel-concrete-steel sandwich structure 命名双钢板-混凝土组合结构。Xie 等[7-8]研发了采用摩擦焊接剪力连接件的双钢板-混凝土组合结构，并将其命名为 Bi-steel structure。美国学者 Varma 等[9-10]采用 steel-plate composite wall 命名双钢板-混凝土组合结构。国内学者较普遍采用"双钢板-混凝土组合结构"这一名称命名此类结构。

与一般钢筋混凝土结构相比，双钢板-混凝土组合结构具有如下优势。

1）外包钢板避免了钢筋混凝土结构中钢筋弯起、锚固等繁杂制作工序，并且代替混凝土浇筑模板，从而节省了模板及现场混凝土浇筑工时。此外，两片外包钢板与连接件形成的钢壳可承受一定施工荷载。

2）外包钢板可起到防水作用，对外部施加的荷载以真正双向受力方式传导。

3）在承受冲击与爆炸荷载时，外包钢板有效防止内填核心混凝土剥落，维持结构完整性并提高结构抗冲击及抗爆性能。

因此，双钢板-混凝土组合结构作为高性能结构构件具有较为广泛的用途。图 1.2 为双钢板-混凝土组合结构的一些典型用途，如建筑结构中的剪力墙（盐城电视塔）[11]、沉管隧道（港珠澳大桥）[12]、核电站安全壳[9]、防护结构[13]、桥面板[14]、极地采油平台防冰墙[15-18]及盾构隧道衬片[19]等。

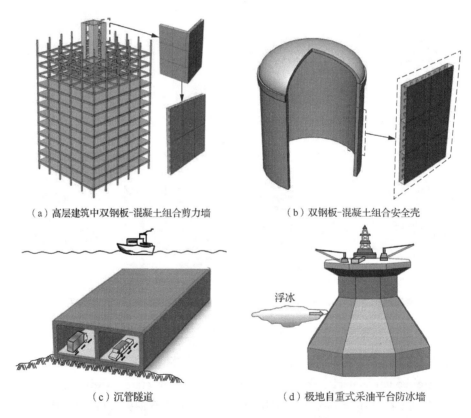

（a）高层建筑中双钢板-混凝土组合剪力墙　　　　　（b）双钢板-混凝土组合安全壳

（c）沉管隧道　　　　　（d）极地自重式采油平台防冰墙

图 1.2　双钢板-混凝土组合结构的一些典型用途

1.2 双钢板-混凝土组合结构发展与研究

1.2.1 采用不同剪力连接件双钢板-混凝土组合结构发展

双钢板-混凝土组合结构的研究可追溯到英国学者 Montague[20]提出的一种双钢板-混凝土组合壳体结构（composite shell）。该双钢板-混凝土组合壳由两层钢壳及夹芯普通混凝土组成，且在钢壳与夹芯混凝土之间并未采取任何连接措施。该双钢板-混凝土组合壳计划用来制作海底原油储罐，以用于水深超过 300m 的近海石油开采[21-22]，如图 1.3 所示。随后，Montague 教授团队开展了大量针对该双钢板-混凝土组合壳在面压与集中荷载作用下的力学性能以模拟海水压力及低速点荷载冲击对该结构极限承载力的影响[21-24]。Shukry[21]和 Nash[22]研究了双钢板-混凝土组合壳在外部静水压强与点荷载作用下的破坏机理。然而，该双钢板-混凝土组合结构在钢-混凝土组合界面之间未设置剪力连接件，从而大大削弱了钢与混凝土之间的组合效应。尽管核心混凝土的引入改善了钢壳体的局部失稳强度，但由于结构抗冲剪承载力由混凝土独自承担且较低的结构组合效应，因此该结构在抵抗面外点荷载作用时表现出较低的抗冲剪承载力。

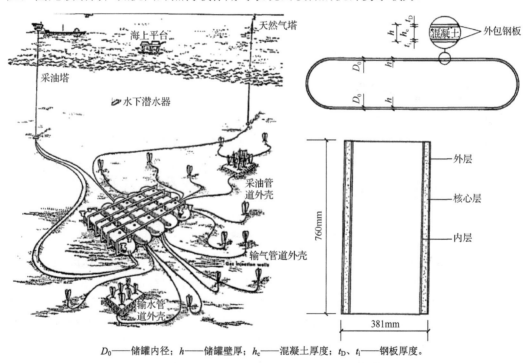

D_0——储罐内径；h——储罐壁厚；h_c——混凝土厚度；t_D、t_i——钢板厚度。

图 1.3 用于深海原油开采的双钢板-混凝土组合壳体储罐

1976 年，Solomon 等[14]发展了应用于中跨及大跨桥梁的双钢板-混凝土组合桥面板（steel-concrete-steel sandwiches）。如图 1.1（b）所示，该双钢板-混凝土组合桥面板采用环氧树脂黏合剂（epoxy adhesive）来连接外包钢板与核心混凝土。研究表明，在局部车轮荷载作用下，该双钢板-混凝土组合结构性能基本令人满意，且其破坏模式为弯剪破坏。由于黏性材料并不能提供斜截面抗剪承载力或抗冲剪承载力，采用黏性材料的双钢板-混凝土组合结构通常抗剪承载力不足。Solomon 等[14]指出双钢板-混凝土组合板在集中荷载作用下发生混凝土冲切破坏。因此，有必要提高面外集中荷载作用下的双钢板-混凝土组合结构抗剪/抗冲剪承载力。

　　日本学者 Malek 等[25]提出了采用角钢剪力连接件的双钢板-混凝土组合结构并应用于隧道结构中，如图 1.1（f）所示。由于角钢剪力连接件埋置较浅，易发生锚固破坏，会削弱结构组合效应、降低结构整体性及极限承载力。此外，角钢连接件并不能贯穿双钢板-混凝土组合结构截面，提供较弱的斜截面抗剪承载力。因此，通常要配置贯穿截面的拉筋或受剪腹板来提高双钢板-混凝土组合结构斜截面抗剪承载力。因此，日本学者松石正克和岩田節雄[26]在双钢板-混凝土组合结构中引入了船体结构中较为普遍的角钢加劲肋与隔板组合的连接形式，并形成了隔舱式双钢板-混凝土组合结构，如图 1.4所示。隔舱式双钢板-混凝土组合结构先后在日本的隧道工程中得到应用，如神户港港岛隧道、那霸隧道及新若户隧道[27-29]。尽管隔舱式双钢板-混凝土组合结构具有节约材料成本、降低现场制作成本及施工难度、外包钢板提供高抗渗性能、节约模具及缩短工期等优势，但其制作过程过于复杂，制作成本较高。此外，在结构厚度较小时，结构制作困难，且在隔舱内焊接横隔板等的施工难度大。

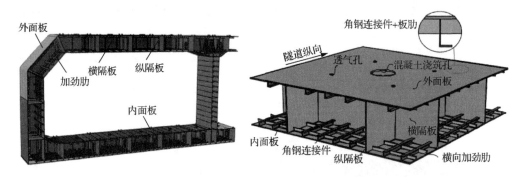

图 1.4　隔舱式双钢板-混凝土组合结构[12]

　　英国 Tomlinson 等[30]提出采用双钢板-混凝土组合结构（double skin composite structure）的双室沉管隧道，并应用于北威尔士的康威隧道（Conwy tunnel），如图 1.5所示。该双钢板-混凝土组合沉管隧道采用双层钢板作为外模，内填普通混凝土，并采用重叠大头栓钉作为连接件连接外包钢板与核心混凝土，结构中大头栓钉重叠布置以抵抗钢-混组合界面滑移；同时，大头栓钉埋置于核心混凝土中，可有效防止钢板与核心混凝土剥离。采用大头栓钉可有效减少外包钢板抗压失稳长度，提高其受压承载力。Oduyemi 等[31]、Roberts 等[6]、Wright 等[1-3]对采用重叠栓钉的双钢板-混凝土组合梁受弯、受剪、受压等性能开展系列试验研究与理论分析。基于以上研究成果，Narayanan 等[32]发展了采用重叠大头栓钉的双钢板-混凝土组合结构设计规范。近年来，Yan 等[33]开展了采用重叠栓钉双钢板-混凝土剪力组合墙拟静力试验以研究其抗震性能，研究表明采用重叠栓钉双钢板-混凝土组合剪力墙表现出良好抗震性能。然而，采用重叠栓钉双钢

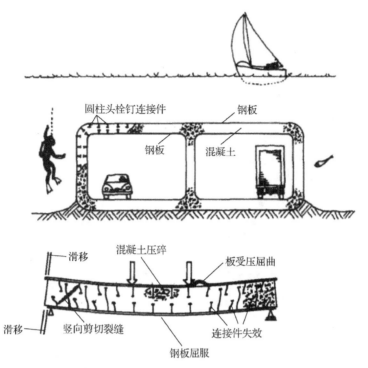

（a）采用重叠栓钉双钢板-混凝土组合结构应用及破坏模式[1]

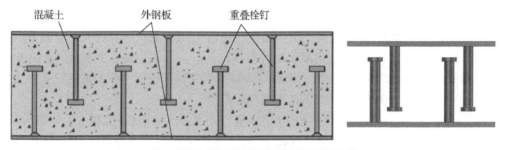

（b）采用重叠栓钉双钢板-混凝土组合结构构成[12]

图 1.5 采用重叠栓钉双钢板-混凝土组合结构

板-混凝土剪力组合的组合效应及抵抗钢板-混凝土分离作用严重依赖核心混凝土-栓钉相互作用，一旦核心混凝土破坏，结构的组合效应将大为削弱，从而大幅影响该结构力学性能。

利用摩擦焊接技术，英国学者 Xie 等[34]研发了采用摩擦焊接连接件双钢板-混凝土组合结构，即 Bi-steel 结构，如图 1.6 所示。该结构中，钢筋连接件通过摩擦焊接设备直接焊接于两片外包钢板。通过随后摩擦焊接连接件的抗剪及抗拉性能试验，该型剪力连接件表现出优秀的受剪及受拉性能[7, 34-35]。该摩擦焊接连接件直接连接两片外包钢板，并直接将钢板面外局部屈曲约束拉力传递到对面钢板，形成一个稳定高效钢壳。同时，该钢壳在双钢板-混凝土组合墙体受压时可形成一定约束，从而提高核心混凝土抗压承载力。Xie 等[8]开展 18 个采用摩擦焊接双钢板-混凝土组合梁三点弯曲试验。试验结果表明，在剪力连接件设计充分的情况下，双钢板-混凝土组合梁呈现出弯曲破坏模式，

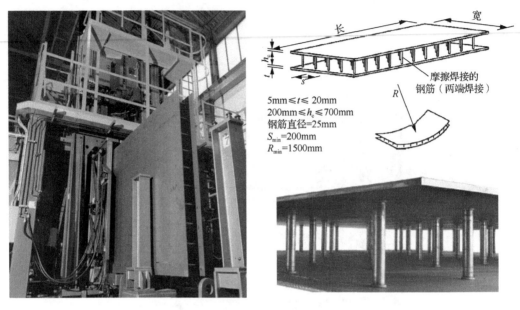

图 1.6　采用摩擦焊接连接件双钢板-混凝土组合结构[35]

从而进一步验证该型剪力连接件在结构中应用的可靠性。Foundoukos 等[36]开展摩擦焊接连接件组件及双钢板-混凝土组合梁疲劳试验，并提出基于试验数据的经验疲劳 S-N 设计公式。基于上述研究成果，采用摩擦焊接剪力连接件双钢板-混凝土组合结构设计方法得以发展。该型双钢板-混凝土组合结构专利为 Corus 公司所有并有配套其专利产品的设计手册[37]。该型双钢板-混凝土组合整体性能好，承载力高，尤其适用于防护结构，以承受冲击与爆炸荷载。同时，该型结构缺点是在制作过程中摩擦焊接设备将该型结构厚度约束在 0.2～0.7m，限制了其工程应用范围。

新加坡学者 Liew 等[38]发明了采用 J 型钩剪力连接件的双钢板-混凝土组合结构，如图 1.7 所示。该 J 型钩连接件可分别焊接于两片外包钢板，然后进行组装。J 型钩连接件成对拉结与外包钢板协同作用形成一个钢空腔，然后采用普通及轻骨料混凝土进行填充，从而形成双钢板-混凝土组合结构构件。Yan 等[39-40]开展 J 型钩连接件推出及拉拔试验以研究其受剪与受拉力学性能，并提出了 J 型钩连接件受剪、受拉强度计算设计公式。Sohel 和 Liew[41]、Dai 和 Liew[42]，以及 Yan 等[43-44]分别开展了足尺三点/四点弯曲试验，研究了采用 J 型钩剪力连接件的双钢板-混凝土组合梁极限承载力力学性能，并发展了相应设计计算方法。Liew 等[45]开展采用轻质混凝土与 J 型钩连接件双钢板-混凝土组合梁冲击试验以研究其抗冲击性能。Dai 等[42]开展采用轻质混凝土与 J 型钩连接件双钢板-混凝土组合梁疲劳试验，并提出了抗疲劳经验设计公式。Sohel 等[46]开展了采用 J 型钩剪力连接件的双钢板-混凝土组合板冲击试验，研究了该型板受冲击性能。Yan 等[15]开展了采用 J 型钩剪力连接件的双钢板-混凝土组合壳抗冲剪性能。Yan 等[47-48]开展了采用 J 型钩剪力连接件的双钢板-混凝土组合墙轴压试验，并提出了该型组合墙抗压承载力设计计算公式。Yan 等[49-50]开展了 11 个采用 J 型钩剪力连接件的双钢板-混凝土组合墙试件的拟静力试验以研究该型墙体的抗震性能。试验结果表明该型墙体具有良好的抗震性

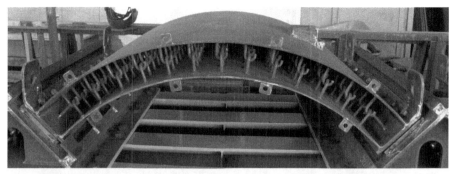
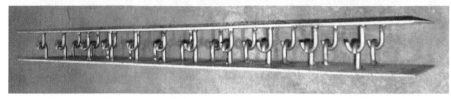

图 1.7 采用 J 型钩连接件的双钢板-混凝土组合结构

能。上述系列研究表明，采用 J 型钩剪力连接件的双钢板-混凝土组合构件在受弯、受剪、受冲剪、受压、抗震性能方面具有良好表现。然而，J 型钩剪力连接件需要成对拉结，然而双钢板-混凝土组合结构中大量 J 型钩连接件必然导致装配困难，从而导致施工不便，影响施工效率并对力学性能有所削弱。

近年来，激光焊接技术被应用于双钢板-混凝土组合结构制作中[51-52]。该新型结构中，波形钢板或钢板条先与两片外包钢板接触放置形成一个钢-空腔，再通过激光焊接的方式从外部施焊形成一个结构整体，如图 1.8（a）所示，最后对钢空腔进行混凝土浇灌作业，完成双钢板-混凝土组合结构制作。图 1.8（a）为瑞典哥德堡查尔姆斯理工大学 Nilson[52]发展的激光焊接波纹芯钢双钢板-混凝土组合结构，图 1.8（b）所示为英国南安普敦大学 Leekitwattana 等[51]提出的激光双向波纹钢条双钢板-混凝土组合结构。上述两种结构对钢腔内的连接件焊接均采用钢腔外的激光焊接，避免了在连接件与钢板形成的狭窄空间内进行焊接作业，因此对构件厚度没有限制，从而提高施工效率与质量。此外，激光焊接后形成的连接件-钢板空腔在未浇筑混凝土前具有一定刚度与承载力，且该蜂窝结构有较好的防冲击吸能作用，因此该类型结构还用于船体结构。Leekitwattan 等[51]采用激光焊接剪力连接件双钢板-混凝土组合梁，并研究其极限承载力力学性能。研究表明该新型剪力连接件可提供优秀承载力。但是，该种双向波纹钢板条激光焊接连接件制作复杂。此外，激光焊接设备功率限制了该结构采用的外包钢板厚度。与其他焊接方式相比，高昂的激光焊接技术导致该型组合结构建造成本大幅提高，限制了该型双钢板-混凝土组合结构在民用建筑中的应用。

（a）采用激光焊接波纹芯钢双钢板-混凝土组合结构[52]

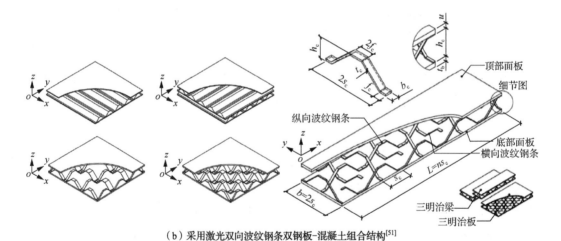

（b）采用激光双向波纹钢条双钢板-混凝土组合结构[51]

图 1.8　采用激光焊接连接件双钢板-混凝土组合结构

　　除了上述单一形式抗剪连接件，应用于核电及高层建筑中的双钢板-混凝土组合剪力墙普遍采用复合剪力连接件，例如，用于核电的双钢板-混凝土组合剪力墙采用大头栓钉与拉筋/缀条/对拉螺栓/腹板抵抗钢混组合界面滑移与分离。图 1.9 为应用于高层建筑及核反应堆的采用复合型连接件的双钢板-混凝土组合墙。在高层建筑及核反应堆等大尺寸双钢板-混凝土组合墙体中，受拉及受剪连接件配套使用；大头栓钉主要承担钢-混凝土组合界面剪力及滑移，斜截面受剪承载力则由贯穿截面的拉筋、缀条、对拉螺栓、受剪腹板等受拉组件承担。

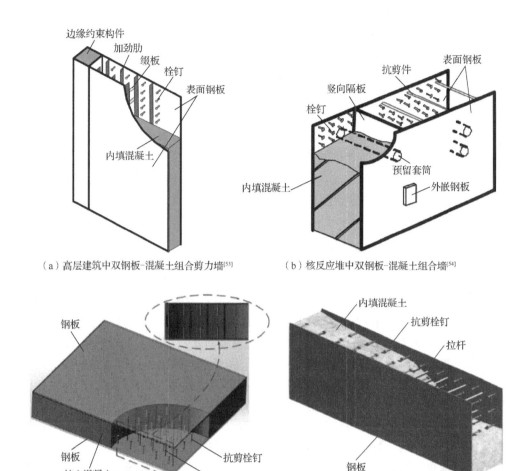

（a）高层建筑中双钢板-混凝土组合剪力墙[53]　　　（b）核反应堆中双钢板-混凝土组合墙[54]

（c）核反应堆中双钢板-混凝土组合墙[55]　　　（d）核反应堆中双钢板-混凝土组合墙[10]

图 1.9　应用于高层建筑及核反应堆的采用复合型连接件的双钢板-混凝土组合墙

各国学者针对核工程中双钢板-混凝土组合墙开展了大量研究。其中我国曹万林等[56]、李洋等[57]开展了单钢板/双钢板-混凝土剪力墙抗震性能研究，李晓虎等[58]开展了核设施中双钢板-混凝土组合剪力墙低周往复试验，熊峰等[59]进行了核设施中双钢板-混凝土组合墙受剪性能研究，刘阳冰等[60]研究了双钢板-混凝土组合墙轴压力学性能，程春兰等[61]研究了低剪跨比双钢板-混凝土组合剪力墙抗震性能，闫晓京[62]、张有佳[63]分别研究了核设施中双钢板-混凝土组合墙抗压及抗震性能。在高层及超高层建筑双钢板-混凝土组合剪力墙及连梁方面，聂建国等[64-69]、胡红松和聂建国[70-71]采用大头栓钉加拉筋的连接方式，并针对此类双钢板-混凝土组合剪力墙的抗震性能进行了大量试验与理论分析研究，为双钢板-混凝土组合剪力墙在高层及超高层建筑中的应用奠定了坚实基础。然而，上述研究表明，核设施中双钢板-混凝土组合墙体尺寸远大于建筑结构中组合墙体及桥面板等其他结构构件尺寸，在尺寸较大的墙体结构中比较容易实现内部拉筋焊接，在尺寸较小的桥面板（厚度小于 200mm）、普通高层建筑结构中的剪力墙、防护墙体中，在两片外包钢板间进行拉筋、缀条及受剪腹板的焊接显然存在相当难度。

因此，针对厚度较小的双钢板-混凝土组合剪力墙，受剪及受拉复合连接件的应用存在很大限制，有必要发展从两片钢板外进行连接的剪力连接件以满足工程需要。

上述研究表明，双钢板-混凝土组合结构作为一种较新的结构形式在海洋结构、近海结构、建筑结构、隧道及核设施结构中得到大量应用。双钢板-混凝土组合结构中，剪力连接件形式多样，每种剪力连接件具有一定优势的同时存在若干缺陷与不足。连接件的形式对结构各种力学性能具有较大影响。因此，有必要发展对拉形式的连接件，以确保组合作用发挥并提供面外抗剪能力，解决性能与施工便捷性间的平衡，同时宜满足经济指标。有必要在研发新型连接件的基础上，开展一系列双钢板-混凝土结构构件试验，以验证所研发新型连接件在结构中可靠性，发展相应理论分析模型并建立相关设计方法，为其工程应用提供基础。

1.2.2　双钢板-混凝土组合梁研究进展

在双钢板-混凝土组合梁的受弯、受剪承载力方面，诸多学者进行了大量的研究。Wright 等[1-3]、Roberts 等[6]对采用大头栓钉连接件的双钢板-混凝土组合梁开展了四点弯曲试验。研究发现：①钢板与混凝土之间的连接方式（完全抗剪连接、部分抗剪连接以及无任何连接）对双钢板-混凝土组合梁的弯剪性能有重要影响；②双钢板-混凝土组合梁的承载力随着钢板厚度和强度的提高而提高；③受压钢板的屈曲可以通过控制剪力连接件的间距克服；④破坏模式为受拉钢板屈服和剪力连接件的滑移屈服，个别试件出现了明显的剪切裂缝。结果表明，采用交错栓钉剪力连接件可有效提高混凝土和钢板工作整体性，但栓钉搭接处会造成材料浪费。Xie 等[8]对采用摩擦焊剪力连接件（Bi-steel）的双钢板-混凝土组合梁进行了静载试验，研究了梁的跨度、高度、钢板厚度和剪力连接件间距对承载力的影响，观察到四种基本破坏模式：受拉钢板失效、剪力连接件受拉破坏失效、剪力连接件剪切破坏失效和混凝土剪切破坏。采用摩擦焊剪力连接件的双钢板-混凝土组合梁尽管结构性能良好，但结构截面高度受限且其材料和人工成本较高。Saidi 等[72]对采用角钢剪力连接件的双钢板-混凝土组合梁展开了静弯试验，研究静载作用下双钢板-混凝土组合梁钢板与混凝土界面的滑移关系，并研究了角钢尺寸相对于梁的中性轴高度对混凝土开裂和双钢板-混凝土组合梁承载能力的影响。由于角钢在混凝土结构中埋置较浅，截面抗剪能力有限。Liew 等[73-74]总结了摩擦焊形式连接件和采用大头栓钉等连接件在双钢板-混凝土组合结构中的应用，发现采用此类连接件的双钢板-混凝土组合结构抗冲击性能不足，并在此基础上提出新型 J 型钩剪力连接件，研究其抗剪及抗拉性能，开展了采用 J 型钩剪力连接件的双钢板-混凝土组合梁板构件的抗冲击性能的研究。Yan 等[43]对采用普通混凝土及轻质混凝土和 J 型钩剪力连接件的双钢板-混凝土组合梁进行了试验研究，在此基础上发展了预测双钢板-混凝土组合梁极限强度的模型。Yan 等[43]将模型预测结果与采用摩擦焊的剪力连接件、采用 J 型钩剪力连接件、采用角钢连接件和采用钢铰线连接件的双钢板-混凝土组合梁的试验结果进行对比，验证了提出的理论分析模型。采用 J 型钩剪力连接件的双钢板-混凝土组合结构在抗滑移、平面外抗弯剪等方面表现出良好的性能，然而 J 型钩连接件埋入混凝土深度约为界面高度的一半，导致钢-混凝土界面抗剪能力较弱。Leekitwattana 等[51]将波纹钢带剪力连接件应用到双钢板-混凝土组合梁中,用解析方法推导出双钢板-混凝土组合梁横向剪切刚度,开展了采用这种连接件形式的双钢板-混凝土组合梁的试验,对双向波纹钢带芯夹层梁的性能进行了分析和讨论,同时开发了基于这种连接件形式的双钢板-混凝土组合梁的三维有限元模型。Leng 等[75]采用大头栓钉和摩擦焊两种连接件结合的方式对双钢板-混凝土组合深梁的抗剪性能进行了试验研究,开展 3 根不同剪跨比的梁在集中荷载作用下的破坏试验,发现双钢板-混凝土组合深梁抗剪承载力对钢板和剪力连接件有很大的依赖性,外层钢板的膜作用为梁提供了优良的强度和延性。在试验基础上,Leng 等[75]建立了一个塑性极限分析模型,以解释简支梁和连续梁的受力机理并预测其抗剪强度。Leng 等[76]研究了双钢板-混凝土组合梁抗剪性能,对 9 根剪跨比为 2.5~3.5 的梁进行了静载试验。试验结果表明,组合梁抗剪强度取决于箍筋、钢板和大头栓钉连接件的强度,在此基础上提出了组合梁抗剪强度的理论分析模型。该计算模型考虑了竖向钢筋的贡献及钢板与混凝土之间组合效应的贡献。Guo 等[77]在上下钢板间设置加劲肋并采用通长 L 型钢作为剪力连接件,研究双钢板-混凝土组合结构剪力传递机制及该组合结构协同工作机理。进行了 16 个双钢板-混凝土组合梁的抗剪试验和理论分析,提出了考虑不同机构协同作用的抗剪强度预测理论方法,并与现有方法进行了比较。Guo 等[78]对双钢板-混凝土组合结构的抗弯性能进行了研究,进行了 7 组弯曲试验并建立了数值模型,试验着重研究钢板局部屈曲行为和铸造缺陷。试验结果表明,由于侧向约束产生的双轴强化效应,双钢板-混凝土组合梁在极限状态下的强度可提高约 15%。Guo 等[78]在试验、数值和理论分析的基础上,提出了考虑局部屈曲和铸造缺陷的设计方法建议。

除此以外,还有一些学者对双钢板-混凝土组合梁钢板与混凝土界面间的滑移性能进行了研究。例如,Zou 等[79]建立了双钢板-混凝土组合梁的理论分析,发展了钢板与混凝土之间的界面滑移微分方程,通过模拟实际边界,计算了在均布荷载和任意集中荷载作用下的界面滑移公式,并与试验结果比较验证了滑移公式的可靠性。夏培秀等[80]建立了双钢板-组合梁在集中载荷作用下简化计算模型,提出钢板与混凝土界面滑移及组合梁变形的理论模型,并与现有的试验结果进行了对比以验证该理论模型。

为深入研究双钢板-混凝土组合梁的力学性能和破坏机理,在试验研究的基础上,国内外学者开展了一系列有限元模拟工作。Foundoukos 等[81]采用二维有限元模型模拟了双钢板-混凝土组合梁的静力性能,并将模型与试验结果进行比较,结果吻合较好。但该数值模型为二维,不能精确模拟连接件的三维受力状态。Farghaly 等[82]发展了双钢板-混凝土组合梁数值模型,并与试验结果验证,证明了有限元模型的可靠性并进行参数分析。Yan[44]建立了三维有限元模型,对 J 型钩连接件的剪切滑移和受拉性能进行了模拟,开展了采用 J 型钩连接件双钢板-混凝土组合梁非线性力学性能分析,并与试验结果进行对比,验证了有限元分析的准确性,在有限元数值分析基础上,深入探究了双钢板-混凝土组合梁破坏机理。

综上所述,剪力连接件保证了混凝土与外侧钢板的协同作用,其形式也在不断改进与发展。采用交错栓钉的双钢板-混凝土组合梁可有效提高混凝土和钢板工作整体性,然而栓钉的搭接处会造成材料浪费。采用摩擦焊接连接件双钢板-混凝土组合梁,尽管结构性能良好,但结构截面高度受限且成本较高。采用角钢连接件的双钢板-混凝土组合梁，由于角钢在混凝土结构中埋置较浅，因此截面抗剪能力有限。采用 J 型钩连接件的双钢板-混凝土组合梁在抗滑移、平面外抗弯剪等方面表现出良好性能，然而 J 型钩连接件埋入混凝土深度约为界面高度的一半，导致钢-混凝土界面抗剪能力较弱。采用波纹夹层形式的剪力连接件施工过程复杂。结合上述的试验与理论研究，对拉形式的连接件可以有效确保组合作用发挥并提高面外抗剪能力。为了较好地解决性能与施工便捷性间的平衡，对采用新型加强槽钢剪力连接件的双钢板-混凝土组合梁的弯剪性能进行了试验研究，并在试验的基础上开展了理论分析及数值模拟，对双钢板-混凝土组合梁中剪力连接件与混凝土相互作用及破坏机理进行了研究，为该类构件在工程中的设计与应用提供了基础。

1.2.3 双钢板-混凝土组合墙研究进展

1. 双钢板-混凝土组合墙轴压性能研究

双钢板-混凝土组合墙是近年来发展的一种新型墙体。Wright 等[4]在钢-混组合楼板基础上提出采用外包压型钢板钢混组合剪力墙，并进行压型钢板剪力墙轴心受压试验[5]和抗剪试验[83]。研究表明，采用外包压型钢板双钢板-混凝土组合剪力墙具有较好的承载力，由于没有设置足够的抗剪连接件，钢板与混凝土易脱离；若钢板与混凝土之间设置足够连接，组合墙将具有较高剪切强度和组合效应。在 Wright 的基础上，Mydin 等[84]进行了 12 个压型钢板内置泡沫混凝土双钢板-混凝土组合墙轴心受压试验，压型钢板与混凝土之间采用对拉螺栓连接。试验研究表明，组合墙在轴压下钢板发生局部屈曲，随后核心混凝土被压碎；同时，由于两侧钢板的存在，组合墙的极限承载力和延性均优于混凝土墙体。Emori[85]提出了一种带纵横加劲肋的箱型双钢板-混凝土组合墙，并对 3 种 1/4 比例内填混凝土箱型钢板组合墙进行剪切试验和轴压试验，试验结果表明该组合墙具有良好的承载力和延性。汤序霖等[86]对 5 个试验轴压比为 0.4 的设置加劲肋的双钢板-混凝土组合墙在恒定轴向力下进行了拟静力试验，通过改变加劲肋和钢管混凝土柱的布置，研究水平往返荷载下组合墙的破坏机理、滞回性能、变形能力和耗能能力。试验结果表明，组合墙加劲肋的布置方案直接影响结构的延性和耗能能力；当只布置竖向加劲肋时，承载力提高较小；当只布置横向加劲肋时，承载力略微增加；布置双向加劲肋可明显提高试件承载力；在双钢板-混凝土组合墙中部增加一根钢管混凝土暗柱可显著提高试件的承载力与延性。Choi 等[87]对 6 个采用大头栓钉的双钢板-混凝土组合墙进行了轴压试验和有限元模拟，主要研究组合系数 ζ 和宽厚比 β 对受压力学性能的影响规律，试验结果表明宽厚比越大，组合墙延性越差。随后，Choi 等[88]又进行了 6 个双钢板-混凝土组合墙轴压试验，研究混凝土种类和距厚比对组合墙破坏模式、钢板屈曲性能、有效屈曲长度系数及钢板屈曲系数的影响规律，并在试验基础上提出了钢板的屈曲应力理论计算模型。刘阳冰等[60]完成了 4 片双钢板-混凝土剪力墙的轴压试验，分析了在轴心荷载作用下剪力墙的受力性能和破坏模式，以及对拉螺栓数量、距厚比对钢板局部屈曲、破坏模式和承载能力的影响规律。试验结果表明，距厚比对墙体的局部屈曲、破坏形态有显著影响，但对刚度和承载力影响不大。张有佳等[89]同样对 4 个核电工程中的钢板-混凝土组合墙进行轴压试验，分析距厚比对构件的破坏机理、荷载-位移曲线、钢板的荷载-屈曲曲线的作用影响规律，并在试验分析基础上提出了组合墙体的初始刚度和极限承载力的计算模型及钢板弹性屈曲应变的理论模型。Zhang 等[90]通过试验和理论研究，发现控制距厚比 S/t_s 的大小能有效防止钢板屈曲先于屈服破坏，并得出钢板屈服和屈曲同时发生的临界应力。Yan 等[91]在低温状态下对钢板剪力墙进行了轴压试验，分析了包括温度、钢板厚度、栓钉间距等 3 种参数对组合墙受力性能和变形性能的影响情况，在考虑钢板鼓曲和钢板对核心混凝土约束效应的前提下，提出适用于大头栓钉连接组合墙的承载力设计公式。Liew 等[74]提出了一种采用 J 型钩连接件的双钢板-混凝土组合结构。在此基础上，Yan 等[47-48,91]对 17 个常温和低温状态下的组合墙进行了轴压试验，研究了钢板厚度、连接件间距、混凝土强度和温度等因素对组合墙受压力学性能的影响规律，并提出了适用于"半直接"连接方式的组合墙承载力计算公式。Qin 等[92]提出了一种采用新型桁架作为剪力连接件的双钢板混凝土组合墙，并开展了 3 个足尺剪力墙的轴心受压试验，从屈曲应力、轴向刚度、延性、强度等方面分析该新型组合墙的受压力学性能，同时与 3 种国家规范计算值进行对比，结果发现欧洲规范 Eurocode 4 最为保守，中国规范计算结果最为接近试验值。

国内外众多学者对于双钢板-混凝土组合墙轴心受压力学性能的研究成果表明，大部分学者的研究工作主要集中于以大头栓钉、Bi-steel、J 型钩等传统连接方式为主的组合墙，但是此类连接件在实际应用中都存在不足之处；因此本书作者认为发展一个新型连接方式的双钢板-混凝土组合墙对于克服传统组合墙在施工工序和抵抗外荷方面是十分有价值的。同时，大部分学者侧重研究双钢板-混凝土组合墙受压破坏的影响因素和破坏机理，但对于不同连接形式的组合墙承载力实用设计公式方面的工作较为欠缺，这同样不利于该新型组合结构在实际工程中应用。

2. 双钢板-混凝土组合墙抗震性能研究

为研究双钢板-混凝土组合墙抗震性能，国内外学者大都采用拟静力试验方法。Eom 等[93]通过拟静力试验研究了矩形和 T 型截面的双钢板-混凝土组合剪力墙的抗震性能。试验发现墙体试件的失效主要是由于墙体底座和基础梁焊接部位的拉伸断裂或钢板的局部屈曲所致，墙体试件的延性受到墙体基础加固方法影响显著，且对双钢板-混凝土组合剪力墙试件的水平受剪承载能力进行了计算。为研究低剪跨比双钢板-混凝土组合剪力墙的抗震性能，聂建国等[64,66-67]完成了 7 片低剪跨比双钢板-混凝土组合剪力墙和 1 片钢筋混凝土剪力墙的拟静力试验，研究了剪力墙在低周往复荷载作用下的破坏模式，得到了试件的滞回曲线、骨架曲线、承载力、位移延性系数和耗能能力等，分析了不同形式连接件对抗震性能的影响。试验结果表明，与钢筋混凝土剪力墙相比，低剪跨比双钢板-混凝土组合剪力墙受剪承载力显著提高，具有良好的延性和耗能能力，抗震性能良好；低剪跨比试件发生弯剪破坏，初始屈曲形态受距厚比影响显著；试件峰值荷载、位移延性系数、刚度等受轴压比、距厚比的影响较小；试件具有良好的变形能力；各试件耗能随变形增大而迅速增长，均表现出良好的耗能能力。在提出一种新型的带约束拉杆双层钢板内填混凝土组合剪力墙的基础上，刘鸿亮等[94]对 6 个组合剪力墙试件进行了试验研究，研究其破坏特性、滞回曲线、骨架曲线、强度退化、刚度退化、延性和耗能能力。结果表明，带约束拉杆双层钢板内填混凝土组合剪力墙具有良好的抗震性能，通过减小约束拉杆连接件，可进一步提高组合剪力墙的抗震性能。纪晓东等[95]提出一种新型的钢管-双层钢板-混凝土组合剪力墙，通过对 5 个组合剪力墙试件的拟静力试验研究其抗震性能。试验结果分析了各参数对试件抗震性能的影响，矩形钢管边柱沿墙肢长度方向的宽度对试件变形能力和耗能能力影响较大，钢板的含钢率对变形能力影响不大，矩形钢管边柱中设置圆钢管可提高试件的承载能力。此外，纪晓东等[95]还提出了计算钢管-双层钢板-混凝土组合剪力墙峰值荷载的简化公式，其计算结果与试验结果吻合较好。以某超高层建筑核心筒剪力墙为原型，李盛勇等[96]对外包多腔钢板-高强混凝土组合剪力墙进行了试验研究，共进行 15 个试件的拟静力试验，研究了含钢率、混凝土强度等级、暗柱与墙身钢板比例和剪跨比等参数对试件抗震性能的影响。试验研究结果表明，大部分试件的外包钢板未发生明显的局部屈曲，在墙体钢板与底板对接焊缝处发生了水平开裂，但此形式的组合剪力墙在较高轴压力下仍具有较好的变形能力。此外，李盛勇等[96]提出了承载力计算方法，结果表明此计算方法能够较好地预测该种形式组合剪力墙的承载能力，且计算值偏于保守。李盛勇等[96]讨论了该种形式组合剪力墙的墙体锚固措施和连接构造，并提出了设计建议。Epackachi 等[97]对 4 个剪跨比为 1.0 的、采用对拉螺栓的双钢板-混凝土组合剪力墙进行了拟静力试验，研究墙体厚度、含钢率、螺栓间距等参数对试件抗震性能的影响，提出了承载力计算简化模型。为研究采用交错栓钉的剪力墙的抗震性能，Yan 等[33]进行了 7 个双钢板-交错栓钉-混凝土组合剪力墙的拟静力试验，研究了不同参数的组合剪力墙的抗震性能，分析了组合剪力墙的承载能力、刚度退化、延性、变形能力和耗能能力，并根据试验结果提出了组合墙的承载力计算公式。研究结果表明，双钢板-交错栓钉-混凝土组合剪力墙承载力高、延性好、耗能能力良好，具有一定的应用价值。基于精细材料本构模型的纤维截面分析方法，胡红松等[71]编制了分析程序，研究了双钢板-混凝土组合剪力墙的弯矩-曲率特性，并通过已有试验验证了分析结果的准确性，还通过对 6379 个不同参数的双钢板-混凝土组合剪力墙进行分析，得到了影响剪力墙截面变形能力的主要因素有轴压比、混凝土强度等。研究结果表明，回归分析得到的双钢板-混凝土组合剪力墙截面极限曲率的计算公式满足精度要求并偏于安全。胡红松等[71]在此基础上提出了双钢板-混凝土组合剪力墙基于位移的设计方法。熊峰等[60]以核电站屏蔽厂房剪力墙为原型，对含栓钉和加劲肋的双钢板混凝土组合剪力墙进行了拟静力试验研究。试件包含 3 个 1∶4 缩尺模型，研究参数为栓钉与加劲肋的间距，分析了试件的破坏特征、承载力及耗能情况。试验研究发现，墙体整体受力性能良好，具有较强的抗震性能。通过设置加劲肋，能有效提高墙体承载能力、刚度和延性。此外，熊峰等[60]在试验基础上进行了有限元数值模拟与参数分析，研究了混凝土强度、钢板厚度、轴向压力和加劲肋设置对承载力的影响程度，并初步建立了双钢板剪力墙抗剪强度的计算公式，为核电设施设计理论的建立打下了基础。Kurt 等[98]研究了无边柱组合剪力墙的平面内抗震性能、分析与设计，试验选取剪跨比在 0.6～1.0 范围内的组合剪力墙试件，观测其在水平低周往复荷载作用下的破坏模式。试验结果表明，试件破坏模式以钢板局部屈曲和混凝土压碎为主。同时，Kurt 等[98]在试验基础上开发了组合墙的有限元模型，并利用试验结果进行了校核。模型明确地考虑了几何和材料非线性的影响，对钢板厚度等参数进行了参数分析，最后根据试验结果和分析结果，提出了无边柱组合剪力墙侧向承载力的初步设计公式。Zhang 等[99]对提出的"一"字形钢管束组合剪力墙试件进行了拟静力试验研究，分析了轴压比、剪跨比、U 型钢截面尺寸等参数对组合剪力墙的承载能力、变形能力和耗能能力等抗震性能指标的影响。试验结果表明，试件具有良好的延性和稳定的滞回性能。Zhao 等[100]总结了 32 个双钢板-混凝土组合剪力墙的试验结果，在试验结果分析基础上，利用最优化方法对产生塑性变形和损伤积累的混凝土和钢的模量进行折减，对开裂点、屈服点、峰值点和破坏点的刚度和荷载强度进行计算，提出了四折线骨架曲线及简单滞回规律的滞回曲线。陈丽华等[101]对提出的配置 L 形拉结件的双钢板-混凝土组合剪力墙试件进行抗震性能试验研究，并分析不同参数对试件抗震性能的影响规律，结果表明此组合剪力墙具有较高的承载力、较好的变形能力及耗能能力。依托 CAP1400 核结构工程，Li 等[102]研究了钢板混凝土填充组合剪力墙的面外抗震性能。试验包括 5 个钢板混凝土试件和 1 个钢筋混凝土试件，在平面外循环加载下进行了试验，分析了钢板厚度、轴向力和混凝土强度等级对试件平面外抗震性能的影响。结果表明，钢板厚度和轴向力对试件极限承载力和侧移刚度有较大影响，而在一定范围内，混凝土强度等级对试件的影响较小，与钢筋混凝土试件相比，钢板混凝土填充复合剪力墙具有较好的承载力和侧向刚度，但破坏阶段的延性较钢筋混凝土试件有所差异。在试验基础上，Li 等[102]对试件开裂荷载进行了理论分析，提出了开裂荷载的修正计算公式，其计算结果与试验结果吻合较好。Yan 等[50]对 J 型钩连接的双钢板-混凝土组合剪力墙试件进行拟静力试验，研究了该墙体的抗震性能和破坏模式，分析其延性、刚度、承载力、耗能等性能指标的变化规律。基于试验结果，具体研究了栓钉间距、钢板厚度、混凝土强度、剪跨比等参数对其抗震性能的影响，并提出了水平受剪承载力计算公式，为该型组合墙设计打下了基础。

综上所述，国内外学者在双钢板-混凝土组合墙抗震性能研究方面已取得一系列研究成果，但研究工作尚集中于采用传统剪力连接件的组合墙。为推进双钢板-混凝土组合墙结构发展，在以往研究基础上，作者认为还应对双钢板-混凝土组合墙以下若干问题进行深入研究：①对采用加强型槽钢剪力连接件的组合剪力墙进行系统研究；②骨架曲线中各关键点的承载力与刚度的计算方法；③在低周往复荷载作用下滞回模型的确定方法。

1.2.4 双钢板-混凝土组合板研究进展

双钢板-混凝土组合板可用作桥面板、采油平台甲板、防护结构、极地采油平台防冰墙等，因此国内外学者针对双钢板-混凝土组合板的研究主要围绕其在集中荷载作用下的力学性能。Shanmugam 等[103]研究了 12 个四边简支采用交错栓钉双钢板-混凝土组合板在方形局部集中荷载作用下的力学性能。试验结果表明，集中荷载作用下的双钢板-混凝土组合板呈现出双向板弯曲破坏及冲剪破坏特征，荷载挠度曲线呈现出两段且第二段曲线刚度远小于第一段。Sohel 等[41]通过 6 个足尺试验研究了采用 J 型钩剪力连接件双钢板-混凝土组合板局部集中荷载作用下受冲剪力学性能。研究结果表明，局部集中荷载作用下，双钢板-混凝土组合板首先达到第一峰值承载力，并呈现出弯曲破坏或核心混凝土冲剪破坏，如图1.10（a）和（b）所示。随着外部施加集中位移荷载增加，该双钢板-混凝土组合板呈现出弯曲破坏模式，如图1.10（c）所示。在达到第二峰值承载力时，顶部钢板在集中位移荷载下冲切断裂，如图1.10（d）所示。Yan等[15-16]研究了17个采用重叠栓钉双钢板-混凝土组合板在局部集中荷载作用下的极限承载力性能。所研究双钢板-混凝土组合板中10个构件采用PVA纤维增强超轻混凝土，7个构件采用钢纤维增强超轻混凝土。试验研究发现，局部集中荷载作用下，双钢板-混凝土组合板荷载-跨中挠度曲线呈现出5个工作阶段、2个峰值承载力。第一与第二峰值承载力分别对应核心混凝土冲剪破坏及上钢板冲剪破坏，如图1.10（b）和（c）所示。Leng等[104]开展了6个双/单钢板-混凝土组合板局部冲剪试验。试验结果表明，局部集中荷载作用下，双钢板-混凝土组合板呈现出明显的5个工作阶段、双峰值承载力，该发现与Yan等[15-16]的发现一致。此外，研究进一步发现，双钢板-混凝土组合板中的上钢板对于提高结构极限承载力具有非常显著的作用，不采取上钢板的单钢板-混凝土组合板均呈现出单峰值承载力，即混凝土冲剪破坏时承载力。Yan等[18]在总结文献中37个试验的基础上，对双钢板-混凝土组合结构的破坏机理进行了深入分析，发现图1.10（e）所示的五阶段工作机理，即局部面外冲切荷载作用下，双钢板-混凝土组合防护墙呈现出与钢筋混凝土墙不同的力学行为。从图1.10（e）可发现，双钢板-混凝土组合墙冲切试验典型荷载-挠度曲线主要包含5个工作阶段：①弹性阶段（曲线 OB）；②弹塑性阶段（曲线 BC）；③第一峰值承载力后强度退化阶段（曲线 CD）；④膜效应强化阶段（曲线 DF）；⑤第二峰值承载力后强度退化阶段（曲线 FG）。在弹性工作阶段，双钢板-混凝土组合墙外包钢板与核心混凝土在剪力连接件连接作用下协同作用，在第一工作阶段末（ A 点），混凝土或剪力连接件出现非线性行为，从而使结构进入第二阶段，即弹塑性工作状态。在第二阶段末（ B 点），双钢板-混凝土组合墙发生核心混凝土冲切破坏或栓钉受剪破坏，从而使结构达到第一峰值承载力（ P_1 ）。此后，结构承载力进入强度退化阶段。但是，第三工作阶段时外包钢板并没有发生屈服，外包钢板张拉膜效应使双钢板-混凝土组合墙能够继续承担外部施加局部冲切荷载，并逐步使外包钢板发生屈服并产生强化，从而使结构在第四工作阶段产生结构强化，并达到第二峰值承载力。在第四工作阶段末（ D 点），外包钢板发生冲切或结构发生柔性破坏。基于上述发现，Yan等[18]提出了双钢板-混凝土组合板极限承载力计算分析模型。通过37个试验数据验证，该理论分析模型能较好地预测局部集中荷载作用下双钢板-混凝土组合板第一及第二峰值极限承载力。Yan等[105]采用ABAQUS软件发展了基于混凝土与钢塑性损伤本构模型的双钢板-混凝土组合板有限元数值分析模型。通过与试验数据比对，结果表明该有限元数值分析模型能较好地模拟双钢板-混凝土组合板核心混凝土冲剪及外钢板冲剪破坏。文中参数分析进一步表明，局部集中荷载作用下破坏机理如Yan等[18]所阐述，五阶段-双峰值模型能合理解释双钢板-混凝土组合板集中荷载作用下的破坏机理。

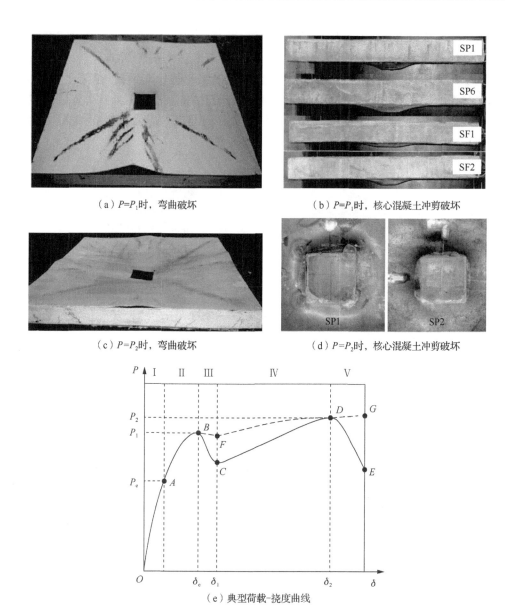

（a）$P=P_1$ 时，弯曲破坏　　　　　　（b）$P=P_1$ 时，核心混凝土冲剪破坏

（c）$P=P_2$ 时，弯曲破坏　　　　　　（d）$P=P_2$ 时，核心混凝土冲剪破坏

（e）典型荷载-挠度曲线

图 1.10　双钢板-混凝土组合板面外局部荷载作用下破坏模式及典型荷载-挠度曲线

1.3　本书目的、内容与研究方法

　　双钢板-混凝土组合结构具有承载力高、塑性和延性好、抗渗性好、施工方便等优点，作为高性能结构构件具有广阔的应用前景。

　　本书旨在研发一种采用新型剪力连接件双钢板-混凝土组合结构。所研发新型剪力连接件需满足：①提供较强的沿钢-混凝土组合界面抗剪承载力及抵抗滑移能力；②提供直接连接措施连接两片外包钢板，并提供较强的抗拉拔承载力，从而提高双钢板-混凝土组合结构斜截面抗剪及抗冲剪承载力；③两片外包钢板的拉结连接可以从钢腔体外施工完成,从而避免在两片钢板形成的钢腔体内狭窄空间完成;④与激光或摩擦焊接相比,能显著降低工程造价。

基于以上考虑,本书作者提出了采用加强型槽钢连接件双钢板-混凝土组合结构,如图1.11所示。在新型加强型槽钢连接件中,槽钢连接件一端翼缘通过角焊缝连接到外包钢板,另一侧通过单边螺栓/普通螺栓从钢腔体外部连接,避免通过核心混凝土而直接连接两片外包钢板,从而提供较高的受剪及受拉承载力。

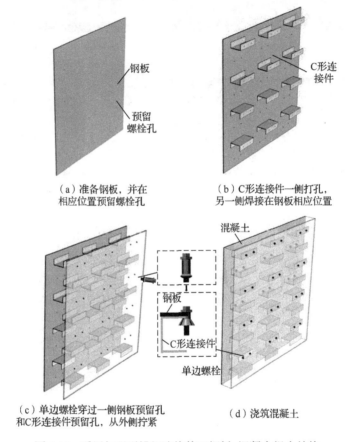

（a）准备钢板,并在相应位置预留螺栓孔

（b）C形连接件一侧打孔,另一侧焊接在钢板相应位置

（c）单边螺栓穿过一侧钢板预留孔和C形连接件预留孔,从外侧拧紧

（d）浇筑混凝土

图1.11 采用加强型槽钢连接件双钢板-混凝土组合结构

基于上述研究发现,迫切需要一系列工作以推动采用加强型槽钢连接件双钢板-混凝土组合结构在工程中的应用。为实现这一目标,作者及课题组成员对采用加强型槽钢连接件双钢板-混凝土组合结构组件及构件的力学性能开展了一系列研究工作与探索,具体包括以下五个方面。

1)加强型槽钢连接件受剪性能研究。加强型槽钢连接件受剪性能决定外包钢板与核心混凝土之间的滑移性能、结构组合效应、正截面受弯承载力等,从而进一步影响双钢板-混凝土组合梁、板、墙等受弯性能,并发展了加强型槽钢连接件受剪承载力及剪力-滑移理论分析模型。

2)采用加强型槽钢连接件双钢板-混凝土组合梁弯剪性能研究。采用加强型槽钢连接件双钢板-混凝土组合梁受弯性能对于研究该型结构单向板及双向板受弯承载力等均具有重要作用；该型梁受弯性承载力影响双钢板-混凝土组合墙偏压性能；采用加强型槽钢连接件双钢板-混凝土组合梁受剪性能对于斜截面受剪承载力研究具有重要意义；发展加强型槽钢连接件双钢板-混凝土组合梁受弯剪理论分析模型。

3）采用加强型槽钢连接件双钢板-混凝土组合墙轴压性能研究。研究该型墙体轴压性能，发展加强型槽钢连接件双钢板-混凝土组合墙受压承载力。

4）采用加强型槽钢连接件双钢板-混凝土组合墙抗震性能研究。研究该型墙体在水平循环荷载作用下的抗震性能，发展加强型槽钢连接件双钢板-混凝土组合墙受剪理论分析模型，并提出设计方法。

5）采用加强型槽钢连接件双钢板-混凝土组合墙在面外集中荷载作用下的受冲剪性能研究。研究采用加强型槽钢连接件双钢板-混凝土组合墙面外集中荷载作用下的冲剪性能，发展该型墙受面外冲剪理论分析模型，并提出相应设计方法。

为达成以上研究目标与内容，作者及课题组成员对上述几个问题的研究经历了以下三个研究阶段：①在国内外对双钢板-混凝土组合结构研究的基础上，开展了新型采用加强型槽钢连接件双钢板-混凝土结构构件试验；②在国内外对双钢板-混凝土组合结构理论研究的基础上，发展了新型采用加强型槽钢连接件双钢板-混凝土结构构件力学性能分析模型及部分构件有限元数值分析模型；③将上述步骤中的研究成果进一步实用化，提出以理论分析与数值分析为基础的使用计算方法。

本书作者在采用加强型槽钢连接件双钢板-混凝土组合结构方面取得了一系列阶段性成果，均发表于国内外重要学术期刊，如 Yan 等[50, 106-113]、Wang 等[114]、严加宝等[115-117]。这些成果奠定了采用加强型槽钢连接件双钢板-混凝土组合结构的研究基础。本书将详细阐述作者及课题组成员在这一课题中取得的阶段性进展。

双钢板-混凝土组合结构作为一种新型的高性能组合构件，研究内容丰富多样且日新月异、精彩纷呈，国内外学者对这一领域的研究不断更新与深化，本书仅为抛砖引玉之作，实为沧海一粟。

参 考 文 献

[1] WRIGHT H D, ODUYEMI T O S, EVANS H R. The experimental behavior of double skin composite elements[J]. Journal of Constructional Steel Research, 1991, 19(2): 97-110.

[2] WRIGHT H D, ODUYEMI T O S, EVANS H R. The design of double skin composite elements[J]. Journal of Constructional Steel Research, 1991, 19(2): 111-132.

[3] WRIGHT H D, ODUYEMI T O S. Partial interaction analysis of double skin composite beams[J]. Journal of Constructional Steel Research, 1991, 19(4): 253-283.

[4] WRIGHT H D, GALLOCHER S C. The behavior of composite walling under construction and service loading[J]. Journal of Constructional Steel Research, 1995, 35(3): 257-273.

[5] WRIGHT H D. The axial load behavior of composite walling[J]. Journal of Constructional Steel Research, 1998, 45(3): 353-375.

[6] ROBERTS T M, EDWARDS D N, NARAYANAN R. Testing and analysis of steel-concrete-steel sandwich beams[J]. Journal of Constructional Steel Research, 1996, 38(3): 257-279.

[7] XIE M, FOUNDOUKOS N, CHAPMAN J C. Experimental and numerical investigation on the shear behaviour of friction-welded bar-plate connections embedded in concrete[J]. Journal of Constructional Steel Research, 2004, 61(5): 625-649.

[8] XIE M, FOUNDOUKOS N, CHAPMAN J C. Static tests on steel-concrete-steel sandwich beams[J]. Journal of Constructional Steel Research, 2007, 63(6): 735-750.

[9] VARMA A H, MALUSHTE S R, SENER K C, et al. Steel-plate composite (SC) walls for safety related nuclear facilities: Design for in-plane force and out-of-plane moments[J]. Nuclear Engineering and Design, 2014, 269: 240-249.

[10] VARMA A H, SHAFAEI S, KLEMENCIC R. Steel modules of composite plate shear walls: Behavior, stability, and design[J]. Thin-Walled Structures, 2019, 145: 1063842.

[11] JI X D, CHENG X, JIA X, et al. Cyclic in-plane shear behavior of double-skin composite walls in high-rise buildings[J]. Journal of Structural Engineering, 2017, 143(6): 04017025.

[12] 宋神友，聂建国，徐国平，等．双钢板-混凝土组合结构在沉管隧道中的发展与应用[J]．土木工程学报，2019，52(4)：109-120.

[13] REMENNIKOV A, GAN E C J, NGO J, et al. The development and ballistic performance of protective steel concrete composite barriers against hypervelocity impacts by explosively formed projectiles[J]. Composite Structures, 2019, 207: 625-644.

[14] SOLOMON S K, SMITH D W, CUSENS A R. Flexural tests of steel-concrete-steel sandwiches[J]. Magazine of Concrete Research, 1976, 28(94): 13-20.

[15] YAN J B, LIU X M, RICHARD LIEW J Y, et al. Steel-concrete-steel sandwich system in Arctic offshore structures: Materials, experiments, and design[J]. Materials & Design, 2016, 91: 111-121.

[16] YAN J B, WANG J Y, RICHARD LIEW J Y, et al. Punching shear behavior of steel-concrete-steel sandwich composite plate under patch loads[J]. Journal of Constructional Steel Research, 2016, 121: 50-64.

[17] YAN J B, WANG J Y, RICHARD LIEW J Y, et al. Ultimate strength behaviour of steel-concrete-steel sandwich plate under concentrated loads [J]. Ocean Engineering, 2016,118: 41-57.

[18] YAN J B, RICHARD LIEW J Y. Design and behavior of steel-concrete-steel sandwich plates subject to concentrated loads [J]. Composite Structures, 2016, 150: 139-152.

[19] ZHANG W J, KOIZUMI A. Behavior of composite segment for shield tunnel[J]. Tunnelling and Underground Space Technology, 2010, 25(4): 325-332.

[20] MONTAGUE F. A simple composite construction for cylindrical shells subjected to external pressure[J]. Journal of Engineering Mechanics, 1975, 17(2): 105-113.

[21] SHUKRY M E S. Composite shells subjected to external pressure and to point loads[D]. Manchester: University of Manchester, 1986.

[22] NASH T. The experimental behavior of double skinned composite and reinforced concrete shells subjected to external hydrostatic pressure[D]. Manchester: The Victoria University of Manchester, 1987.

[23] GOODE C D, SHUKRY M E D. Effect of damage on composite cylinders subjected to external pressure[J]. ACI Structural Journal, 1988, 85(4): 405-413.

[24] SHUKRY M E S, GOODE C D. Punching shear strength of composite construction[J]. ACI Structural Journal, 1990 ,87(1): 12-22.

[25] MALEK N, MACHIDA A, MUTSUYOSHI H, et al. Steel-concrete sandwich members without shear reinforcement[J]. Transactions of Japan Concrete Institute, 1993, 15(2):1279-1284.

[26] 石正克，岩田節雄．鋼板とコンクリートから構成されるサンドイッチ式複合構造物の強度に関する研究(第 4 報)[J]．日本造船学会論文集，1988，164：395-405.

[27] 木村秀雄，小島一雄，盛高裕生．沈埋函の海上施工時の函体変形について[J]．トンネル工学研究発表会論文・報告集，2002，12：117-124.

[28] 玉井昭治，池田泰敏，阿部哲良．海上に浮遊している沈埋函への高流動コンクリートの適用[J]．コンクリート工学，2003，41(7)：60-65.

[29] 吉本靖俊，吉田秀樹，玉井昭治，など. 新若戸沈埋トンネルにおける充てんコンクリートの開発と施工[C]//土木建設技術シンポジウム論文集，2006.

[30] TOMLINSON M J, TOMLINSON A, CHAPMAN M L, et al. Shell composite construction for shallow draft immersed tube tunnels[C]//Immersed Tunnel Techniques, London: Thomas Telford, 1989:7.

[31] ODUYEMI T O S, WRIGHT H D. An experimental investigation into the behaviour of double-skin sandwich beams[J]. Journal of Constructional Steel Research, 1989, 14(3): 197-220.

[32] NARAYANAN R, ROBERTS T M, NAJI F J. Design guide for steel-concrete-steel sandwich construction Volume 1: General principles and rules for basic elements[M]. Berkshire: The Steel Construction Institute, 1998.

[33] YAN J B, LI Z X, WANG T. Seismic behaviour of double skin composite shear walls with overlapped headed studs[J]. Construction and Building Materials, 2018, 191: 590-607.

[34] XIE M, CHAPMAN J C. Developments in sandwich construction[J]. Journal of Constructional Steel Research, 2006, 62(11): 1123-1133.

[35] XIE M, CHAPMAN J C. Static and fatigue tensile strength of friction-welded bar-plate connections embedded in concrete[J]. Journal of Constructional Steel Research, 2005, 61(5): 651-673.

[36] FOUNDOUKOS N, SAIDI M, CHAPMAN J C. Fatigue tests on steel-concrete-steel sandwich components and beams[J]. Journal of Constructional Steel Research, 2007, 63(7): 922-940.

[37] BOWERMAN H G, GOUGH M S, KING C M. Bi-steel design and construction guide[M]. Scunthorpe: British Steel Ltd., 1999.

[38] LIEW J Y, WANG T Y, SOHEL K M A. Separation prevention shear connectors for sandwich composite structures[P]. US Provisional Patent Application, No. 61/047, 130, 2008.

[39] YAN J B, RICHARD LIEW J Y, SOHEL K M A, et al. Push-out tests on J-hook shear connectors in steel-concrete-steel sandwich structure[J]. Materials and Structures, 2014, 47(10): 1693-1714.

[40] YAN J B, RICHARD LIEW J Y, ZHANG M H. Tensile resistance of J-hook connectors in Steel-concrete-steel sandwich structure[J]. Journal of Constructional Steel Research, 2014, 100: 146-162.

[41] SOHEL K M A, RICHARD LIEW J Y. Steel-concrete-steel sandwich slabs with lightweight core—Static performance[J]. Engineering Structures, 2011, 33(3): 981-992.

[42] DAI X X, RICHARD LIEW J Y. Fatigue performance of lightweight steel-concrete-steel sandwich systems[J]. Journal of Constructional Steel Research, 2010, 66: 256-276.

[43] YAN J B, RICHARD LIEW J Y, ZHANG M H, et al. Experimental and analytical study on ultimate strength behavior of steel-concrete-steel sandwich composite beam structures[J]. Materials and Structures, 2015, 48(5): 1523-1544.

[44] YAN J B. Finite element analysis on steel-concrete-steel sandwich beams[J]. Materials and Structures, 2015, 48(6): 1645-1667.

[45] RICHARD LIEW J Y, SOHEL K M A, KOH C G. Impact tests on steel-concrete-steel sandwich beams with lightweight concrete core[J]. Engineering Structures, 2009, 31(9): 2045-2059.

[46] SOHEL K M A, RICHARD LIEW J Y. Behavior of steel-concrete-steel sandwich slabs subject to impact load[J]. Journal of Constructional Steel Research, 2014, 100: 163-175.

[47] YAN J B, WANG Z, LUO Y B, et al. Compressive behaviours of novel SCS sandwich composite walls with normal weight concrete[J]. Thin-Walled Structures, 2019, 141: 119-132.

[48] YAN J B, WANG Z, WANG T. Compressive behaviours of steel-concrete-steel sandwich walls with J-hooks at low temperatures[J]. Construction and Building Materials, 2019, 207: 108-121.

[49] YAN J B, YAN Y Y, WANG T, et al. Seismic behaviours of SCS sandwich shear walls using J-hook connectors[J]. Thin-Walled Structures, 2019, 144: 106308.

[50] YAN J B, YAN Y Y, WANG T. Cyclic tests on novel steel-concrete-steel sandwich shear walls with boundary CFST

columns[J]. Journal of Constructional Steel Research, 2020, 164: 105760.

[51] LEEKITWATTANA M, BOYD S W, SHENOI R A. Evaluation of the transverse shear stiffness of a steel bi-directional corrugated-strip-core sandwich beam[J]. Journal of Constructional Steel Research, 2011, 67(2): 248-254.

[52] NILSON P. Laser-welded corrugated core steel sandwich panels for bridge application[D]. Gothenburg: Chalmers University of Technology, 2017.

[53] NIE J G, HU H S, FAN J S, et al. Experimental study on seismic behavior of high-strength concrete filled double-steel-plate composite walls[J]. Journal of Constructional Steel Research, 2013, 88: 206-219.

[54] TAKEDA T, YAMAGUCHI T, NAKAYAMA T, et al. Experimental study on shear characteristics of a concrete filled steel plate wall[C]//Transactions of the 13th International Conference on Structural Mechanics in Reactor Technology, Porto Alegre, Brazil, 1995, 8: 3-14.

[55] LIN Y, YAN J, CAO Z, et al. Ultimate strength behaviour of S-UHPC-S and SCS sandwich beams under shear loads[J]. Journal of Constructional Steel Research, 2018, 149:195-206.

[56] 曹万林, 惠存, 董宏英, 等. 工字形截面内藏双钢板混凝土组合柱抗震试验[J]. 自然灾害学报, 2014, 23(2): 85-93.

[57] 李洋, 谭平, 魏瑶, 等. 具有面外变形空间的屈曲约束钢板剪力墙抗震性能试验研究[J]. 自然灾害学报, 2018, 27(1): 61-70.

[58] 李晓虎, 李小军, 申丽婷, 等. 核岛结构双钢板混凝土组合剪力墙低周往复试验研究[J]. 北京工业大学学报, 2016, 42(10): 1498-1508.

[59] 熊峰, 何涛, 周宁. 核电站双钢板混凝土剪力墙抗剪强度研究[J]. 湖南大学学报(自然科学版), 2015, 42(9): 33-41.

[60] 刘阳冰, 杨庆年, 刘晶波, 等. 双钢板-混凝土剪力墙轴心受压性能试验研究[J]. 四川大学学报(工程科学版), 2016, 48(2): 83-90.

[61] 程春兰, 周德源, 叶珊, 等. 低剪跨比带约束拉杆双钢板-混凝土组合剪力墙抗震性能试验研究[J]. 东南大学学报(自然科学版), 2016, 46(1): 126-132.

[62] 闫晓京. 核电工程双钢板内嵌混凝土组合墙轴压性能研究[D]. 北京: 中国地震局工程力学研究所, 2013.

[63] 张有佳. 核电工程钢板混凝土结构抗震性能试验与计算分析[D]. 北京: 中国地震局工程力学研究所, 2014.

[64] 聂建国, 卜凡民, 樊健生. 低剪跨比双钢板-混凝土组合剪力墙抗震性能试验研究[J]. 建筑结构学报, 2011, 32(11): 74-81.

[65] 聂建国, 陶慕轩, 樊健生, 等. 双钢板-混凝土组合剪力墙研究新进展[J]. 建筑结构学报, 2012, 41(12): 52-60.

[66] 聂建国, 卜凡民, 樊健生. 高轴压比、低剪跨比双钢板-混凝土组合剪力墙拟静力试验研究[J]. 工程力学, 2013, 30(6): 60-66.

[67] 聂建国, 胡红松, 李盛勇, 等. 方钢管混凝土暗柱内嵌钢板-混凝土组合剪力墙抗震性能试验研究[J]. 建筑结构学报, 2013, 34(1): 52-60.

[68] 聂建国, 朱力, 樊健生, 等. 钢板剪力墙抗震性能试验研究[J]. 建筑结构学报, 2013, 34(1): 61-69.

[69] 聂建国, 胡红松. 外包钢板-混凝土组合连梁试验研究(I): 抗震性能[J]. 建筑结构学报, 2014, 35(5): 1-9.

[70] 胡红松, 聂建国. 双钢板-混凝土组合剪力墙变形能力分析[J]. 建筑结构学报, 2013, 34(5): 52-62.

[71] 胡红松, 聂建国. 外包钢板-混凝土组合连梁试验研究(II): 应力与内力分析[J]. 建筑结构学报, 2014, 35(5): 10-16.

[72] SAIDI T, FURUUCHI H, UEDA T. The transferred shear force-relative displacement relationship of the shear connector in steel-concrete sandwich beam and its model[J]. Doboku Gakkai Ronbunshuu E, 2008, 64(1): 122-141.

[73] RICHARD LIEW J Y, SOHEL K M A. Structural performance of steel-concrete-steel sandwich composite structures[J]. Advances in Structural Engineering, 2010, 13(3): 453-470.

[74] RICHARD LIEW J Y, YAN J B, HUANG Z Y. Steel-concrete-steel sandwich composite structures recent innovations[J]. Journal of Constructional Steel Research, 2017, 130: 202-221.

[75] LENG Y B, SONG X B, Wang H L. Failure mechanism and shear strength of steel-concrete-steel sandwich deep beams[J]. Journal of Constructional Steel Research, 2015, 106: 89-98.

[76] LENG Y B, SONG X B. Experimental study on shear performance of steel-concrete-steel sandwich beams[J]. Journal of Constructional Steel Research, 2016, 120: 52-61.

[77] GUO Y T, TAO M X, NIE X, et al. Experimental and theoretical studies on the shear resistance of steel-concrete-steel composite structures with bidirectional steel webs[J]. Journal of Structural Engineering, 2018, 144(10): 04018172.

[78] GUO Y T, NIE X, TAO M X, et al. Bending capacity of steel-concrete-steel composite structures considering local buckling and casting imperfection[J]. Journal of Structural Engineering, 2019, 145(10): 04019102.

[79] ZOU G P, XIA P X, SHEN X H. Mechanical properties analysis of steel-concrete-steel composite beam[J]. Journal of Sandwich Structures and Materials, 2015, 19(5): 525-543.

[80] 夏培秀, 邹广平, 薛启超. 钢板夹芯混凝土组合梁的变形分析[J]. 复合材料学报, 2017, 34(9): 2110-2114.

[81] FOUNDOUKOS N, CHAPMAN J C. Finite element analysis of steel-concrete-steel sandwich beams[J]. Steel Construction, 2008, 64(9):947-961.

[82] FARGHALY A, UEDA T, KONNO K, et al. 3D FEM analysis of open sandwich beams[J]. コンクリート工学年次論文集, 2002, 24(2): 103-108.

[83] HOSSAIN K M A, WRIGHT H D. Experimental and theoretical behavior of composite walling under in-plane shear[J]. Journal of constructional Steel Research, 2004, 60(1): 59-83.

[84] MYDIN M A O, WANG Y C. Structural performance of lightweight steel-foamed concrete-steel composite walling system under compression[J]. Thin-Walled Structures, 2011, 49(1):66-76.

[85] EMORI K. Compressive and shear strength of concrete filled steel box wall[J]. Steel Structures, 2002, 26(2): 29-40.

[86] 汤序霖, 丁昌银, 左志亮, 等. 设置加劲肋的双层钢板-混凝土组合剪力墙抗震性能试验研究[J]. 建筑结构学报, 2017, 38(5): 85-91.

[87] CHOI B J, HAN H S. An experiment on compressive profile of the unstiffened steel plate-concrete structures under compression loading[J]. Steel and Composite Structures, 2009, 9(6): 519-534.

[88] CHOI B J, KANG C K, PARK H Y. Strength and behavior of steel plate-concrete wall structures using ordinary and eco-oriented cement concrete under axial compression[J]. Thin-Walled Structures, 2014, 84(5): 313-324.

[89] 张有佳, 李小军, 贺秋梅, 等. 钢板混凝土组合墙体局部稳定性轴压试验研究[J]. 土木工程学报, 2016, 49(1): 62-68.

[90] ZHANG K, VARMA A H, MALUSHTE S R, et al. Effect of shear connectors on local buckling and composite action in steel concrete composite walls[J]. Nuclear Engineering and Design, 2014, 269: 231-239.

[91] YAN J B, CHEN A Z, WANG T. Developments of double skin composite walls using novel enhanced C-channel connectors[J]. Steel and Composite Structures, 2019, 33(6): 877-889.

[92] QIN Y, SHU G P, ZHOU G G, et al. Compressive behavior of double skin composite wall with different plate thicknesses[J]. Journal of Constructional Steel Research, 2019, 157: 297-313.

[93] EOM T S, PARK H G, LEE C H, et al. Behavior of double skin composite wall subjected to in-plane cyclic loading[J]. Journal of Structural Engineering, 2009, 135(10): 1239-1249.

[94] 刘鸿亮, 蔡健, 杨春, 等. 带约束拉杆双层钢板内填混凝土组合剪力墙抗震性能试验研究[J]. 建筑结构学报, 2013, 34(6): 84-92.

[95] 纪晓东, 蒋飞明, 钱稼茹, 等. 钢管-双层钢板-混凝土组合剪力墙抗震性能试验研究[J]. 建筑结构学报, 2013, 34(6): 75-83.

[96] 李盛勇, 聂建国, 刘付钧, 等. 外包多腔钢板-混凝土组合剪力墙抗震性能试验研究[J]. 土木工程学报, 2013, 46(10): 26-38.

[97] EPACKACHI S, NGUYEN N H, KURT E G et al. In-plane seismic behavior of rectangular steel-plate composite wall piers[J]. America Society of Civil Engineers, 2014, 141 (7): 04014176.

[98] KURT E G, VARMA A H, BOOTH P, et al. In-plane behavior and design of rectangular SC wall piers without boundary elements[J]. Journal of Structural Engineering, 2016, 142(6): 04016026.

[99] ZHANG X M, QIN Y, CHEN Z H. Experimental seismic behavior of innovative composite shear walls[J]. Journal of Constructional Steel Research, 2016, 116(1): 218-232.

[100] ZHAO W Y, GUO Q Q, HUANG Z Y, et al. Hysteretic model for steel-concrete composite shear walls subjected to in-plane cyclic loading[J]. Engineering Structures, 2016, 106(1): 461-470.

[101] 陈丽华, 夏登荣, 刘文武, 等. 双钢板-混凝土组合剪力墙抗震性能试验研究[J]. 土木工程学报, 2017, 50(8): 10-19.

[102] LI X H, LI X J. Steel plates and concrete filled composite shear walls related nuclear structural engineering: Experimental study for out-of-plane cyclic loading[J]. Nuclear Engineering and Design, 2017, 315(4): 144-154.

[103] SHANMUGAM N E, KUMAR G, THEVENDRAN V. Finite element modeling of double skin composite slabs [J]. Finite Elements in Analysis and Design, 2002, 38(7): 579-599.

[104] LENG Y B, SONG X B. Flexural and shear performance of steel-concrete-steel sandwich slabs under concentrate loads[J]. Journal of Constructional Steel Research, 2017, 134: 38-52.

[105] YAN J B, ZHANG W. Numerical analysis on steel-concrete-steel sandwich plates by damage plasticity model: From materials to structures [J]. Construction and Building Materials, 2017, 149: 801-815.

[106] YAN J B, CHEN A Z, GUAN H N, et al. Experimental and numerical studies on ultimate strength behaviour of SCS sandwich beams with UHPFRC[J]. Construction and Building Materials, 2020, 256: 119464.

[107] YAN J B, CHEN A Z, WANG T. Axial compressive behaviours of steel-concrete-steel sandwich composite walls with novel enhanced C-channels[J]. Structures, 2020, 28: 407-423.

[108] YAN J B, CHEN A Z, WANG T. Compressive behaviours of steel-UHPC-steel sandwich composite walls using novel EC connectors[J]. Journal of Constructional Steel Research, 2020, 173: 106244.

[109] YAN J B, GUAN H N, WANG T. Finite element analysis on flexural behaviours of SCS sandwich beams with novel enhanced C-channel connectors[J]. Journal of Building Engineering, 2020, 31: 101439.

[110] YAN J B, GUAN H N, WANG T. Steel-UHPC-steel sandwich composite beams with novel enhanced C-channel connectors: Tests and analysis[J]. Journal of Constructional Steel Research, 2020, 170: 106077.

[111] YAN J B, GUAN H N, WANG T. Numerical studies on steel-UHPC-steel sandwich beams with novel enhanced C-channels[J]. Journal of Constructional Steel Research, 2020, 170: 106070.

[112] YAN J B, GUAN H N, YAN Y Y, et al. Numerical and parametric studies on SCS sandwich walls subjected to in-plane shear[J]. Journal of Constructional Steel Research, 2020, 169: 106011.

[113] YAN J B, HU H T, WANG T. Shear behaviour of novel enhanced C-channel connectors in steel-concrete-steel sandwich composite structures [J]. Journal of Constructional Steel Research, 2020, 166: 105903.

[114] WANG T, YAN J B. Developments of steel-concrete-steel sandwich composite structures with novel EC connectors: Members[J]. Journal of Constructional Steel Research, 2020, 175: 106335.

[115] 严加宝, 关慧凝, 王涛. 采用增强槽钢连接件的双钢板-混凝土组合梁受弯性能研究[J]. 建筑结构学报, 2022, 43 (5): 122-129.

[116] 严加宝, 胡惠韬, 王涛. 新型钢-砼-钢组合剪力墙抗震性能试验研究[J]. 天津大学学报（自然科学与工程技术版）, 2021 (5): 479-486.

[117] 严加宝, 陈安臻, 王涛. 新型双钢板-混凝土组合墙轴心受压性能研究[J]. 工程力学, 2021, 38 (2): 61-68.

第2章 材　料

双钢板-混凝土组合结构中主要涉及三种类型的材料，即核心混凝土、外包钢板及剪力连接件。材料科学的发展丰富了双钢板-混凝土组合结构的选型。本章主要介绍应用于双钢板-混凝土组合结构的各种工程材料及其力学性能。

2.1　核心混凝土

核心混凝土是双钢板-混凝土组合结构中的重要组成部分。依据工程的不同用途，工程实践中采用不同类型的混凝土作为双钢板-混凝土组合结构芯材。在桥面板、民用建筑剪力墙及核工程墙体中，普通混凝土被大量应用。

2.1.1　普通混凝土

1. 单轴向应力状态下的混凝土强度

单轴受力状态下混凝土的强度是复合应力状态下强度的基础和重要参数，混凝土试件的尺寸和形状、试验方法和加载速率都会影响混凝土强度的试验结果。

（1）混凝土立方体抗压强度

根据《混凝土结构设计规范（2015 年版）》（GB 50010—2010）规定，混凝土强度等级应按立方体抗压强度标准值确定。立方体抗压强度标准值 $f_{cu,k}$ 指按标准方法对于支座、养护的边长为 150mm 的立方体试件，在 28d 或设计规定龄期测得的具有 95%保证率的抗压强度值。混凝土强度等级有 C15、C20 等 14 个等级，其中 C50～C60 属于高强度混凝土等级。

试验方法对混凝土的立方体抗压强度有较大影响。试件在单轴压力作用下横向扩张，压力机垫板的横向变形远小于混凝土的横向变形，就像在试件上下加了一个套箍，致使混凝土破坏时形成两个对顶的角锥形破坏面。我国规定的标准试验方法是不涂润滑剂的，如图 2.1 所示。

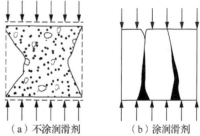

(a) 不涂润滑剂　　　　(b) 涂润滑剂

图 2.1　混凝土立方体抗压破坏形式

加载速度对立方体抗压强度也有影响，加载速度越快，测得的强度越高。通常规定加载速度为：混凝土强度等级低于 C30 时，取每秒 0.3～0.5N/mm^2；混凝土强度等级高于或等于 C30 时，取每秒 0.5～0.8N/mm^2。

（2）混凝土轴心抗压强度

混凝土的抗压强度与试件的形状有关，采用棱柱体比立方体能更好地反映混凝土结构的实际抗压能力。用混凝土棱柱体试件测得的抗压强度称为轴心抗压强度。我国规定以 150mm×150mm×300mm 的棱柱体作为混凝土轴心抗压强度试验的标准试件,《混凝土结构设计规范(2015 年版)》(GB 50010—2010)规定以上述棱柱体试件试验测得的具有 95%保证率的抗压强度为混凝土轴心抗压强度标准值 f_{ck}。轴心抗压强度标准值 f_{ck} 与立方体抗压强度标准值 $f_{cu,k}$ 的关系为

$$f_{ck} = 0.88\alpha_{c1}\alpha_{c2}f_{cu,k} \tag{2.1}$$

式中,α_{c1} 为棱柱体抗压强度与立方体抗压强度之比,对混凝土强度等级为 C50 及以下的取 α_{c1}=0.76,对 C80 取 α_{c1}=0.82,介于两者之间的按直线规律变化取值;α_{c2} 为高强度混凝土的脆性折减系数,对混凝土强度等级为 C40 及以下的取 α_{c2}=1.00,对 C80 取 α_{c2}=0.87,介于两者之间的按直线规律变化取值;0.88 为考虑实际构件与试件混凝土强度之间的差异而取的折减系数。

国外常常采用混凝土圆柱体试件来确定混凝土轴心抗压强度,记作 f_c'。对 C60 以下的混凝土,圆柱体抗压强度 f_c' 和立方体抗压强度标准值 $f_{cu,k}$ 的关系为

$$f_c' = 0.79f_{cu,k} \tag{2.2}$$

当 $f_{cu,k}$ 超过 60MPa 后,随着抗压强度的提高,式(2.2)中的系数也提高。CEB-FIP 给出:对于 C60 的混凝土,系数为 0.833;对于 C70 的混凝土,系数为 0.857;对于 C80 的混凝土,系数为 0.875。

(3)混凝土轴心抗拉强度

轴心抗拉强度标准值 f_{tk} 可以采用直接轴心受拉的试验方法来测定,轴心抗拉强度只有立方体抗压强度的 1/17~1/8,混凝土强度等级越高,比值越小。《混凝土结构设计规范(2015 年版)》(GB 50010—2010)考虑了从普通混凝土到高强混凝土的变化规律,轴心抗拉强度标准值 f_{tk} 与立方体抗压强度标准值 $f_{cu,k}$ 的关系如下:

$$f_{tk} = 0.88 \times 0.395 f_{cu,k}^{0.55}(1-1.645\delta)^{0.45} \times \alpha_{c2} \tag{2.3}$$

式中,δ 为变异系数;0.88 为考虑实际构件与试件混凝土强度之间的差异而取的折减系数;α_{c2} 为高强度混凝土的脆性折减系数,对混凝土强度等级为 C40 及以下的取 α_{c2}=1.00,对 C80 取 α_{c2}=0.87,介于两者之间按照直线规律变化取值。

2. 单轴向受压应力-应变本构关系曲线

(1)混凝土受压应力-应变曲线

实测的典型混凝土棱柱体受压应力(σ)-应变(ε)曲线如图 2.2 所示。

从加载至 A 点为第一阶段,A 点为比例极限点,其应力为 0.3~0.4f_{c0}。此时应力水平较低,混凝土的变形主要是骨料和水泥结晶体受力产生的弹性变形,应力-应变关系接近直线。超过 A 点,进入裂缝稳定扩展的第二阶段,临界点 B 的应力可以作为长期抗压强度的依据。随后裂缝快速发展直至峰值点 C,这一阶段为第三阶段,峰值应力通常作为混凝土棱柱体抗压强度的试验值,其对应的应变称为峰值应变 ε_0,峰值应变值在 0.0015~0.0025 波动,通常取为 0.002。到达峰值应力后进入下降段 CE,裂缝迅速发展,传递荷载的传力路线不断减少,试件的平均强度下降,应力-应变曲线向下弯曲直到凹向发生改变,曲线出现拐点 D。超过拐点 D,曲线开始产生凸向应变变化,这时只靠骨料间的咬合力及摩擦力与参与承压面来承受荷载。E 为收敛点,收敛点 E 之后的曲线称为收敛段,这时贯通的主裂缝已经很宽,内聚力几乎耗尽,对无侧向约束的混凝土,收

敛段已经失去意义[1]。

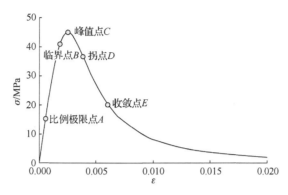

图 2.2　混凝土棱柱体受压应力-应变曲线

（2）混凝土单轴向受压应力-应变本构关系曲线

欧洲规范 Eurocode 2 建议的本构模型如图 2.3 所示，模型本构曲线描述为

$$\sigma_{c} = \frac{3 f_{c} \varepsilon_{c}}{\varepsilon_{c0} \left[2 + \left(\dfrac{\varepsilon_{c}}{\varepsilon_{c0}} \right)^{3} \right]} \tag{2.4}$$

式中，σ_{c} 为混凝土受压应力，MPa；f_{c} 为混凝土圆柱体抗压强度，MPa；ε_{c} 为混凝土受压应变；ε_{c0} 为混凝土峰值压应变。

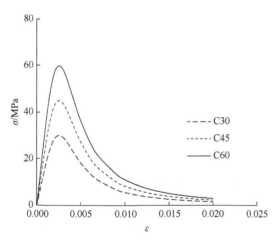

图 2.3　欧洲规范 Eurocode 2 建议的本构模型

（3）混凝土轴向受拉应力-应变曲线

图 2.4 是采用电液伺服试验机控制应变速度测出的混凝土轴心受拉应力-应变曲线。该曲线形状与受压时相似，具有上升段和下降段。试验表明，加载初期，变形与应力呈线性增长，在峰值应力的 40%～50% 达到比例极限；加载到峰值应力的 76%～83% 时，曲线出现临界点（裂缝不稳定扩展的起点）；到达峰值应力时，对应的应变只有 (75×10^{-6}) ～ (115×10^{-6})。曲线下降段的坡度随混凝土强度的提高变得更为陡峭。受拉弹性模量与受压弹性模量基本相同[1]。

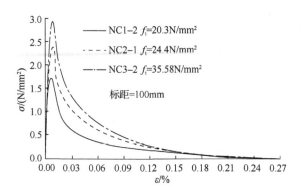

图 2.4　不同强度的混凝土轴心受拉应力-应变全曲线（李爱群等，2016）

（4）混凝土断裂能

混凝土断裂能（G_f）定义为裂纹扩展单位面积消耗的表面能。瑞典 Lund 工学院 Hillerborg 等[2]提出了虚拟裂缝模型（fictitious crack model）。该模型认为，裂缝尖端的应力达到混凝土抗拉强度f_t时，裂缝开始扩展；当裂缝张开时，应力不立即降为零，而是随着裂缝张开宽度的增大而减小；当裂缝张开宽度到达某一极限值时，应力为零。

国际材料和结构试验室联合会（International Union of Laboratories and Experts in Construction Materials，Systems and Structures，RILEM）推荐采用带有缺口的三点弯曲梁测定断裂能G_f的方法，该方法操作简便且精度较高，如图 2.5 所示。

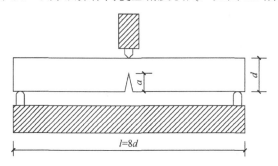

图 2.5　混凝土断裂能测定模型

用刚性试验机对带缺口梁进行加载，可以得到一条稳定的荷载-挠度曲线，曲线的面积表示总能量，是混凝土梁中的裂纹开展时所吸收（耗散）的总能量。若梁截面已知，可以求出断裂能G_f。对于初始缝深为a、高度为W、厚度为T的试件，其断裂能为

$$G_f(a) = \frac{1}{W-a}\int P\mathrm{d}\delta \qquad (2.5)$$

式中，G_f为试件（高度为W、初始缝深为a）的断裂能；P为施加的荷载；δ为加载点的位移。

这一方法忽略了断裂面以外混凝土吸收的能量，也忽略了压头、支座弹性变形吸收的能量[3]。

CEB-FIP 给出了关于混凝土强度和骨料最大粒径的断裂能计算方法：

$$G_f = G_{f0}\left(\frac{f_c'}{10}\right)^{0.7} \qquad (2.6)$$

式中，f_c' 为混凝土圆柱体抗压强度，MPa。G_f 与混凝土最大骨料直径 D_{max} 有关：当 $D_{max}=8mm$ 时，$G_{f0}=0.025$；当 $D_{max}=16mm$ 时，$G_{f0}=0.03$；当 $D_{max}=32mm$ 时，$G_{f0}=0.058$。对于同一混凝土强度，混凝土断裂能随粗骨料最大粒径的增大也呈增大趋势。这是由于骨料对裂缝的扩展存在阻碍作用，随着骨料粒径的增大，迫使开裂路径发生变化，裂缝因此变得曲折，混凝土断裂能不断提高[4]。

3. 混凝土的变形模量

混凝土受压应力-应变关系是一条曲线，在不同的应力阶段，应力与应变之比为变数，因此不能称其为弹性模量，而应称为变形模量。混凝土的变形模量有如下三种表示方法。

（1）混凝土的弹性模量（原点模量）

如图 2.6 所示，在应力-应变曲线的原点作一切线，其斜率为混凝土的原点模量，称为弹性模量，用 E_c 表示，即

$$E_c = \tan \alpha_0 \tag{2.7}$$

式中，α_0 为混凝土应力-应变曲线在原点处的切线与横坐标的夹角。

当混凝土进入塑性阶段后，初始的弹性模量已经不能反映这时的应力-应变性质，因此有时用变形模量或切线模量来表示此时的应力-应变关系。

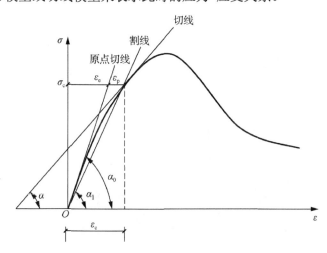

图 2.6　混凝土变形模量表示方法[1]

（2）混凝土的割线模量（弹塑性模量）

图 2.6 中原点 O 至曲线上任一点应力为 σ_c 的割线的斜率称为割线模量，即

$$E_c' = \tan \alpha_1 = \frac{\sigma_c}{\varepsilon_c} = \frac{E_c \varepsilon_e}{\varepsilon_c} = \nu E_c \tag{2.8}$$

弹塑性阶段的应力-应变关系可表示为

$$\sigma_c = \nu E_c \varepsilon_c \tag{2.9}$$

式中，ε_c 为总应变；ε_e 为 ε_c 中的弹性应变；ν 为弹性系数，$\nu = \varepsilon_e / \varepsilon_c$，$\nu$ 随应力增大而减小，其值在 0.5～1.0 变化。

（3）混凝土的切线模量

在混凝土应力-应变曲线上任一点应力 σ_c 处作一切线，切线与横坐标轴的交角为 α，此时混凝土的切线模量是一个变值，随着混凝土应力的增大逐渐减小，即

$$E_c'' = \tan\alpha \qquad\qquad (2.10)$$

2.1.2　轻骨料混凝土及超轻混凝土

超轻混凝土（ultra-lightweight cement composite，ULCC）的特点是密度小于 1450kg/m³，抗压强度约 65MPa，强度与密度比高达 47kPa/（kg/m³），目前被开发用于建筑和近海结构[5]。

1. 超轻混凝土的材料组成

在超轻混凝土中，采用低密度 600～900kg/m³ 的空心微轻骨料，以实现混凝土较低的密度。超轻混凝土包含普通硅酸盐水泥、水、硅粉、化学外加剂、空心轻骨料和聚乙烯醇纤维（PVA 纤维）或光滑钢纤维，如图 2.7 所示。

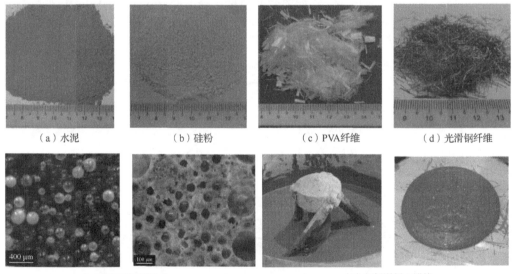

　（a）水泥　　　　　　　（b）硅粉　　　　　　（c）PVA纤维　　　　（d）光滑钢纤维

　　　（e）微观下空隙结构　　　　　　　　　　　（f）超轻混凝土搅拌

图 2.7　超轻混凝土的材料组成[5]

以 Yan 等[5-6]配制的超轻混凝土为例，空心轻骨料是粒径为 10～300μm 的铝硅酸盐空心球，其密度为 600～900kg/m³。在超轻混凝土中使用高效减水剂可以获得良好的和易性；减缩剂也用于混合物中，以减少拌和物中的空气含量，将收缩应变降至最低。分别采用长度为 6mm、直径为 27μm 的 PVA 纤维，以及直径为 0.16mm、长度为 6mm 的光滑钢纤维用于混凝土配制，以降低超轻混凝土的脆性并提高其抗收缩开裂性能，其中 PVA 纤维和光滑钢纤维材料性能如表 2.1 所示。

表 2.1　PVA 纤维和光滑钢纤维材料性能

纤维类型	直径/mm	纤维长度/mm	长细比	密度/(g/cm³)	抗拉强度/MPa	弹性模量/GPa
PVA 纤维	0.026	6	231	1.3	1600	40
光滑钢纤维	0.16	6	37.5	7.8	2500	200

2. 超轻混凝土单轴抗压强度

　　Yan 等[5-6]对超轻混凝土开展了单轴抗压强度试验,如图 2.8 所示。其中对 PVA 纤维掺量为 0.5%和光滑钢纤维掺量为 1%、2%和 0%的试块进行了单轴抗压强度试验,超轻混凝土中的纤维掺量和纤维种类对混凝土极限抗压强度和延性有显著影响。相比于采用 PVA 纤维的混凝土,采用光滑钢纤维的混凝土极限抗压强度提高近 40%,光滑钢纤维掺量越高,其峰值后应力水平越高。

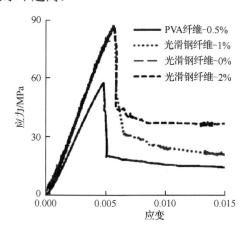

图 2.8　超轻混凝土单轴抗压应力-应变关系

2.1.3 高性能混凝土

　　随着科学技术的发展,混凝土强度等级在不断地提高,高强和超高强混凝土（60～140MPa）已经成功地应用于工程结构中。但高强混凝土（high strength concrete,HSC）的抗弯抗拉强度仍然不高,必须通过配筋来增加结构的强度,而大量配筋又带来施工浇注的困难;同时,由于混凝土收缩变形受钢筋的约束还会引起应力,导致开裂,对耐久性产生不利的影响。在高强混凝土中,粗骨料与浆体的界面薄弱区形成的缺陷也会造成混凝土强度与耐久性的降低。针对以上问题,有学者提出了超高性能混凝土（ultra-high performance concrete,UHPC）新型复合材料。该混凝土是一种高强度、高韧性、低孔隙率的超高强水泥基材料,原理是通过提高组分的细度与活性,不使用粗骨料,使材料内部的缺陷（孔隙与微裂缝）减到最少,以获得超高强度与高耐久性[7]。

　　UHPC 的组成材料主要包括水泥、级配良好的细砂、磨细石英砂粉、硅灰等矿物掺合料、高效减水剂和微细钢纤维等。以本书采用的 UHPC 为例,其组成成分包括水泥、硅灰、石英砂、石英粉、高效减水剂和水,并掺入了直径为 0.12mm、长度为 8mm 的钢纤维,掺入量约为总体积的 3%。UHPC 组成材料配合比如表 2.2 所示,制作过程如图 2.9 所示。

表 2.2　UHPC 组成材料配合比

组成	含量/(kg/m³)
水泥	898
硅灰	225
石英砂	988
石英粉	270
减水剂	17
水	202

   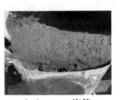

（a）UHPC 掺和料　　（b）搅拌机拌和　　（c）拌和后的 UHPC　　（d）UHPC 浇筑

图 2.9　UHPC 制作过程

根据 UHPC 受压实测结果和张哲等[8]的 UHPC 受拉本构模型，本书采用的 UHPC 单轴受压和受拉的应力-应变曲线如图 2.10 所示。

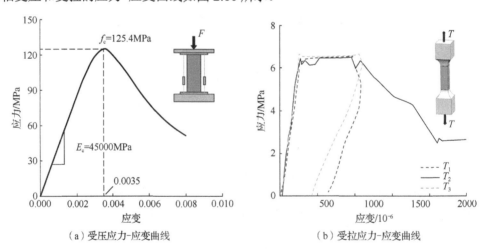

（a）受压应力-应变曲线　　　　　（b）受拉应力-应变曲线

图 2.10　UHPC 应力-应变曲线

2.2　外 包 钢 板

在双钢板-混凝土组合结构中，其重要的组成部分之一是作为结构骨架的外包钢板。钢材的种类繁多，适于用作钢板的材料一般有碳素钢和合金钢两种。丁阳[9]提出钢材必须符合下列要求。

1）较高的强度。较高的强度指具有较高的屈服强度和抗拉强度。屈服强度是衡量结构承载能力的指标，屈服强度高可减轻结构自重，节约钢材并降低工程造价；抗拉强度是衡量钢材经过较大变形之后的抗拉能力，是结构安全的保障。

2）足够的变形能力。足够的变形能力是指具有良好的塑性和韧性。塑性是应力超过屈服强度后能产生显著的塑性（残余）变形而不立即断裂的性质；韧性是钢材在塑性变形和断裂过程中吸收能量的能力，即钢材抵抗冲击荷载的能力。

3）良好的工艺性能。良好的工艺性能包括冷弯性能及可焊性能。冷弯性能指钢材在常温下加工产生塑性变形时对产生裂缝的抵抗能力；可焊性指在一定焊接工艺条件下，钢材焊接后在焊缝金属和近缝区均不产生裂纹。良好的工艺性能可使钢材加工成各类结构形式，并且避免钢材在加工过程中对强度、塑性和韧性等性能产生不利影响。

2.2.1 普通钢材

适用于用作双钢板-混凝土组合结构的钢材多为普通钢材，即碳素钢，因此本小节对普通钢材进行重点介绍。

1. 普通钢材的种类

我国《碳素结构钢》（GB/T 700—2006）和《建筑结构用钢板》（GB/T 19879—2015）对碳素钢类型进行了分类。《碳素结构钢》（GB/T 700—2006）中的钢材牌号数字即为钢材的屈服强度数值。钢的牌号由代表屈服强度的字母、屈服强度数值、质量等级符号、脱氧方法组成。它的钢号冠以 Q，代表钢材的屈服点；后面的数字表示屈服点数值，单位是 MPa。质量等级符号分别为 A、B、C、D。《建筑结构用钢板》（GB/T 19879—2015）中钢的牌号由代表屈服强度的汉语拼音字母（Q）、规定的最小屈服强度数值、代表高性能建筑结构用钢的汉语拼音字母（GJ）、质量等级符号（B、C、D、E）组成。

欧洲结构钢标准规定了 5 个结构钢钢种：S185、S235、S275、S355、S450。钢种 S235 和 S275 可按品种 JR、J0 和 J2 提供，钢种 S355 可按品种 JR、J0、J2 提供，钢种 S450 可按品种 J0 提供。欧洲结构钢标准的钢名称包括符号 S（结构钢）和规定的最小屈服强度。

美国 ASTM 标准的同一种牌号强度钢材有着不同的强度等级，如美国的 A283/A283M 钢材有多种强度等级，屈服强度标准值分别为 165MPa、185MPa、205MPa 和 230MPa。

目前包括上述中国、美国、欧洲在内的国家和地区已有成熟的普通结构钢材产品，如表 2.3 所示。

表 2.3　普通结构钢材的种类

国家（地区）及标准	普通强度钢材编号	质量等级
中国《碳素结构钢》 （GB/T 700—2006）	Q195、Q215、Q235、Q275	A、B、C、D
中国《建筑结构用钢板》 （GB/T 19879—2015）	Q235GJ、Q345GJ、Q390GJ	B、C、D、E
美国 ASTM 标准	A36/A36M、A283/A283M	A、B、C、D
欧洲《建筑结构用钢标准》 （BS EN10025-2—2004）	S185、S235、S275、S355、S450	JR、J0、J2

2. 钢材的应力-应变关系模型

崔佳[10]指出，钢材的各项力学性能指标一般通过标准试件的单向拉力试验获得。在常温静载情况下，普通碳素钢标准试件单向均匀受拉试验时的应力-应变曲线如图 2.11 所示。

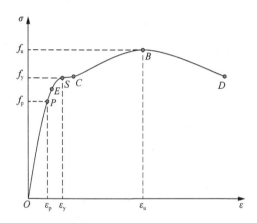

图 2.11　普通碳素钢标准试件单向均匀受拉试验时的应力-应变曲线

图 2.11 中，应力-应变曲线的 OP 段为直线，表示钢材具有完全弹性性质，应力与应变成正比，可由弹性模量 E 来定义，此段应力的最高点 P 对应的应力值 f_p 称为比例极限。

PE 段具有一定的弹性，但非线性，为非线性弹性阶段。这时应力与应变之间的关系可以用其增量之比来表示，即 $E_t = \mathrm{d}\sigma/\mathrm{d}\varepsilon$，$E_t$ 为切线模量。此段上限 E 点的应力称为弹性极限。弹性极限和比例极限相距很近，实际上很难区分，故通常只提比例极限。

应力超过弹性极限后，随着荷载的增大，曲线在 ES 段出现非线性性质，即应变 ε 与应力 σ 不再成正比。此时的变形包括弹性变形和塑性变形两个部分，其中的塑性变形在卸载后不能恢复，即卸载曲线成为与 OP 平行的直线，留下永久性的残余变形。此段上限 S 点的应力 f_y 称为屈服强度，对于低碳钢，此时出现明显的屈服台阶 SC 段。此阶段表现为在应力保持不变的情况下，应变继续增大。

在屈服平台 SC 段，开始进入塑性流动范围时，曲线波动较大，以后逐渐趋于平稳，其最高点和最低点分别称为上屈服点和下屈服点。上屈服点与试验条件（加载速度、试件形状、试件对中的准确性等）有关，下屈服点则对此不太敏感，所以设计中以下屈服点作为材料强度的依据。

在屈服平台的末端（C 点），结构将产生很大的残余变形。过大的残余变形在使用中是不允许的，表明钢材的承载能力达到了最大限度。因此，在设计时取屈服点为钢材可以达到的最大应力。

超过屈服平台的末端 C 点后，材料出现应变硬化，曲线上升，直至曲线最高处的 B 点，这一点的应力 f_u 称为抗拉强度或极限强度。当应力达到 B 点时，试件发生颈缩现象，至 D 点而断裂。

2.2.2　高强度钢材

施刚等[11]指出高强度钢材是指名义屈服强度 $f_y \geqslant 420\text{MPa}$，同时具有良好韧性、延性及加工性能的结构钢材。

目前包括中国、美国、欧洲在内的国家和地区已有较为成熟的高强度钢材产品，如表 2.4 所示。

表 2.4　高强度钢材的种类

国家（地区）及标准	高强度钢材编号	质量等级
中国《低合金高强度结构钢》 （GB/T 1591—2008）	Q420、Q460、Q500、Q550、Q620、Q690	A、B、C、D、E
中国《建筑结构用钢板》 （GB/T 19879—2015）	Q420GJ、Q460GJ	C、D、E
美国 ASTM 标准	A992/A992M、A913/A913M、A709/A709M、 A514/A514M	
欧洲《建筑结构用高强度钢材规范》 （BS EN10025-6）	S450、S500、S550、S620、S690、S890、S960	Q、QL、QL1

施刚等[11]指出欧洲和中国的高强度钢材牌号中，数字即为钢材的屈服强度标准值；美国的同一种牌号高强度钢材有着不同的强度等级，如美国的 A709/A709M 钢材有 HPS70W 和 HPS100W 两种强度等级，屈服强度标准值分别为 485MPa 和 690MPa；我国《低合金高强度结构钢》（GB/T 1591—2008）中质量等级 A 和 B 只适用于 Q420 牌号及以下的钢材。

图 2.12 为高强度钢材的应力-应变曲线，高强度钢材的应力-应变曲线的屈服平台较短或已没有明显的屈服平台，抗拉强度对应的应变值较普通结构钢材也较小。施刚等[11]指出，与普通强度钢材相比，高强度钢材工程应力-应变曲线的屈服平台长度变短，当屈服强度超过 690MPa 时，一般没有明显屈服平台；抗拉强度对应的应变值和屈强比随强度提高而分别减小和增大。

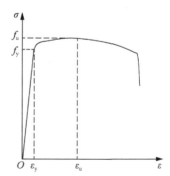

图 2.12　高强度钢材的应力-应变曲线

2.3　剪力连接件

钢结构采用的型材有热轧成型的钢板、型钢及冷弯（或冷压）成型的薄壁型钢。热轧型钢有 H 型钢、角钢、工字钢、槽钢和钢管。其中，槽钢有普通槽钢和轻型槽钢两种，也以其截面高度的厘米数编号，如 [12。表 2.5 列举了《热轧型钢》（GB/T 706—2016）部分标准型号槽钢的尺寸信息。

表 2.5　槽钢截面尺寸、截面面积、理论重量及截面特性

型号	截面尺寸/mm						截面面积/cm²	理论重量/(kg/m)	外表面积/(m²/m)	惯性矩/cm⁴			惯性半径/cm		截面模数/cm³		重心距离/cm
	h	b	d	t	r	r_1				I_x	I_y	I_{y1}	i_x	i_y	W_x	W_y	Z_0
5	50	37	4.5	7.0	7.0	3.5	6.925	5.44	0.226	26.0	8.30	20.9	1.94	1.10	10.4	3.55	1.35
6.3	63	40	4.8	7.5	7.5	3.8	8.446	6.63	0.262	50.8	11.9	28.4	2.45	1.19	16.1	4.50	1.36
6.5	65	40	4.3	7.5	7.5	3.8	8.292	6.51	0.267	55.2	12.0	28.3	2.54	1.19	17.0	4.59	1.38
8	80	43	5.0	8.0	8.0	4.0	10.24	8.04	0.307	101	16.6	37.4	3.15	1.27	25.3	5.79	1.43
10	100	48	5.3	8.5	8.5	4.2	12.74	10.0	0.365	198	25.6	54.9	3.95	1.41	39.7	7.80	1.52
12	120	53	5.5	9.0	9.0	4.5	15.36	12.1	0.423	346	37.4	77.7	4.75	1.56	57.7	10.2	1.62
12.6	126	53	5.5	9.0	9.0	4.5	15.69	12.3	0.135	391	38.0	77.1	4.95	1.57	62.1	10.2	1.59

注：h 为高度；b 为腿宽度；d 为腰厚度；t 为腿中间厚度；r 为内圆弧半径；r_1 为腿端圆弧半径。

剪力连接件在双钢板-混凝土组合结构起到了连接两侧外包钢板、抵抗外部剪力和防止钢板和混凝土发生分离等作用。在双钢板-混凝土组合结构中往往采用热轧型钢作为剪力连接件，如交错栓钉、J 型钩、Bi-steel 等[12]，如图 2.13（a）～（c）所示。在众多学者的研究基础上，本书提出了一种新型的加强型槽钢剪力连接件，如图 2.13（d）所示，该连接件是以标准槽钢为主体的单边螺栓连接件[13]。

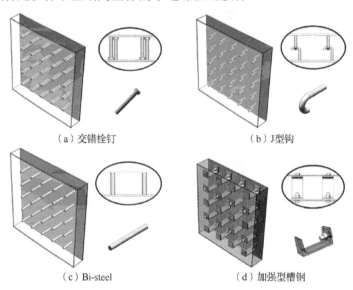

（a）交错栓钉　　　　　　　　　　　（b）J型钩

（c）Bi-steel　　　　　　　　　　　（d）加强型槽钢

图 2.13　双钢板-混凝土组合结构的剪力连接件

《钢结构设计标准》（GB 50017—2017）中第 4.1.1 条规定："钢材宜采用 Q235、Q345、Q390、Q420、Q460 和 Q345GJ 钢。"《组合结构设计规范》（JGJ 138—2016）中第 3.1.1 条规定："组合结构构件中钢材宜采用 Q345、Q390、Q420 低合金高强度结构钢及 Q235 碳素结构钢，质量等级不宜低于 B 级。"《矩形钢管混凝土结构技术规程》（CECS 159—2004）中第 3.1.1 条规定："矩形钢管混凝土构件的钢管可采用 Q235、Q345、Q390 和

Q420 的钢材。"因此，在设计槽钢剪力连接件的强度等级时，应该依据规范要求和实际情况，并考虑剪力连接件与构件其他组件强度匹配等准则进行选择。槽钢连接件的材料本构模型与 2.2 节中钢板的模型类似，应力-应变曲线同样也可采用简化的双折线模型和三折线模型。

槽钢的规格型号参考《热轧型钢》（GB/T 706—2016）相关内容并根据实际需要选用，槽钢连接件的制作和焊接要求严格遵守《钢结构设计标准》（GB 50017—2017）中的相关规定。

根据上述规范标准要求，本书采用 Q235 级 12#槽钢和 M8.8 级螺栓。材料性能试件的加工及试验方法分别参考《钢及钢产品力学　性能试验取样位置及试样制备》（GB/T 2975—2018）和《金属材料　拉伸试验　第 1 部分：室温试验方法》（GB/T 228.1—2010）的相关要求，测得的槽钢应力-应变曲线如图 2.14 所示，屈服强度 f_y 和极限强度 f_u 分别为 310MPa 和 448MPa。

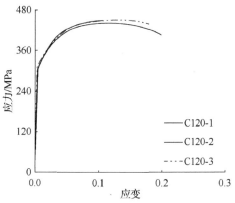

图 2.14　槽钢应力-应变曲线

小　结

本章对应用于双钢板-混凝土组合结构中的混凝土、外包钢板和连接件及相应的力学性能进行介绍。

1）应用于双钢板-混凝土组合结构中的混凝土分为普通混凝土、轻骨料混凝土及高性能混凝土三类，本章对各类混凝土的混凝土强度及材料特性进行阐述。

2）外包钢板一般分为普通钢材和高强度钢材，本章对不同钢材的种类及应力-应变曲线进行阐述。

3）在双钢板-混凝土组合结构中往往采用热轧型钢作为剪力连接件，如交错栓钉、J 型钩、Bi-steel 等，并提出一种新型的加强型槽钢剪力连接件——以标准槽钢为主体的单边螺栓连接件。

参 考 文 献

[1] 东南大学，天津大学，同济大学. 混凝土结构：上册：混凝土结构设计原理[M]. 6 版. 北京：中国建筑工业出版社，2016.

[2] HILLERBORG A, MODEER M, PETERSSON P E. Analysis of crack growth in concrete by means of fracture mechanics and finite elements[J]. Cement and Concrete Research, 1976, 6(6): 773-782.

[3] 邓宗才. 混凝土的断裂能及其测试方法[J]. 山东建材，1996（2）：19-21.

[4] 丁晓唐，袁存，郑艳. 混凝土劈裂抗拉强度与轴心抗拉强度关系研究[J]. 河北工程大学学报（自然科学版），2016，33（1）：24-26.

[5] YAN J B, WANG J Y, RICHARD LIEW J Y, et al. Applications of ultra-lightweight cement composite in flat slabs and double skin composite structures[J]. Construction and Building Materials, 2016, 111: 774-793.

[6] YAN J B, WANG J Y, RICHARD LIEW J Y, et al. Reinforced ultra-lightweight cement composite flat slabs: Experiments and analysis[J]. Materials & Design, 2016, 95: 148-158.

[7] 阎培渝. 超高性能混凝土（UHPC）的发展与现状[J]. 混凝土世界，2010（15）：36-41.

[8] 张哲，邵旭东，李文光，等. 超高性能混凝土轴拉性能试验[J]. 中国公路学报，2015，28（8）：54-62.

[9] 丁阳. 钢结构设计原理[M]. 天津：天津大学出版社，2004.

[10] 崔佳. 钢结构基本原理[M]. 北京：中国建筑工业出版社，2008.

[11] 施刚，石永久，班慧勇. 高强度钢材钢结构[M]. 北京：中国建筑工业出版社，2014.

[12] 严加宝，王哲，RICHARD LIEW J Y. 双钢板-混凝土组合结构研究进展[J]//第 26 届全国结构工程学术会议论文集（第 Ⅱ册）. 工程力学，2017（增刊）：114-117.

[13] 严加宝，王哲，王涛. 采用单边螺栓双钢板组合结构[P]. 中国，201820296344.5，2018-10-12.

第3章　加强型槽钢连接件

为研究加强型槽钢连接件的受剪性能，作者进行了 16 个普通混凝土中加强型槽钢连接件试件及 12 个 UHPC 中加强型槽钢连接件试件的受剪性能试验。本章揭示加强型槽钢连接件的破坏模式；总结槽钢型号、槽钢宽度、槽钢朝向、混凝土强度、混凝土材料等参数对加强型槽钢连接件的抗剪承载力、极限滑移量及初始刚度的作用影响规律；建立新型加强型槽钢剪力连接件推出试验的有限元模型，并通过试验数据验证模型的准确性。在此基础上，本章开展参数分析，建立加强型槽钢剪力连接件的极限抗剪性能和广义荷载滑移性能的分析模型。本章为采用加强型槽钢连接件的双钢板-混凝土组合结构的设计提供了试验依据。

3.1　普通混凝土中加强型槽钢连接件的受剪性能

通过本节开展的 16 个普通混凝土中加强型槽钢连接件试件的受剪性能试验，研究普通混凝土中加强型槽钢连接件的破坏模式，提出典型的荷载-滑移曲线，分析槽钢型号、槽钢宽度、槽钢朝向、混凝土强度等参数对加强型槽钢连接件受剪性能的作用影响规律。

3.1.1　试验概况

推出试验是研究剪力连接件受剪性能的有效方法。加强型槽钢连接件的推出试验按照 Bi-steel 及 J 型钩连接件的试验方法进行设计。推出试验试件的构造依据设置加强型槽钢连接件的双钢板-混凝土组合剪力墙中的局部构造进行设计，其构成主要包括外侧钢板、内部核心混凝土、槽钢连接件、螺栓和钢筋网。设置钢筋网的目的是保证试验过程中混凝土不发生劈裂破坏，使破坏发生在重点研究的连接件上。

本试验共设计了 8 组采用普通混凝土加强型槽钢连接件试件（S1~S8），每组 2 个相同的试件（分别以 A 和 B 命名，如第一组试件为 S1A 和 S1B），共 16 个试件。试件详细设计参数如表 3.1 所示，主要包括槽钢腹板宽度（L_c）、槽钢高度（h）、槽钢朝向（腹板水平设置 H-Web、腹板竖直设置 V-Web）和混凝土强度（f_c）。表 3.1 中，b 为槽钢翼缘的高度，t_f 为槽钢翼缘的厚度，t_w 为槽钢腹板的厚度，a_1 为槽钢连接件距钢板侧边缘的距离，b_1 为上部槽钢连接件距钢板顶部边缘的距离，b_2 为下部槽钢连接件距钢板底部边缘的距离。

表 3.1 普通混凝土中推出试验试件详细设计参数

试件编号	截面尺寸								混凝土等级	槽钢朝向
	h/mm	b/mm	L_c/mm	t_f/mm	t_w/mm	a_1/mm	b_1/mm	b_2/mm		
S1A/B	120	53	50	9.0	5.5	100	87	120	C60	H-Web
S2A/B	120	53	30	9.0	5.5	110	87	120	C60	H-Web
S3A/B	120	53	70	9.0	5.5	90	87	120	C60	H-Web
S4A/B	100	48	50	8.5	5.3	100	82	120	C60	H-Web
S5A/B	140	58	50	9.5	6.0	100	92	120	C60	H-Web
S6A/B	120	53	50	9.0	5.5	100	87	120	C60	V-Web
S7A/B	120	53	50	9.0	5.5	100	87	120	C40	H-Web
S8A/B	120	53	50	9.0	5.5	100	87	120	C50	H-Web

不同型号的槽钢尺寸如图 3.1（a）所示，S1～S5 及 S7～S8 的构件立体图和构造尺寸如图 3.1（b）和（c）所示，S6 的构件立体图和构造尺寸如图 3.1（d）和（e）所示，试件的外侧钢板尺寸沿宽度、高度和厚度方向分别为 250mm×360mm×8mm；试件的核心混凝土的宽度为 250mm，并比钢板顶部与底部分别短 15mm 和 45mm，以预留核心混凝土滑移所需空间；螺栓采用长度为 40mm，直径为 14mm 的 8.8 级普通螺栓；钢筋网采用ϕ8mm 的 HRB400 钢筋。

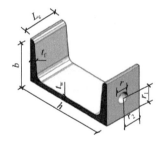

型号	h	b	t_f	t_w	L_c	r	r_1	r_2
10#	100	48	8.5	5.3	50	14	25	25
12#	120	53	9.0	5.5	50	14	25	25
14#	140	58	9.5	6.0	50	16	28	25

（a）不同型号的槽钢尺寸

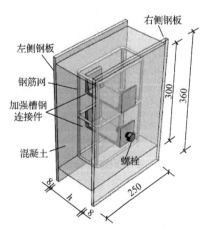

（b）槽钢腹板水平设置的构件立体图

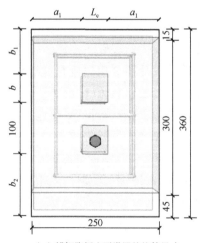

（c）槽钢腹板水平设置的构件尺寸

图 3.1 加强型槽钢连接件推出试验试件构造尺寸（尺寸单位：mm）

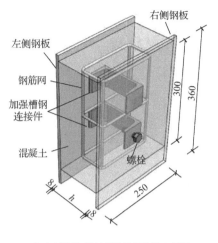
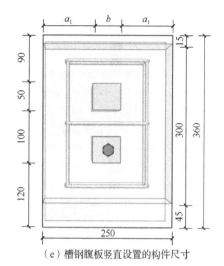

（d）槽钢腹板竖直设置的构件立体图　　　　（e）槽钢腹板竖直设置的构件尺寸

图 3.1（续）

本试验试件核心混凝土设计强度等级分别为 C40、C50 和 C60。在每个试件浇筑的同时，浇筑边长 150mm×150mm×150mm 混凝土标准立方体试块，并与试件在相同的环境条件下进行养护。按照标准试验方法测得核心混凝土轴心抗压强度 f_c，C40 混凝土的轴心抗压强度平均值为 49.9MPa，C50 混凝土的轴心抗压强度平均值为 56.1MPa，C60 混凝土的轴心抗压强度平均值为 57.5MPa。

推出试验试件的钢板及所用槽钢设计强度等级为 Q235B，钢筋网采用的钢筋强度为 HRB400 级钢筋。槽钢、钢板及钢筋材料性能试验试件参照《金属材料 拉伸试验 第 1 部分：室温试验方法》（GB/T 228—2010）相关规定进行取样加工，量测其屈服强度 f_y、极限强度 f_u 和弹性模量 E_s，试验结果如表 3.2 所示。

表 3.2　材料性能试验结果

材料类型	试件参数	f_y/MPa	f_u/MPa	E_s/GPa
槽钢	10#	324.3	430.3	201
	12#	314.7	447.0	203
	14#	287.9	408.5	199
钢板	厚度 8.00mm	393.5	573.9	200
钢筋	直径 8.00mm	416.5	614.9	206

3.1.2　试验方法

试验加载装置采用微机控制电液伺服 300t 压力试验机，如图 3.2 所示。进行试验时，将试件放置在试验机的底部台座上，并在核心混凝土上放置加载块，使位移荷载通过加载块从试验机传递到核心混凝土，然后通过嵌入混凝土的加强型槽钢连接件传递到外侧钢板。

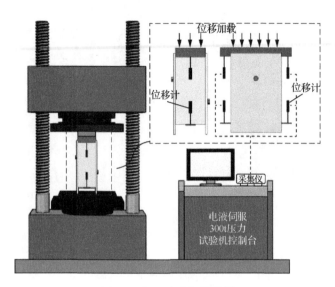

图 3.2　推出试验加载装置

试验前首先进行预加载，将空隙压紧后开始正式加载。试验加载方案为单调轴向加载，采用位移控制模式，加载速率为 0.5mm/min，试件破坏即停止加载。

试验过程中需要测量的内容包括加载荷载值 P 和混凝土与钢板之间的相对滑移量 Δ。加载的竖向荷载值 P 可以由试验机的力传感器采集到；混凝土与钢板之间的相对滑移通过在混凝土顶部与底部架设位移引出杆件，利用位移计进行测量。

3.1.3　破坏模式

在普通混凝土中加强型槽钢连接件推出试验中，由于试件设计参数不同，其破坏模式也有所不同。总结 16 个试件的试验结果，共有以下三种最终破坏模式：①水平设置槽钢腹板被剪断；②混凝土发生劈裂破坏；③竖直设置槽钢腹板被剪断。

第①种破坏模式是水平设置槽钢腹板被剪断，试件 S1A/B、S2A/B、S4A/B、S5A/B、S7A/B、S8A/B 均属于此类破坏模式。

以试件 S1A 为例，如图 3.3 所示，随着加载的进行，钢板一侧的螺栓发生剪切破坏，试件达到其极限抗剪承载力；之后，在承载力下降阶段，另一侧钢板的螺栓也被剪断；最后，如图 3.3（d）所示，试件中槽钢腹板发生剪切破坏，试件失效。在整个试验过程中，核心混凝土没有发生劈裂破坏。

第②种破坏模式是混凝土发生劈裂破坏，试件 S3A/B 属于此类破坏模式。以试件 S3A 为例，图 3.4 所示的一侧螺栓在试件达到极限抗剪承载力时被剪断。之后，另一侧的螺栓发生剪切破坏。在抗剪承载力下降阶段，裂缝从混凝土底部开始水平发展，然后垂直裂缝迅速发展。至试件失效，槽钢连接件没有发生剪切破坏。

（a）试件破坏右视图　　　　　　　　　（b）核心混凝土的破坏形态

（c）试件破坏左视图　　　　　　　　　（d）钢板的破坏形态

图 3.3　试件 S1A 的破坏形态

（a）试件破坏右视图　　　　（b）试件破坏前视图　　　　（c）螺栓剪切破坏

（d）试件破坏左视图　　　　（e）试件破坏后视图　　　　（f）被剪断的螺栓

图 3.4　试件 S3A 的破坏形态

第③种破坏模式是竖直设置槽钢腹板被剪断,试件 S6A/B 属于此类破坏模式。以 S6A 为例,如图 3.5 所示,随着加载的进行,当试件达到其极限承载力时,上部螺栓首先被剪断;之后,随着荷载的增加,另一侧的螺栓发生了剪切破坏;最后,试件中的槽钢连接件发生剪切破坏,导致试件失效。在试件 S6A/B 的试验过程中,核心混凝土未产生裂缝。

图 3.5　试件 S6A 的破坏形态

3.1.4　荷载-滑移曲线

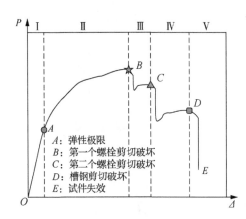

图 3.6　加强型槽钢连接件推出试验典型荷载-滑移曲线

加强型槽钢连接件推出试验各试件的荷载-滑移曲线可以划分为五个工作阶段,这里以典型荷载-滑移曲线予以说明,如图 3.6 所示。荷载-滑移曲线首先表现出线性特性,直到达到其弹性极限。由于螺栓和槽钢的非线性特性,荷载滑移曲线随后呈现非线性特性。在第二阶段结束时,一侧的螺栓发生剪切破坏,同时试件达到了极限抗剪承载力。之后,荷载-滑移曲线进入衰退阶段Ⅲ～Ⅴ。由于另一侧的螺栓和槽钢的剪切破坏，荷载-滑移曲线的衰退阶段呈现出若干阶梯式下降。在第三阶段，承载力保持几乎不变，直到第二个螺栓在该工作阶段结束时发生剪切破坏。在此之后的第Ⅳ个工作阶段中，承载力也可以保持在大约 60%的极限抗剪承载力，直到该工作阶段结束时，试件中的槽钢发生剪切破坏。最后，试件失去承载能力。图 3.7 为推出试验各试件的荷载-滑移曲线。

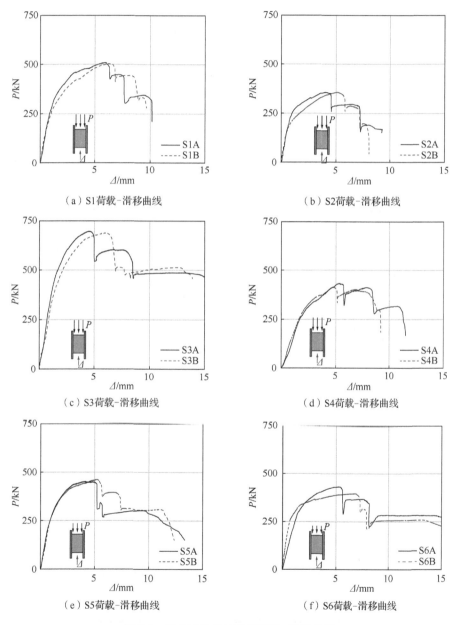

图 3.7　推出试验各试件的荷载-滑移曲线

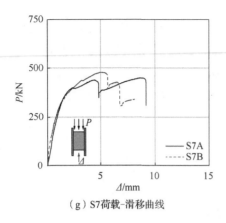

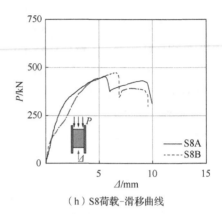

（g）S7荷载-滑移曲线　　　　　　　（h）S8荷载-滑移曲线

图 3.7（续）

3.1.5　抗剪承载力、极限滑移量及初始刚度

加强型槽钢连接件的推出试验试件在试验加载过程中能承受的最大荷载值，即抗剪承载力 P_u 及相对应的滑移量 Δ_a 可从荷载-滑移曲线得到（图 3.8）。试件的极限滑移量 Δ_u 依照 Eurocode 4 中的相关规定进行取值，即取在荷载-滑移曲线中下降段 P_{Rk}（90%）相对应的滑移量。试验试件的初始刚度 K_e 可用极限承载力 P_u 的 50%（$P_{50\%}$）和与其对应的位移（$\Delta_{50\%}$）来计算，如式（3.1）所示。加强型槽钢连接件推出试验试件的抗剪承载力、极限滑移量及初始刚度如表 3.3 所示。

$$K_e = \frac{P_{50\%}}{\Delta_{50\%}} \tag{3.1}$$

式中，K_e 为加强型槽钢连接件推出试验试件的初始刚度。

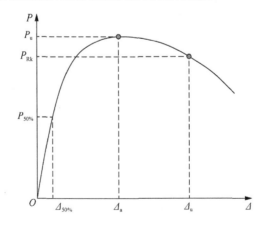

图 3.8　抗剪承载力、极限滑移量及初始刚度的确定

表 3.3　推出试验试件的抗剪承载力、极限滑移量及初始刚度

试件	P_u/kN	$P_{50\%}$/kN	$\Delta_{50\%}$/kN	K_e/kN	Δ_a/kN	Δ_u/kN	破坏模式
S1A	508	254	0.84	303	5.9	6.3	I
S1B	504	252	0.86	293	6.2	6.8	I

续表

试件	P_u/kN	$P_{50\%}$/kN	$\Delta_{50\%}$/kN	K_e/kN	Δ_a/kN	Δ_u/kN	破坏模式
S2A	357	178	0.65	273	4.1	4.6	I
S2B	357	179	0.63	284	5.1	5.8	I
S3A	698	349	0.98	356	4.5	5.0	II
S3B	688	244	0.80	306	6.0	6.7	II
S4A	433	217	0.80	272	4.8	7.8	I
S4B	415	208	0.80	259	4.3	7.8	I
S5A	453	227	0.72	317	4.2	5.2	I
S5B	462	231	0.78	296	5.2	5.6	I
S6A	433	216	0.55	393	4.7	5.1	III
S6B	397	198	0.52	384	6.9	7.3	III
S7A	449	225	0.80	280	8.9	9.2	I
S7B	480	240	0.88	272	5.3	5.8	I
S8A	452	226	0.80	282	5.4	9.4	I
S8B	475	237	0.83	287	5.6	6.1	I

注：P_u 为试件抗剪承载力；$P_{50\%}$ 为线性段抗剪承载力的 50%；$\Delta_{50\%}$ 为线性段抗剪承载力的 50% 对应的滑移量；K_e 为试件的初始刚度；Δ_a 为抗剪承载力对应的位移；Δ_u 为下降段抗剪承载力的 90% 对应的滑移量；I 为第 1 种破坏模式；II 为第 2 种破坏模式；III 为第 3 种破坏模式。

3.1.6 参数影响讨论

图 3.9 为各参数对普通混凝土中加强型槽钢连接件受剪性能的影响，在本试验参数范围内可得到如下结论。

1. 槽钢腹板宽度的影响

1）随着槽钢腹板宽度（L_c）从 30mm 增加到 50mm，加强型槽钢连接件的受剪性能得到明显改善。然而，当槽钢腹板宽度从 50mm 增加到 70mm 时，由于核心混凝土的劈裂破坏，加强型槽钢连接件的滑移性能受到一定的影响。

2）随着槽钢腹板宽度从 30mm 增加到 50mm 和 70mm，抗剪承载力 P_u 分别提高 42% 和 93%，初始刚度 K_e 分别提高 7% 和 19%，P_u 和 K_e 与 L_c 的增加几乎呈线性正相关。这是因为加强型槽钢连接件的抗剪承载力由螺栓的抗剪承载力和槽钢的抗剪承载力组成，当槽钢腹板宽度从 30mm 增加到 50mm 和 70mm 时，槽钢腹板的横截面积分别增加 67% 和 133%。此外，增大的截面面积也提高了加强型槽钢连接件的初始刚度。

3）随着 L_c 从 30mm 增加到 70mm，加强型槽钢连接件的抗剪承载力（P_u）对应的滑移量（Δ_a）及极限滑移量（Δ_u）均呈先增大后减小的趋势。随着 L_c 从 30mm 增加到 50mm 和 70mm，加强型槽钢连接件的 Δ_u（Δ_a）分别增加了 26%（32%）和 12%（15%）。这是因为当 L_c 从 30mm 增加到 50mm 时，试件 S1A、S1B、S2A 和 S2B 都会因槽钢腹板的剪切破坏而失效，使连接件的滑移性能得到发挥。然而，当 L_c 从 50mm 增加到 70mm 时，核心混凝土发生劈裂破坏，终止了加强型槽钢连接件的塑性变形，从而导致其滑移性能降低。

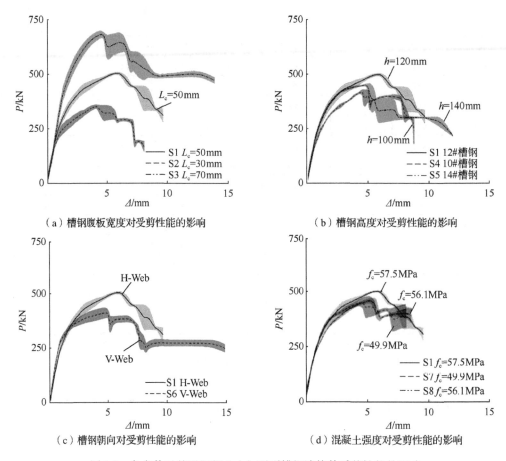

图 3.9　各参数对普通混凝土中加强型槽钢连接件受剪性能的影响

2. 槽钢高度的影响

槽钢高度（h）对加强型槽钢连接件推出试验试件受剪性能的影响规律如图 3.9（b）所示。从图 3.9（b）中分析可得，当 h 从 100mm 增加到 120mm 和 140mm 时，槽钢高度为 120mm 的加强型槽钢连接件有着最佳的荷载-滑移性能。随着 h 从 100mm 增加到 120mm 和 140mm，加强型槽钢连接件推出试验试件的抗剪承载力 P_u 均值分别为 424kN、506kN 和 458kN，即试件的 P_u 值分别增加 19%和 8%；初始刚度 K_e 均值从 266kN/mm 增加到 298kN/mm 和 307kN/mm，分别对应于 12%和 15%的增长量。同时，推出试验试件的极限滑移量 Δ_u 均值分别从 7.8mm 下降到 6.6mm 和 5.4mm，分别下降 15%和 31%。这是因为随着 h 的增大，槽钢的弯曲变形增大，导致槽钢的剪切破坏面增大。然而，随着 h 的进一步增加，作用在槽钢上的弯曲弯矩会降低其抗剪承载力。由于本章选择的 3 种高度不同的槽钢（10#槽钢、12#槽钢、14#槽钢）腹板和翼缘厚度存在微小差异，导致加强型槽钢连接件的抗剪承载力有所差异。由于槽钢高度的增加，槽钢根部产生弯曲变形，使加强型槽钢连接件的整体滑移性能有所降低。

3. 槽钢朝向的影响

由于槽钢可以在不同的方向上布置，因此本书对槽钢腹板水平设置（H-Web）和竖直设置（V-Web）产生的不同影响进行研究。槽钢朝向对加强型槽钢连接件推出试验试件受剪性能的影响规律如图 3.9（c）所示。

由图 3.9（c）分析可得，槽钢腹板水平设置的加强型槽钢连接件比槽钢腹板竖直设置的加强型槽钢连接件表现出更好的荷载-滑移性能。槽钢腹板水平设置的加强型槽钢连接件的 P_u 和 Δ_u 分别比槽钢腹板竖直设置的连接件高 22%和 2%。然而，槽钢腹板水平设置的连接件刚度比槽钢腹板竖直设置的连接件低 23%。这是因为腹板水平设置的槽钢的抗弯刚度比腹板竖直设置的槽钢要低，即腹板水平设置的槽钢变形能力更好。此外，槽钢腹板水平设置的加强型槽钢连接件在竖向荷载方向上具有更大的混凝土承载面积，从而使加强型槽钢连接件具有更高的抗剪承载力，并且槽钢腹板竖直设置的加强型槽钢连接件可能导致核心混凝土开裂，从而降低其抗剪承载力和滑移性能。

4. 混凝土强度的影响

本章选取 C60、C40 和 C50 普通混凝土制备试件 S1、S7 和 S8。由材料性能试验测试可得，C60、C50 和 C40 的轴心抗压强度分别为 57.5MPa、56.1MPa 和 49.9MPa。混凝土强度对加强型槽钢连接件推出试验试件受剪性能的影响规律如图 3.9（d）所示。

由于不同强度等级混凝土强度差异不大，导致混凝土强度对连接件荷载-滑移性能影响并不显著。试验结果表明，当混凝土强度从 49.9MPa 增加到 56.1MPa 和 57.5MPa 时，加强型槽钢连接件抗剪承载力 P_u 分别增加 0%和 9%；初始刚度值分别增加 3%和 8%；加强型槽钢连接件的 Δ_a 值分别减少 23%和 14%，极限滑移量 Δ_u 分别减少-4%（负值表示增加）和 12%。加强型槽钢连接件的抗剪承载力和初始刚度均随混凝土强度等级的提升而线性增大。这是因为混凝土强度的提高改善了混凝土对加强型槽钢连接件的约束，增加了核心混凝土的抗劈裂能力，从而提高了加强型槽钢连接件的强度和刚度。然而，增大混凝土强度也会降低核心混凝土的延性，从而降低加强型槽钢连接件的滑移性能。

3.2　超高性能混凝土中加强型槽钢连接件的受剪性能

本节对 12 个 UHPC 中加强型槽钢连接件试件的受剪性能开展试验，研究了 UHPC 中加强型槽钢连接件的破坏模式，提出荷载-滑移曲线，分析槽钢型号、槽钢宽度、槽钢朝向、混凝土材料等参数对 UHPC 中加强型槽钢连接件受剪性能的作用影响规律。

3.2.1　试验概况

本试验共设计了 6 组 UHPC 中加强型槽钢连接件试件（U1~U8），每组 2 个相同的试件（以 A 和 B 命名，如第一组试件为 U1A 和 U1B），共 12 个试件。试件详细设计参数如表 3.4 所示，主要包括槽钢腹板宽度（L_c）、槽钢高度（h）、槽钢朝向（腹板水平设置 H-Web、腹板竖直设置 V-Web）和混凝土强度（f_c）。

表 3.4　UHPC 中推出试验试件详细设计参数

试件	h/mm	b/mm	L_c/mm	t_f/mm	t_w/mm	a_1/mm	b_1/mm	b_2/mm	混凝土材料	槽钢朝向
U1A/B	120	53	50	9.0	5.5	100	87	120	UHPC	H-Web
U2A/B	120	53	30	9.0	5.5	110	87	120	UHPC	H-Web
U3A/B	120	53	70	9.0	5.5	90	87	120	UHPC	H-Web
U4A/B	100	48	50	8.5	5.3	100	82	120	UHPC	H-Web
U5A/B	140	58	50	9.5	6.0	100	92	120	UHPC	H-Web
U6A/B	120	53	50	9.0	5.5	100	87	120	UHPC	V-Web

　　本试验试件核心混凝土材料采用 UHPC，材料性能见 2.1 节。在浇筑每个试件的同时，浇筑边长 150mm×150mm×150mm 的混凝土标准立方体试块，并与试件在相同的环境条件下进行养护。按照标准试验方法，测得 UHPC 的轴心抗压强度 f_c 为 125.0MPa。

　　推出试验试件的钢板及所用槽钢设计强度等级为 Q235B，钢筋网采用的钢筋强度为 HRB400 级钢筋。钢板、槽钢及钢筋材料性能试验试件参照《金属材料　拉伸试验　第 1 部分：室温试验方法》（GB/T 228.1—2010）相关规定进行取样加工，量测其屈服强度 f_y、极限强度 f_u 和弹性模量 E_s，其结果同 3.1 节。

3.2.2　试验方法

　　试验方法同 3.1.2 小节普通混凝土推出试验。进行试验时，将试件放置在试验压力机的台座上，并在混凝土部分放置加载块，使位移荷载通过加载块从试验压力机传递到核心混凝土，然后通过嵌入混凝土的加强型槽钢连接件传递到外侧钢板。试验过程中需要测量的内容包括加载荷载值 P 和混凝土与钢板的相对滑移量 Δ。

3.2.3　破坏模式

　　总结 12 个采用 UHPC 加强型槽钢连接件的推出试验结果，最终破坏模式均为槽钢腹板剪断。以试件 U1A 为例，如图 3.10 所示，试件上部螺栓首先发生剪切破坏，随后试件另一侧底部螺栓剪断破坏，最后试件中槽钢腹板发生剪切破坏，致使试件失效。在整个试验过程中，核心混凝土没有发生劈裂破坏。

（a）试件破坏右视图　　　　　（b）核心混凝土的破坏形态

图 3.10　试件 U1A 的破坏形态

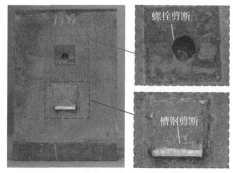

（c）试件破坏左视图　　　　　　（d）钢板的破坏形态

图 3.10（续）

3.2.4　荷载-滑移曲线

UHPC 中加强型槽钢连接件推出试验各试件的荷载-滑移曲线可以划分为 4 个工作阶段，这里以典型荷载-滑移曲线予以说明，如图 3.11 所示。荷载-滑移曲线首先表现出线性特性，直到达到其弹性极限（即图 3.11 中的 A 点）。由于螺栓和槽钢的非线性特性，荷载-滑移曲线随后呈现非线性特性。在第二阶段结束时，一侧的螺栓发生剪切破坏，同时试件达到了极限抗剪承载力。之后，荷载滑移曲线进入衰退阶段Ⅳ。在此阶段有多个台阶落差，对应于 UHPC 中加强型槽钢连接件中螺栓和槽钢的连续剪切断裂。图 3.12 所示为 UHPC 中推出试验各试件的荷载-滑移曲线。

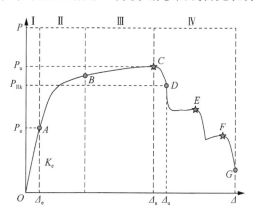

图 3.11　加强型槽钢连接件推出试验典型荷载-滑移曲线

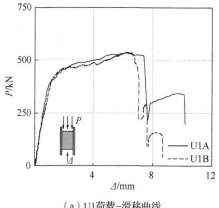

（a）U1荷载-滑移曲线

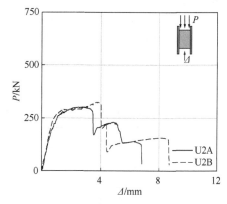

（b）U2荷载-滑移曲线

图 3.12　UHPC 中推出试验各试件的荷载-滑移曲线

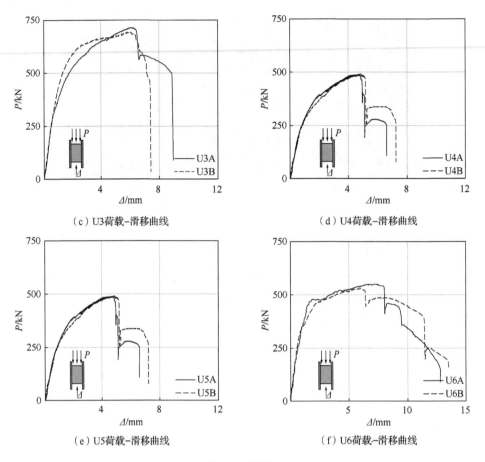

（c）U3荷载-滑移曲线　　　　　　　（d）U4荷载-滑移曲线

（e）U5荷载-滑移曲线　　　　　　　（f）U6荷载-滑移曲线

图3.12（续）

3.2.5　抗剪承载力、极限滑移量及初始刚度

　　加强型槽钢连接件的推出试验试件在试验加载过程中能承受的最大荷载值，即抗剪承载力 P_u 及相对应的滑移量 Δ_a 可从荷载-滑移曲线中得到，试件的极限滑移量 Δ_u 取在荷载-滑移曲线中下降段 P_{Rk}（90%）相对应的滑移量。依据 Eurocode 4 中的相关规定，推出试验试件的初始刚度 K_e 可用极限承载力 P_u 的 50%（$P_{50\%}$）和与其对应的位移（$\Delta_{50\%}$）来计算。加强型槽钢连接件推出试验试件的抗剪承载力、极限滑移量以及初始刚度如表 3.5 所示。

表 3.5　推出试验试件的抗剪承载力、极限滑移量及初始刚度

试件	P_u/kN	$P_{50\%}$/kN	K_e/(kN/mm)	Δ_a/mm	Δ_u/mm
U1A	534	267	431	6.2	7.7
U1B	538	269	439	6.3	7.1
U2A	302	151	311	3.1	3.5
U2B	325	162	332	3.7	4.0
U3A	714	357	534	6.1	6.6

续表

试件	P_u/kN	$P_{50\%}$/kN	K_e/(kN/mm)	Δ_a/mm	Δ_u/mm
U3B	694	347	504	6.1	6.7
U4A	489	244	350	4.8	5.1
U4B	492	246	327	4.9	5.2
U5A	576	288	483	6.6	7.2
U5B	595	297	490	6.1	7.2
U6A	551	276	464	7.2	8.0
U6B	531	265	446	6.0	6.4

注：P_u 为试件抗剪承载力；$P_{50\%}$ 为线性段抗剪承载力的 50%；K_e 为试件的初始刚度；Δ_a 为抗剪承载力对应的位移；Δ_u 为下降段抗剪承载力的 90%对应的滑移量。

3.2.6 参数影响讨论

图 3.13 为各参数对 UHPC 中加强型槽钢连接件受剪性能的影响，在本试验参数范围内可得到如下结论。

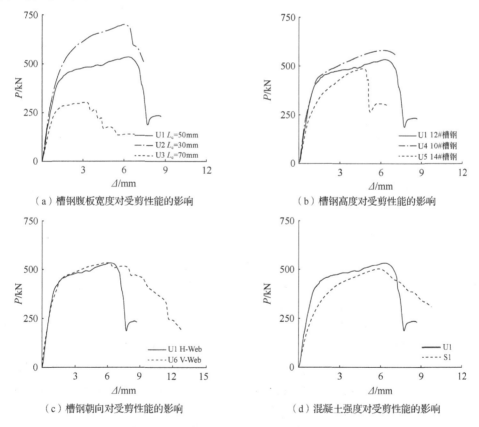

（a）槽钢腹板宽度对受剪性能的影响　　（b）槽钢高度对受剪性能的影响

（c）槽钢朝向对受剪性能的影响　　（d）混凝土强度对受剪性能的影响

图 3.13　各参数对 UHPC 中加强型槽钢连接件受剪性能的影响

1. 槽钢腹板宽度的影响

加强型槽钢连接件的抗剪承载力和初始刚度均随槽钢腹板宽度（L_c）的增大而线性

增大。槽钢宽度 L_c 从 30mm 增加到 50mm 和 70mm 时（增加了 67% 和 133%），抗剪承载力分别提高了 71% 和 125%，初始刚度分别提高了 36% 和 62%。承载力的增量与槽钢宽度的增量几乎相同，这意味着加强型槽钢的抗剪承载力的增加主要是由槽钢的横截面积增加引起的。

槽钢宽度从 30mm 增加到 50mm 和 70mm 可以改善加强型槽钢连接件的滑移性能，极限滑移量分别提高了 96% 和 77%。这是因为槽钢宽度为 30mm 时，加强型槽钢连接件的剪切行为更多地受螺栓控制，因此槽钢往往会先失效。当槽钢宽度从 50mm 增加到 70mm 时，加强型槽钢连接件的剪切行为更多受槽钢的控制，槽钢比螺栓更具韧性。

2. 槽钢高度的影响

增加槽钢高度（h）可改善加强型槽钢连接件的滑移性能，但对其极限抗剪性能的影响有限。当槽钢高度从 100mm 到 120mm 和 140mm 时，抗剪承载力分别提高了 9% 和 19%，初始刚度分别提高了 29% 和 44%。槽钢的横截面积随着其高度从 100mm 增加到 120mm 和 140mm，分别增加了 4% 和 13%，惯性矩分别增加了 11% 和 45%。因此，槽钢高度对其抗剪承载力和初始刚度的影响非常有限。抗剪承载力和初始刚度的增加主要是由槽钢的横截面尺寸增加引起的。

当槽钢高度从 100mm 增加到 120mm 和 140mm 时，极限滑移量的增量分别为 44% 和 41%。加强型槽钢连接件的滑移性能提高：一是由于横截面积的增加；二是由于槽钢腹板与翼缘断裂面的剪切变形较大，剪切破坏面增加。

3. 槽钢朝向的影响

加强型槽钢连接件中槽钢腹板水平设置的试件与槽钢腹板竖直设置的试件表现出接近的荷载-滑移行为。试验结果表明，槽钢布置对 UHPC 中加强型槽钢连接件的抗剪承载力和滑移性能都影响不大。采用槽钢腹板水平设置和竖直设置的连接件的抗剪承载力差异为 1%，初始刚度差异为 4%，极限滑移量差异为 2%。

4. 混凝土强度的影响

使用 UHPC 可以改善加强型槽钢连接件的受剪滑移性能。UHPC 材料对加强型槽钢连接件的初始刚度提高显著，但对其抗剪承载力的影响很小。采用 UHPC 比采用 C60 普通混凝土的试件初始刚度提高了 46%，抗剪承载力提高了 6%，这是因为混凝土材料的弹性模量对加强型槽钢连接件的初始刚度影响较大。UHPC 的弹性模量为 48.5GPa，比普通混凝土的弹性模量 33.5GPa 大 45%。此外，采用 UHPC 的推出试件钢板-混凝土界面处的摩擦力往往大于普通混凝土试件。然而，采用 UHPC 的推出试件和采用普通混凝土的推出试件均发生螺栓和槽钢连接件的剪切断裂。因此，加强型槽钢连接件的抗剪承载力往往更多地取决于槽钢和螺栓的抗剪承载力。

与采用普通混凝土的推出试件相比，UHPC 对推出试件滑移能力的影响有限，极限滑移量提高了 13%。这是因为在试验中 UHPC 和普通混凝土的加强型槽钢连接件均在螺栓和槽钢的剪切断裂中失效，其延性更多地取决于钢材的延性。

3.3　加强型槽钢连接件数值模拟及设计方法

本节在试验基础上建立了加强型槽钢剪力连接件推出试验的有限元模型，并利用试验数据验证了模型的准确性。在此基础上，本节选取了 51 个算例和 6 个参数进行分析，最后提出了计算加强型槽钢连接件抗剪承载力的建议公式，并建立了加强型槽钢连接件的荷载-滑移关系的分析模型。

3.3.1　加强型槽钢连接件的数值模型建立

采用大型通用有限元模型 ABAQUS/CAE 建模，显示求解器 ABAQUS/Explicit 用于求解分析。有限元模型详细地模拟了推出试验中的每个部件，包括螺栓、槽钢、钢板、钢筋网、核心混凝土、加载块及底板，如图 3.14 所示。其中钢板与槽钢为螺栓预留孔洞。此外，考虑到加载模式和几何结构的对称性，有限元模型采用对称建模的方式。

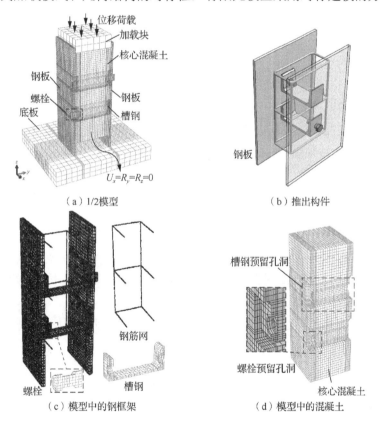

（a）1/2 模型　　　　　　　　　　　（b）推出构件

（c）模型中的钢框架　　　　　　　（d）模型中的混凝土

图 3.14　加强型槽钢连接件的数值模型

1.　钢材及螺栓的本构模型

试验结果表明，螺栓在加载过程中被剪断。为了较好地模拟螺栓与槽钢的破坏模式，本节采用了有限元中的连续损伤模型，参考 Yan 等[1]和 Pavlovic 等[2]在文中阐述的塑性损伤模型的定义方法，确定塑性损伤模型的相关参数。

（1）螺栓及槽钢的单轴拉伸应力-应变曲线

12#槽钢、10#槽钢及 14#槽钢的单轴拉伸应力-应变曲线如图 3.15 所示。槽钢的本构曲线由单轴拉伸试验获得，不同等级螺栓的单轴拉伸应力-应变曲线参考向征[3]做的不同等级的高强螺栓常温下单轴拉伸试验。

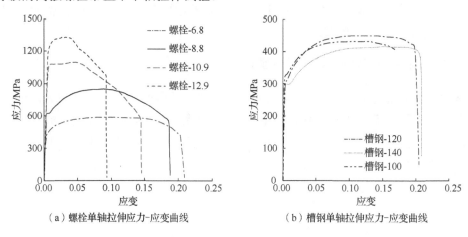

（a）螺栓单轴拉伸应力-应变曲线　　　　　　（b）槽钢单轴拉伸应力-应变曲线

图 3.15　螺栓及槽钢的单轴拉伸应力-应变曲线

（2）螺栓及槽钢的真应力-应变曲线

塑性损伤模型需要输入真实的应力-应变曲线来描述损伤的萌生和演化。钢材材料的真实应力-应变曲线遵循 Pavlovic 等[2]和王少辉等[4]提出的模型。构件的工程应力-应变曲线可按下列公式计算：

$$\begin{cases} \sigma = \dfrac{F}{A} \\ \varepsilon = \dfrac{l - l_0}{l_0} \end{cases} \tag{3.2}$$

式中，σ 为工程应力；ε 为工程应变；F 为拉伸荷载；A 为试件标距段原始截面面积；l_0 为试件标距段原始长度；l 为试件标距段伸长后的长度。

根据体积不变和拉伸过程中均匀变形的假设，可将工程应力-应变转化成真应力-应变：

$$\begin{cases} \sigma_t = \sigma(1 + \varepsilon) \\ \varepsilon_t = \ln(1 + \varepsilon) \end{cases} \tag{3.3}$$

式中，σ_t 为真应力；ε_t 为真应变。

单轴拉伸试验中，当拉伸荷载达到最大值后，构件不再发生均匀变形，局部发生颈缩，式（3.3）不再适用。根据王少辉等[4]给出的棒材拉伸试验金属材料真实应力-应变关系公式，计算出螺栓的真应力-应变曲线如图 3.16 所示。

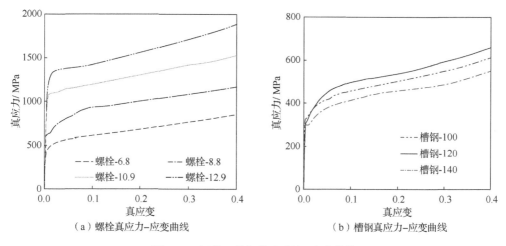

图 3.16　螺栓及槽钢的真应力-应变曲线

（3）螺栓及槽钢的塑性损伤演化曲线

螺栓及槽钢的三维塑性损伤应变可由单轴塑性损伤应变和应力三轴度 θ 之间关系确定，参考 Yan 等[1]提出的公式：

$$\overline{\varepsilon}_{0,pl} = \varepsilon_{0,pl} e^{-1.5(\theta-0.333)} \tag{3.4}$$

式中，$\overline{\varepsilon}_{0,pl}$ 为三维塑性损伤应变；$\varepsilon_{0,pl}$ 为单轴塑性损伤应变；θ 为应力三轴度。

图 3.17 为有限元中螺栓及槽钢的损伤演化准则。

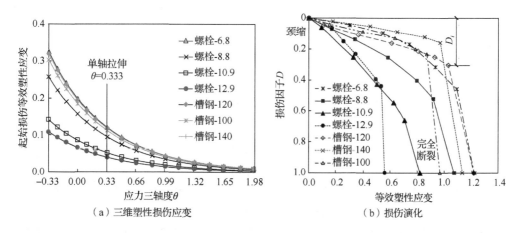

图 3.17　螺栓及槽钢的损伤演化准则

在连续损伤模型中，开始发生颈缩时损伤因子 $D=0$，钢材断裂时损伤因子 $D=1.0$。颈缩到断裂过程中的损伤因子 D_i 的确定如下：

$$D_i = \begin{cases} 1.5(1-\sigma_i/\overline{\sigma}_i) & i_D \leqslant i \leqslant i_R \\ (1-D_R)\dfrac{\varepsilon_{i,pl}-\varepsilon_{R,pl}}{\varepsilon_{F,pl}-\varepsilon_{R,pl}} & i_R < i \leqslant i_F \end{cases} \tag{3.5}$$

式中，σ_i 和 $\overline{\sigma}_i$ 分别为钢材在第 i 点处的工程应力和真实应力；D_R 为图 3.17（b）所示的断裂点处的损伤因子；$\varepsilon_{i,pl}$、$\varepsilon_{R,pl}$、$\varepsilon_{F,pl}$ 分别为第 i 点处的塑性应变、开始断裂的塑性应

变和完全断裂时的塑性应变。

2. 混凝土材料的本构模型

混凝土本构关系采用混凝土损伤模型，模型中定义了混凝土受压破碎和拉伸断裂的破坏机制。偏心距、膨胀角、双轴与单轴受压比值分别为 0.1、26 和 1.16。混凝土单轴受压的本构关系参考欧洲规范 Eurocode 2。

$$\sigma_{\mathrm{c}} = \frac{3 f_{\mathrm{c}} \varepsilon_{\mathrm{c}}}{\varepsilon_{\mathrm{c0}} \left[2 + \left(\dfrac{\varepsilon_{\mathrm{c}}}{\varepsilon_{\mathrm{c0}}} \right)^3 \right]} \tag{3.6}$$

式中，σ_{c} 为混凝土受压应力；f_{c} 为圆柱体抗压强度；ε_{c} 为混凝土受压应变；$\varepsilon_{\mathrm{c0}}$ 为混凝土峰值压应变。

混凝土受压本构关系如图 3.18 所示。

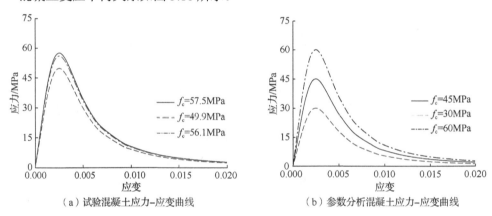

（a）试验混凝土应力–应变曲线　　　　　（b）参数分析混凝土应力–应变曲线

图 3.18　混凝土受压本构关系

采用断裂能对混凝土受拉性能进行定义，断裂能的定义参考 CEB-FIP，计算方法如下：

$$G_{\mathrm{f}} = G_{\mathrm{f0}} \left(\frac{f_{\mathrm{c}}}{10} \right)^{0.7} \tag{3.7}$$

式中，f_{c} 单位为 MPa；G_{f} 单位为 N/mm。系数与混凝土最大骨料直径 $D_{\max}$ 有关：当 $D_{\max}=8\text{mm}$ 时，$G_{\mathrm{f0}}=0.025$；当 $D_{\max}=16\text{mm}$ 时，$G_{\mathrm{f0}}=0.03$；当 $D_{\max}=32\text{mm}$ 时，$G_{\mathrm{f0}}=0.058$。

UHPC 采用混凝土损伤塑性模型进行有限元模拟。UHPC 受压本构采用杨剑和方志[5]提出的本构模型，UHPC 受拉本构采用张哲等[6]提出的模型，曲线如图 3.19 所示，并表示为

$$\sigma_{\mathrm{t}} = \begin{cases} f_{\mathrm{t}} \dfrac{\varepsilon_{\mathrm{t}}}{\varepsilon_{\mathrm{t0}}} & 0 \leqslant \varepsilon \leqslant \varepsilon_{\mathrm{t0}} \\[2mm] f_{\mathrm{t}} & \varepsilon_{\mathrm{t0}} < \varepsilon \leqslant \varepsilon_{\mathrm{tp}} \\[2mm] f_{\mathrm{t}} \dfrac{1}{\left(1 + \dfrac{w}{w_{\mathrm{p}}} \right)^{p}} & w > 0 \end{cases} \tag{3.8}$$

$$\sigma_c = \begin{cases} f_c \dfrac{k\gamma - \gamma^2}{1+(k-2)\gamma} & 0 < \varepsilon_c \leqslant \varepsilon_{c0} \\[3mm] f_c \dfrac{\gamma}{2(\gamma-1)^2 + \gamma} & \varepsilon_{c0} < \varepsilon_c \leqslant \varepsilon_{u0} \end{cases} \tag{3.9}$$

式中，f_t 和 ε_{t0} 分别为极限抗拉强度和对应应变；f_c 和 ε_{c0} 分别为峰值抗压强度和对应应变；w_p 为裂缝宽度，取为 0.25mm；p 为常数，Wang 等[7]建议 p 取值为 0.95；$\gamma = \varepsilon_c / \varepsilon_{c0}$；$k = E_c / E_{c0}$，取值为 1.19，$E_{c0}$ 为 f_c 处的切线模量，E_c 为 UHPC 的初始弹性模量。

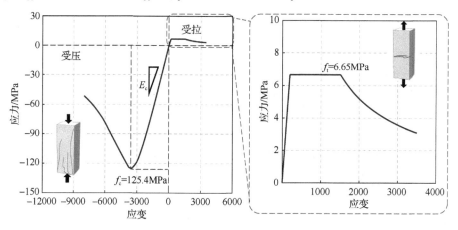

图 3.19　UHPC 本构关系曲线

3. 边界条件、荷载及相互作用关系

本模型采用 1/2 建模方式，对称面添加对称约束，即（$U_x = R_y = R_z = 0$，U_x、R_y 和 R_z 分别沿 x 轴平移，沿 y 轴和 z 轴旋转）。对混凝土板顶面施加位移荷载。通过定义接触算法，使两钢面板的底面与刚性底板接触。采用"面-面（surface to surface）"接触算法模拟了有限元分析中的不同接触构件，包括槽钢与混凝土、钢板与混凝土、螺栓与钢板、槽钢与螺栓、螺母与混凝土、加载块与混凝土之间的相互作用。面-面接触算法采用库仑摩擦模型和硬接触模型分别描述了沿界面切向和法向的结构算法。硬接触算法允许两个接触面相互接触时的压力传递。库仑摩擦模型使用 0.4 的摩擦系数定义了两个接触面之间的摩擦力，摩擦系数参考 Yan 等[1]给出的建议取值。

3.3.2　有限元结果验证

1. 破坏模式

数值模拟的破坏模式与试验中试件 S1B 和 S3A 的试验观察结果如图 3.20 所示。结果表明，所开发的有限元方法能够很好地预测推出试验的不同破坏模式，包括图 3.20 所示的混凝土开裂、槽钢的剪切断裂和螺栓的剪切断裂。

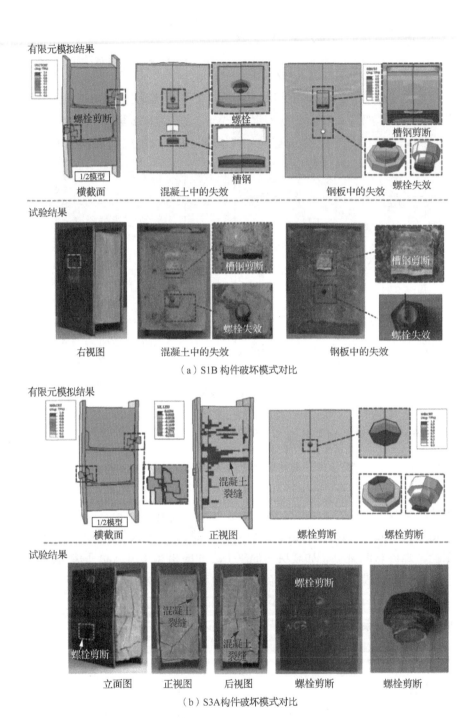

有限元模拟结果

横截面　　　　　混凝土中的失效　　　　　钢板中的失效　　　螺栓失效

试验结果

右视图　　　　混凝土中的失效　　　　　钢板中的失效

（a）S1B 构件破坏模式对比

有限元模拟结果

横截面　　　　正视图　　　　螺栓剪断　　　　螺栓剪断

试验结果

立面图　　正视图　　后视图　　　螺栓剪断　　　　螺栓剪断

（b）S3A构件破坏模式对比

图 3.20　破坏模式对比

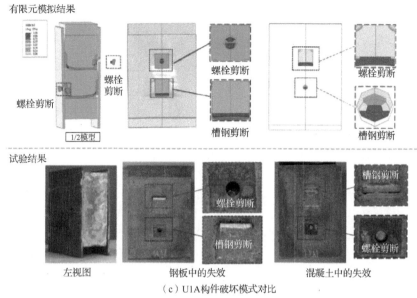

（c）U1A 构件破坏模式对比

图 3.20（续）

2. 荷载-滑移曲线

图 3.21 为各试件有限元与试验的荷载-位移曲线对比。结果表明，普通混凝土和 UHPC 中的加强型槽钢连接件的数值模拟的荷载-位移曲线与不同工作阶段的试验曲线都能较好地吻合，特别是所建立的有限元模型能够很好地模拟螺栓和槽钢剪切断裂引起的荷载-位移曲线下降段及平台。

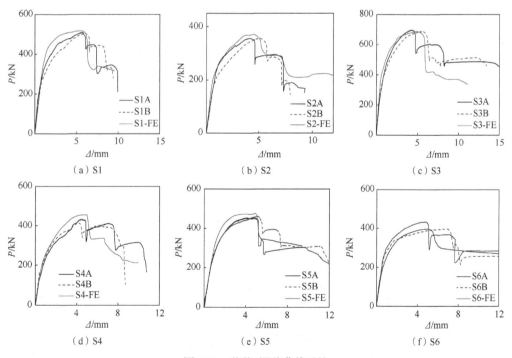

图 3.21　荷载-滑移曲线对比

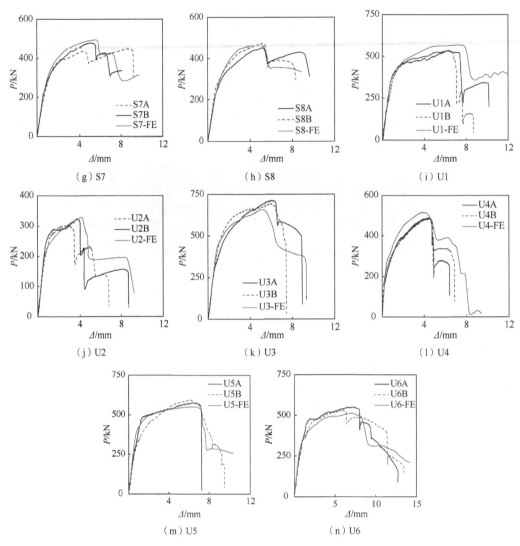

图 3.21（续）

为了量化数值模拟的验证，表 3.6 还比较了有限元预测的初始刚度（K_e）、抗剪承载力（P_u）、P_u 处的滑移（Δ_a）和滑移能力（Δ_u）。K_e 等于 $P_{50\%}$ 与对应滑移量 $\Delta_{50\%}$ 的比值。此外，滑动能力（Δ_u）等于荷载-滑移曲线下降至 $90\%P_u$ 处对应的滑移。

表 3.6　试验与有限元结果对比

试件编号	$K_{e,T}$/ (kN/mm)	$K_{e,FE}$/ (kN/mm)	$K_{e,T}$/ $K_{e,FE}$	$P_{u,T}$/ kN	$P_{u,FE}$/ kN	$P_{u,T}$/ $P_{u,FE}$	$\Delta_{a,T}$/ mm	$\Delta_{a,FE}$/ mm	$\Delta_{a,T}$/ $\Delta_{a,FE}$	$\Delta_{u,T}$/ mm	$\Delta_{u,FE}$/ mm	$\Delta_{u,T}$/ $\Delta_{u,FE}$
S1A	303	346	0.88	508	510	1.00	5.9	6.1	0.97	6.3	6.4	0.99
S1B	293		0.85	504	510	0.99	6.2		1.03	6.8		1.06
S2A	273	250	1.09	357	371	0.96	4.1	4.6	0.89	4.6	5.2	0.88
S2B	284		1.14	357		0.96	5.1		1.11	5.8		1.11
S3A	356	376	0.95	698	684	1.02	4.5	5.2	0.87	5.0	6.0	0.83
S3B	306		0.82	688		1.01	6.0		1.14	6.7		1.11

续表

试件编号	$K_{e,T}$/(kN/mm)	$K_{e,FE}$/(kN/mm)	$K_{e,T}/K_{e,FE}$	$P_{u,T}$/kN	$P_{u,FE}$/kN	$P_{u,T}/P_{u,FE}$	$\Delta_{a,T}$/mm	$\Delta_{a,FE}$/mm	$\Delta_{a,T}/\Delta_{a,FE}$	$\Delta_{u,T}$/mm	$\Delta_{u,FE}$/mm	$\Delta_{u,T}/\Delta_{u,FE}$
S4A	272	238	1.14	433	453	0.96	4.8	5.0	0.96	7.8	5.6	1.39
S4B	259		1.09	415		0.92	4.3		0.87	7.8		1.39
S5A	317	305	1.04	453	471	0.96	4.2	5.0	0.83	5.2	5.6	0.94
S5B	296		0.97	462		0.98	5.2		1.04	5.6		1.01
S6A	393	331	1.19	433	393	1.10	4.7	5.3	0.89	5.1	6.0	0.85
S6B	384		1.16	397		1.01	6.9		1.31	7.3		1.21
S7A	280	298	0.94	449	492	0.91	8.9	5.8	1.54	9.2	7.3	1.26
S7B	272		0.91	480		0.98	5.3		0.92	5.8		0.79
S8A	282	268	1.06	452	459	0.99	5.4	5.2	1.03	9.4	6.4	1.48
S8B	287		1.07	475		1.04	5.6		1.07	6.1		0.95
U1A	431	446	0.97	534	563	0.95	6.2	5.9	1.04	7.7	8.0	0.96
U1B	439		0.99	538		0.95	6.3		1.06	7.1		0.88
U2A	311	324	0.96	302	328	0.92	3.1	4.2	0.74	3.5	4.6	0.77
U2B	332		1.02	325		0.99	3.7		0.89	4.0		0.88
U3A	534	514	1.04	714	658	1.09	6.1	5.1	1.21	6.6	6.2	1.07
U3B	504		0.98	694		1.06	6.1		1.21	6.7		1.08
U4A	350	397	0.88	489	515	0.95	4.8	4.0	1.20	5.1	5.2	0.99
U4B	327		0.82	492		0.96	4.9		1.22	5.2		1.00
U5A	483	532	0.91	576	542	1.06	6.6	7.0	0.94	7.2	7.4	0.98
U5B	490		0.92	595		1.10	6.1		0.87	7.2		0.98
U6A	464	477	0.97	551	511	1.08	7.2	6.7	1.07	8.0	8.6	0.93
U6B	446		0.93	531		1.04	6.0		0.90	6.4		0.74
均值			0.99			1.00			1.03			1.02
标准差			0.10			0.05			0.17			0.19

根据表 3.6，试验中与有限元初始刚度、抗剪承载力、P_u 处的滑移（Δ_a）和滑移能力（Δ_u）的比值分别为 0.99、1.00、1.03 和 1.02，标准差（STDEV）分别为 10%、5%、17% 和 19%。比较证明，有限元模型能够合理地预测试件的初始刚度、承载力和滑移能力。综上所述，证实有限元模型能较好地模拟连接件的剪切行为。

3.3.3　参数分析

1. 参数分析算例

在有限元分析的基础上，对新型加强型槽钢连接件的剪切滑移行为进行了参数化研究。本研究共设计 51 个算例，参数分析中设置了不同混凝土强度 C30、C45、C60，算例可分为 3 组，每组 17 例。每组的研究参数为不同等级的螺栓、螺栓直径（d）、螺栓和钢板之间孔隙（a）、槽钢长度、螺栓的拉力与预应力之比（$\rho=T/\sigma_y A_{sb}$）及核心混凝土强度等级。

螺栓等级分别为 M6.8、M8.8、M10.9 和 M12.9，螺栓直径 d 分别为 14mm 和 18mm，螺栓和钢板之间的空隙 a 分别为 0.0mm、0.5mm、1.0mm、1.5mm、2.0mm 和 3.0mm，槽钢长度 L_c 分别为 25mm、40mm、50mm 和 75mm，螺栓的拉力与预应力之比分别为 0.0 和 0.2，核心混凝土强度等级分别为 C60、C45 和 C30。具体算例参数如表 3.7 所示。

表 3.7 参数分析算例总表

编号	L_c/mm	f_c/MPa	r/mm	d/mm	a/mm	M	ρ	f_y/MPa	f_u/MPa	K_c/(kN/mm)	P_u/kN	Δ_a/mm	Δ_u/mm	P_B/P_C	$P_{u,a}$/kN	$P_u/P_{u,a}$
1	50	60	14	14	0.0	6.8	0.0	468	586	635	418	3.3	4.0	0.24	413	1.01
2	50	60	14	14	0.0	8.8	0.0	678	847	710	552	4.4	5.6	0.35	449	1.23
3	50	60	14	14	0.0	10.9	0.0	985	1094	741	588	4.9	6.0	0.45	483	1.22
4	50	60	14	14	0.0	12.9	0.0	1183	1314	750	608	4.9	5.5	0.55	514	1.18
5	50	60	18	18	0.0	6.8	0.0	468	586	696	520	1.3	3.7	0.41	468	1.11
6	50	60	18	18	0.0	8.8	0.0	678	847	792	648	8.1	8.4	0.59	528	1.23
7	50	60	18	18	0.0	10.9	0.0	985	1094	795	690	9.1	10.2	0.76	586	1.18
8	50	60	18	18	0.0	12.9	0.0	1183	1314	795	737	14.0	15.6	0.92	637	1.16
9	75	60	14	14	0.0	8.8	0.0	678	847	1170	647	1.9	3.0	0.23	615	1.05
10	40	60	14	14	0.0	8.8	0.0	678	847	811	451	2.4	2.9	0.44	383	1.18
11	25	60	14	14	0.0	8.8	0.0	678	847	627	338	2.9	3.9	0.70	283	1.19
12	50	60	15	14	0.5	8.8	0.0	678	847	506	565	5.6	7.5	0.35	449	1.26
13	50	60	16	14	1.0	8.8	0.0	678	847	470	577	6.9	9.0	0.35	449	1.28
14	50	60	17	14	1.5	8.8	0.0	678	847	479	573	9.2	10.5	0.35	449	1.28
15	50	60	18	14	2.0	8.8	0.0	678	847	471	576	9.8	12.0	0.35	449	1.28
16	50	60	20	14	3.0	8.8	0.0	678	847	403	512	11.4	14.5	0.35	449	1.14
17	50	60	16	14	1.0	8.8	0.2	678	847	481	513	3.9	5.4	0.35	449	1.14
18	50	45	14	14	0.0	6.8	0.0	468	586	545	378	1.9	3.2	0.28	369	1.02
19	50	45	14	14	0.0	8.8	0.0	678	847	646	465	5.4	6.9	0.41	405	1.15
20	50	45	14	14	0.0	10.9	0.0	985	1094	657	487	5.8	8.5	0.52	439	1.11
21	50	45	14	14	0.0	12.9	0.0	1183	1314	676	519	9.0	9.5	0.63	469	1.11
22	50	45	18	18	0.0	6.8	0.0	468	586	672	460	2.4	4.2	0.47	423	1.09

续表

编号	L_c/mm	f_c/MPa	r/mm	d/mm	a/mm	M	ρ	f_y/MPa	f_u/MPa	K_e/(kN/mm)	P_u/kN	Δ_a/mm	Δ_u/mm	P_B/P_C	P_{ua}/kN	P_u/P_{ua}
23	50	45	18	18	0.0	8.8	0.0	678	847	704	575	10.6	12.8	0.68	484	1.19
24	50	45	18	18	0.0	10.9	0.0	985	1094	703	598	12.3	14.9	0.88	541	1.1
25	50	45	18	18	0.0	12.9	0.0	1183	1314	703	638	19.4	20.3	1.06	592	1.08
26	75	45	14	14	0.0	8.8	0.0	678	847	1149	498	2.6	3.8	0.27	548	0.91
27	40	45	14	14	0.0	8.8	0.0	678	847	673	387	3.3	4.2	0.51	347	1.12
28	25	45	14	14	0.0	8.8	0.0	678	847	547	288	5.5	6.5	0.81	261	1.10
29	50	45	15	14	0.5	8.8	0.0	678	847	431	471	6.5	9.1	0.41	405	1.16
30	50	45	16	14	1.0	8.8	0.0	678	847	393	486	8.2	10.3	0.41	405	1.20
31	50	45	17	14	1.5	8.8	0.0	678	847	411	489	8.9	12.0	0.41	405	1.21
32	50	45	18	14	2.0	8.8	0.0	678	847	356	507	12.5	15.7	0.41	405	1.25
33	50	45	20	14	3.0	8.8	0.0	678	847	366	470	17.1	18.3	0.41	405	1.16
34	50	45	16	14	1.0	8.8	0.2	678	847	413	418	5.0	7.8	0.41	405	1.03
35	50	30	14	14	0.0	6.8	0.0	468	586	509	334	1.9	2.9	0.34	316	1.06
36	50	30	14	14	0.0	8.8	0.0	678	847	558	414	6.3	7.4	0.50	352	1.18
37	50	30	14	14	0.0	10.9	0.0	985	1094	581	452	7.9	9.2	0.64	386	1.17
38	50	30	14	14	0.0	12.9	0.0	1183	1314	592	474	10.7	11.4	0.77	416	1.14
39	50	30	18	18	0.0	6.8	0.0	468	586	571	416	4.6	5.7	0.58	371	1.12
40	50	30	18	18	0.0	8.8	0.0	678	847	621	534	14.4	15.3	0.84	431	1.24
41	50	30	18	18	0.0	10.9	0.0	985	1094	610	594	17.4	18.3	1.08	488	1.22
42	50	30	18	18	0.0	12.9	0.0	1183	1314	608	625	21.0	21.4	1.30	539	1.16
43	75	30	14	14	0.0	8.8	0.0	678	847	959	423	4.2	5.3	0.33	469	0.9
44	40	30	14	14	0.0	8.8	0.0	678	847	545	307	6.2	6.9	0.62	305	1.01

续表

编号	L_c/mm	f_c/MPa	r/mm	d/mm	a/mm	M	ρ	f_y/MPa	f_u/MPa	K_c/(kN/mm)	P_u/kN	Δ_a/mm	Δ_u/mm	P_B/P_C	$P_{u,a}$/kN	$P_u/P_{u,a}$
45	25	30	14	14	0.0	8.8	0.0	678	847	507	261	7.2	7.9	1.00	234	1.11
46	50	30	15	14	0.5	8.8	0.0	678	847	359	432	8.0	10.0	0.50	352	1.23
47	50	30	16	14	1.0	8.8	0.0	678	847	350	448	10.3	11.1	0.50	352	1.27
48	50	30	17	14	1.5	8.8	0.0	678	847	335	470	11.6	12.6	0.50	352	1.34
49	50	30	18	14	2.0	8.8	0.0	678	847	280	460	12.9	13.7	0.50	352	1.31
50	50	30	20	14	3.0	8.8	0.0	678	847	258	453	17.8	18.9	0.50	352	1.29
51	50	30	16	14	1.0	8.8	0.2	678	847	378	374	5.9	7.8	0.50	352	1.06
均值																1.16
标准差																0.08

注：L_c 为槽钢长度；f_c 为混凝土棱柱体抗压强度；r 为钢板上孔洞的直径，d 为螺栓直径，$a=(r-d)/2$；M 为螺栓等级；ρ 为螺栓预紧力与抗拉承载力的比值；f_y 和 f_u 分别为螺栓的屈服强度和极限强度。

推出数值研究的几何细节遵循与试验相同的几何结构。每个算例中，钢板的高度、宽度和厚度分别为 360mm、250mm 和 8mm，核心混凝土的高度、宽度和厚度分别为 300mm、250mm 和 120mm。参数分析中的槽钢采用 12#槽钢。参数分析涉及 3 个混凝土强度等级，即 C30、C45 和 C60。C30、C45 和 C60 混凝土的拉伸强度分别为 2.7MPa、3.8MPa 和 4.2MPa。

2. 典型失效模式及荷载-滑移性能

模拟推出试验的典型破坏模式为螺栓剪切断裂和槽钢剪切断裂，图 3.22 描绘了典型的荷载-滑移曲线特征及不同工作阶段的失效模式。荷载-滑移曲线可分为不同工作阶段：弹性、非线性和衰退工作阶段。第一阶段为弹性工作阶段，荷载-滑移曲线特征为直线，槽钢、混凝土处于弹性阶段，螺栓到达极限应力；第二阶段为非线性阶段，螺栓的非线性

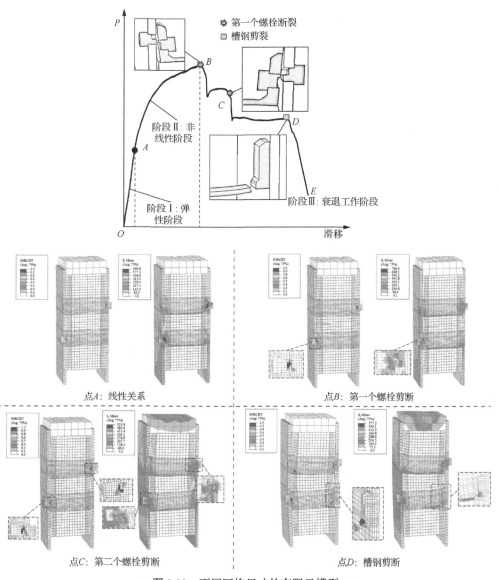

图 3.22　不同网格尺寸的有限元模型

继续发展，直到第一个螺栓剪断，同时试件达到其极限抗剪承载力；第三阶段为衰退工作阶段，其表现为其他螺栓和槽钢连续失效，荷载-滑移曲线的衰退呈台阶式下降，每一阶下降对应于螺栓和 C 形槽的剪切断裂。由于螺栓的抗剪强度小于槽钢，因此试件的破坏顺序为 B 点第一个螺栓的剪切断裂，C 点另一个螺栓的剪切断裂，D 点槽钢的剪切断裂。

3. 参数影响讨论

（1）螺栓强度的影响

螺栓强度的改变主要通过改变螺栓等级和螺栓直径来实现，不同螺栓直径和等级下的荷载-滑移曲线如图 3.23 所示。结果表明，螺栓等级及直径对试件的抗剪承载力和滑移性能有显著影响。提高螺栓的等级、增大螺栓的直径实际上增加了螺栓的抗剪强度 P_B 与 C 形槽钢 P_C 的抗剪强度之比，即 P_B/P_C 的比值。Yan 等[8]给出了 P_B 与 P_C 的计算方法：

$$P_B = \sigma_u A_{sb} \tag{3.10}$$

$$P_C = 36.5(t_f + 0.5t_w)L_c\sqrt{f_c} \tag{3.11}$$

式中，A_{sb} 为螺栓有效面积；σ_u 为螺栓的极限强度；t_f 和 t_w 分别为翼缘和腹板厚度；L_c 为槽钢长度；f_c 为混凝土极限抗压承载力。

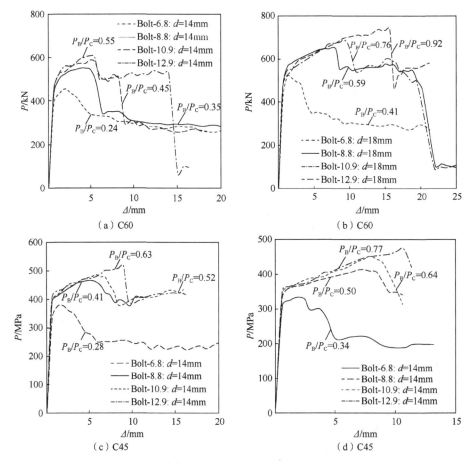

图 3.23　不同螺栓直径和等级下的荷载-滑移曲线

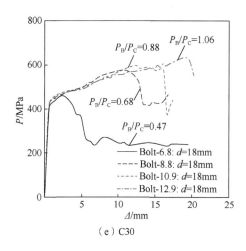

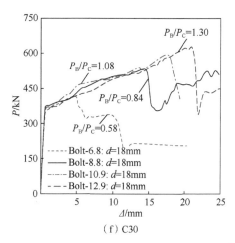

（e）C30　　　　　　　　　　　　　　　　（f）C30

图 3.23（续）

图 3.24 量化了螺栓直径及等级对抗剪承载力和延性指标的影响。随着螺栓等级从 M6.8 增加到 M8.8、M10.9 和 M12.9，核心混凝土为 C60、直径为 14mm 和 18mm 的试件极限承载力 P_u 值分别增加了 17%、31% 和 46%，初始刚度 K_e 分别增加了 12%、17% 和 18%，延性指标 Δ_a（Δ_u）分别增加了 88%（93%）、102%（118%）和 131%（144%）。参数分析结果表明，随着螺栓等级的提高，相同直径下的螺栓抗剪强度提高，P_B/P_C 的比值增大，提高了试件的抗承载力和延性；随着螺栓直径的增大，相同等级下的螺栓抗剪强度提高，P_B 与 P_C 的比值增大，构件的延性和承载力也有明显提升。因此，螺栓的抗剪强度应与槽钢的抗剪强度相匹配。增大螺栓的抗剪强度，可以有效提高试件的延性和抗剪性能。

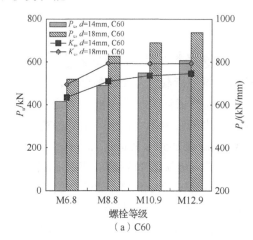

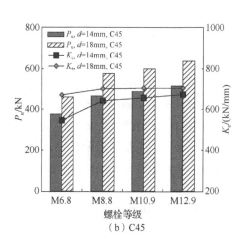

（a）C60　　　　　　　　　　　　　　　　（b）C45

图 3.24　螺栓直径和等级对抗剪承载力和延性指标的影响

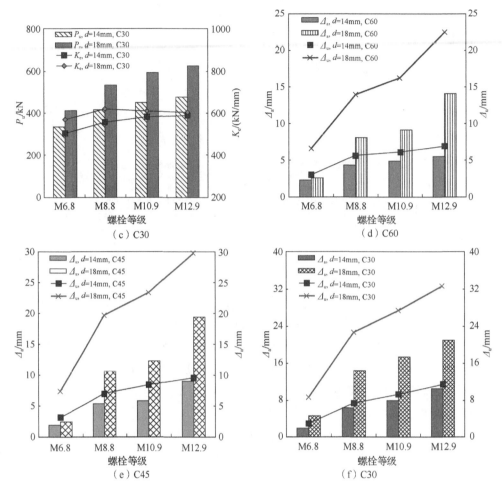

图 3.24（续）

（2）螺栓与预留孔洞之间缝隙的影响

在试件装配过程中，螺栓栓杆与钢板预留孔洞之间会存在一定的缝隙 a，该缝隙在一定的装配误差范围内。为了研究缝隙 a 对连接件抗剪承载力及延性的影响，对缝隙为 0.0mm、0.5mm、1.0mm、1.5mm、2.0mm 和 3.0mm 的试件进行了分析，结果如图 3.25 和图 3.26 所示。结果表明，a 值的增加对极限承载力的影响不大，但对试件的初始刚度 K_e 和延性指标 Δ_a 和 Δ_u 有显著影响。当 a 值从 0.0mm 增加到 0.5mm、1.0mm、1.5mm、2.0mm 和 3.0mm 时，核心混凝土为 C60 的试件 P_u 值只增加了 2%、5%、4%、4%和-7%，核心混凝土为 C45 的试件极限承载力增加了 1%、4%、5%、9%和 1%。随着 a 值从 0.0mm 增加到 0.5mm、1.0mm、1.5mm、2.0mm 和 3.0mm，核心混凝土为 C60 的试件初始刚度值分别降低了 29%、34%、33%、34%和 43%，核心混凝土为 C45 的试件初始刚度值分别降低了 33%、39%、36%、39%和 43%。由于缝隙 a 的存在，槽钢的滑移逐渐弥补了螺栓与预留孔洞的间隙，当钢板完全接触到螺栓后，螺栓开始在提供抗剪承载力方面发挥作用。因此，缝隙 a 会影响连接件的初始剪切刚度，但缝隙 a 值在 0.0～3.0mm 范围内时，对抗剪承载力影响不大。

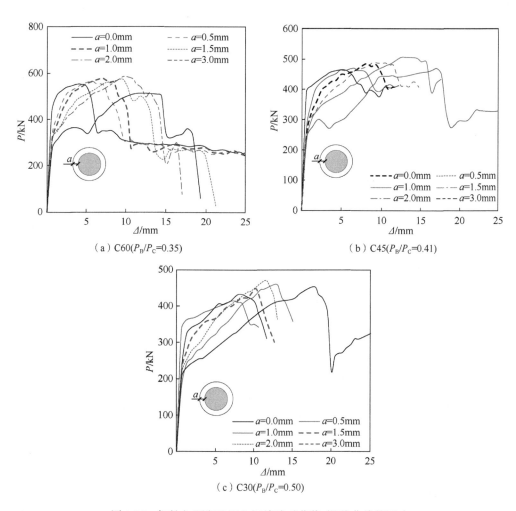

（a）C60(P_B/P_C=0.35)　　　　　　（b）C45(P_B/P_C=0.41)

（c）C30(P_B/P_C=0.50)

图 3.25　螺栓与预留孔洞之间缝隙对荷载-滑移曲线的影响

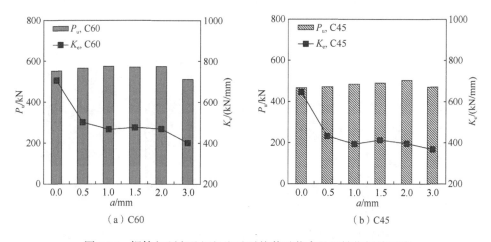

（a）C60　　　　　　　　　（b）C45

图 3.26　螺栓与预留孔洞间空隙对抗剪承载力及延性指标的影响

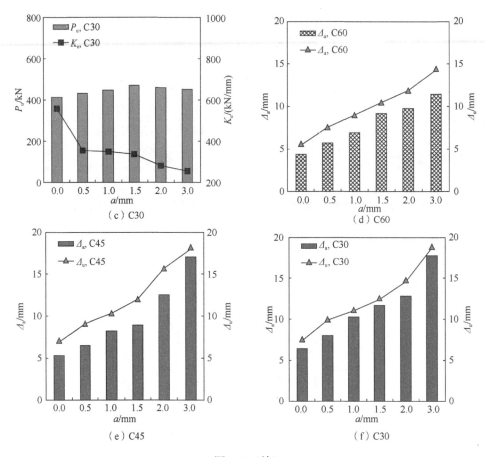

图 3.26（续）

（3）螺栓预紧力的影响

试件制作过程中，可以对外部连接的螺栓施加预紧力。参数分析中，采用螺栓的预紧力与抗拉强度比 ρ（$\rho=0.2$，$\rho=T/\sigma_y A_{sb}$）来描述。图 3.27 展示了螺栓预紧力对连接件抗

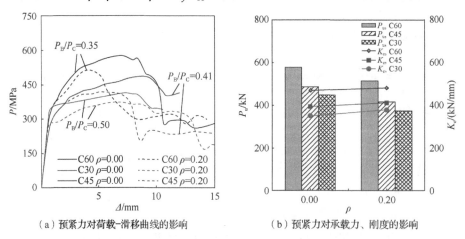

（a）预紧力对荷载-滑移曲线的影响　　　（b）预紧力对承载力、刚度的影响

图 3.27　螺栓预紧力对抗剪承载力和延性指标的影响

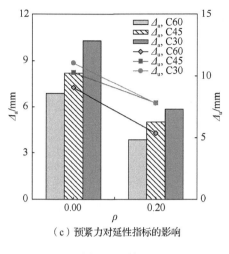

（c）预紧力对延性指标的影响

图 3.27（续）

剪承载力和延性指标的影响。结果表明，螺栓预紧力的施加降低了试件的抗剪承载力和延性。当预紧力与抗拉强度比 ρ 从 0.0 增加到 0.2 时，核心混凝土为 C60 的试件抗剪承载力、峰值滑移和极限滑移分别降低了 11%、41% 和 44%，核心混凝土为 C45（C30）的试件抗剪承载力、峰值滑移和极限滑移分别降低了 14%（17%）、24%（30%）和 39%（43%）。对螺栓施加预应力只会略微增加抗剪刚度，由于作用在螺栓上的轴向预应力张力降低了螺栓的抗剪强度，试件的抗剪承载力和延性会显著降低。因此，不建议对新型加强型槽钢剪力连接件中的螺栓施加预应力。

（4）槽钢长度的影响

图 3.28 展示了槽钢长度对荷载-滑移曲线的影响，图 3.29 展示了槽钢长度对抗剪承载力及延性指标的影响。结果表明，连接件的抗剪承载力及初始刚度随着槽钢长度的增加而增大。随着槽钢长度从 25mm 增加到 40mm、50mm 和 75mm，核心混凝土为 C60 的试件抗剪承载力分别增加了 33%、63% 和 92%，而核心混凝土 C45（C30）的抗剪承载力分别增加了 35%（18%）、62%（59%）和 73%（66%）。然而，如图 3.29 所示，槽钢

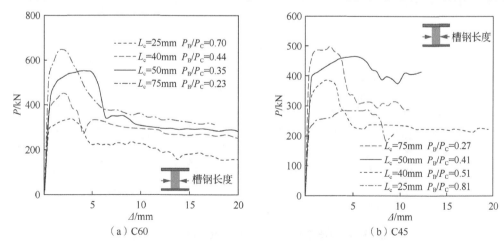

图 3.28　槽钢长度对荷载-滑移曲线的影响

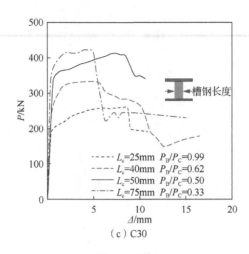

图 3.28（续）

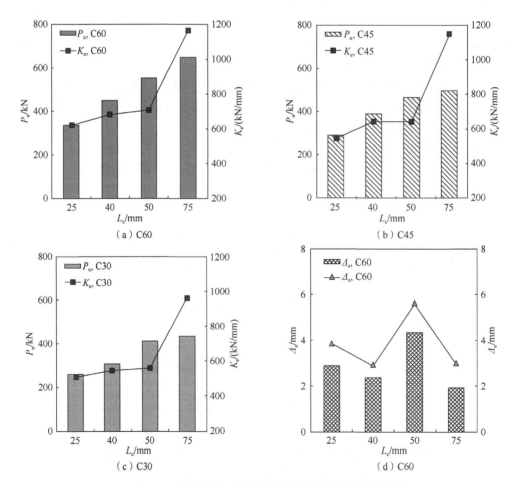

图 3.29　槽钢长度对抗剪承载力及延性指标的影响

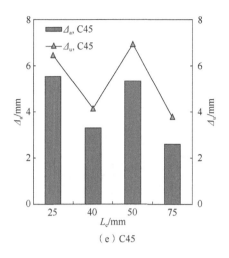
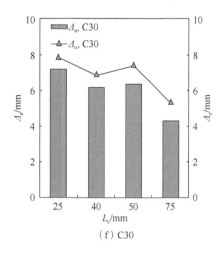

（e）C45　　　　　　　　　　　　　（f）C30

图 3.29（续）

长度为 50mm 的试件延性最好。当槽钢长度从 25mm 增加到 40mm、50mm 和 75mm 时，核心混凝土为 C60 的试件极限滑移量分别增加了-25%、45%和-34%，核心混凝土为 C45（C30）的极限滑移量分别增加了-36%（-13%）、7%（-6%）和-42%（-32%）。因此，连接件中槽钢最佳长度为 50mm。

（5）混凝土强度的影响

核心混凝土强度对荷载-滑移曲线的影响如图 3.30 所示，核心混凝土强度对连接件抗剪承载力及延性指标的影响如图 3.31 所示。由图 3.31 可知，提高核心混凝土强度可以提高连接件的抗剪强度，但会降低其延性。对于螺栓直径为 14mm 的试件，随着混凝土强度的提高，试件的极限承载力增加了 12.4%和 33.4%，初始剪切刚度增加了 15.8%和 27.2%，而试件的峰值滑移和极限滑移降低了 15.2%（6.1%）和 31.3%（24%）；对于螺栓直径为 18mm 的试件，随着核心混凝土强度的提高，试件的极限抗剪承载力提高了 0.6%和 16%，初始剪切刚度增加了 15.2%和 30.4%，试件的峰值滑移和极限滑移降低了

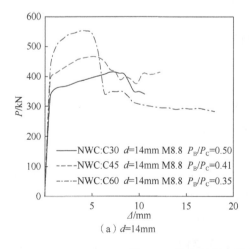
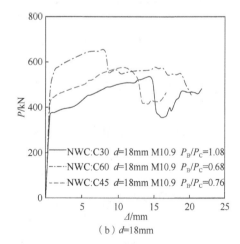

（a）d=14mm　　　　　　　　　　　　（b）d=18mm

图 3.30　核心混凝土强度对荷载-滑移曲线的影响

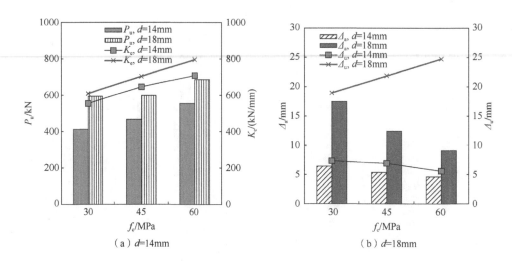

图 3.31　核心混凝土强度对连接件抗剪承载力及延性指标的影响

29.4%（18.4%）和 47.6%（44.2%）。混凝土强度越高，延性降低，混凝土更脆，同时也会导致 P_B/P_C 的值降低。以上原因将导致试件极限承载力和刚度增加，延性降低。混凝土强度的提高对螺栓直径为 18mm 的试件影响较螺栓直径为 14mm 的试件影响较小，这是由于螺栓直径越大，螺栓提供的抗剪承载力 P_B 占总抗剪承载力（P_B+P_C）的比例更大，而提高混凝土强度会提高 P_C 的值，因此螺栓直径越大，提高混凝土强度对抗剪承载力的提升效果越不显著。

3.3.4　加强型槽钢连接件的设计方法

1. 抗剪承载力的计算

（1）普通混凝土连接件的抗剪承载力

加强型槽钢连接件抗剪承载力的计算公式由两部分组成，即螺栓提供的抗剪承载力 P_B 和槽钢连接件提供的抗剪承载力 P_C，具体如下：

$$P_B + P_C = P_u \qquad (3.12)$$

美国规范 AISC 360-10 中，槽钢连接件的抗剪承载力计算公式如下：

$$P_{C,AI} = 0.3(t_f + 0.5t_w)L_c\sqrt{f_cE_c} \qquad (3.13)$$

加拿大规范 CAN/CSA-S16-01 规定槽钢连接件的抗剪承载力计算公式如下：

$$P_{C,CAN} = 36.5(t_f + 0.5t_w)L_c\sqrt{f_c} \qquad (3.14)$$

我国《钢结构设计规范》（GB 50017—2017）中，槽钢连接件的抗剪承载力计算公式如下：

$$P_{C,CN} = 0.26(t_f + 0.5t_w)L_c\sqrt{f_cE_c} \qquad (3.15)$$

Pashan 等[9]提出槽钢连接件的抗剪承载力计算公式如下：

$$P_{C,PH} = (336t_w^2 + 5.24L_ch)\sqrt{f_c} \qquad (3.16)$$

式中，t_f 为槽钢翼缘厚度；t_w 为槽钢腹板厚度；L_c 为槽钢宽度；h 为槽钢高度；f_c 为混凝土轴心抗压强度；E_c 为混凝土弹性模量。

美国 AISC 360-10 规范中，螺栓的抗剪承载力计算公式如下：

$$P_B = 0.6\sigma_u A_s \tag{3.17}$$

式中，σ_u 为螺栓的极限强度；A_s 为螺栓的横截面积。

（2）UHPC 连接件的抗剪承载力

UHPC 连接件的抗剪承载力 P_u 由螺栓和槽钢抵抗，UHPC 中加强型槽钢连接件的破坏模式表明：①加强型槽钢连接件根部 UHPC 底部区域被压碎，容易出现分离；②外部连接的顶部螺栓可通过面板和螺栓孔的剪切变形自由滑动，在螺栓位置附近未发现 UHPC 的压缩破坏。因此，根据这些观察结果，图 3.32 假设了加强型槽钢连接件的失效机制。由于翼缘焊接在面板上，假设在槽钢连接件底部根部产生两个塑性铰。

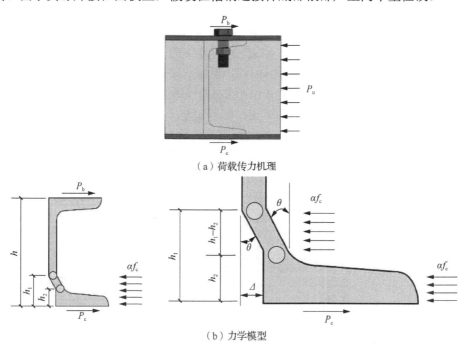

（a）荷载传力机理

（b）力学模型

图 3.32　UHPC 连接件抗剪承载力的理论模型

因此，利用塑性理论，可以建立如下虚功方程：

$$P_c \Delta = 2M_u \frac{\Delta}{h_1 - h_2} + \alpha f_c L_c h_2 \Delta + \frac{\alpha f_c L_c (h_1 - h_2) \Delta}{2} \tag{3.18}$$

式中，P_c 为单个槽钢连接件的抗剪承载力；Δ 为试件的滑移量；M_u 为槽钢腹板的塑性弯矩承载力；f_c 为混凝土抗压强度；$\alpha=1.19$；h_1 和 h_2 为塑性铰高度。

因此，槽钢的抗剪承载力 P_c 为

$$P_c = \frac{2M_u}{h_1 - h_2} + \alpha f_c L_c \left(h_2 + \frac{h_1 - h_2}{2} \right) \tag{3.19}$$

$$M_u = \frac{1}{4} f_u t_w^2 L_c \tag{3.20}$$

式（3.20）中需要确定 h_1 和 h_2。$(h_1 - h_2)/h$ 的值为 0.26，$[h_2 + (h_1 - h_2)/2]/h$ 的值为 0.25。

$$P_c = 0.25\alpha f_c L_c h + \frac{t_w^2 L_c}{0.52h} f_u \qquad (3.21)$$

在 AISC 360-10 中，螺栓的抗剪承载力为

$$P_b = 0.6\sigma_u A_s \qquad (3.22)$$

加强型槽钢连接件的抗剪承载力为

$$P_u = 0.25\alpha f_c L_c h + \frac{t_w^2 L_c}{0.52h} f_u + 0.6\sigma_u A_s \qquad (3.23)$$

（3）验证与讨论

对于普通混凝土中的加强型槽钢连接件，不同理论计算公式的预测值与试验值的比值离散性如图 3.33 所示。由图 3.33 分析可知，在本书列出的 4 个计算公式中，CAN/CSA-S16-01 中的公式预测值与试验值较为接近，预测值与试验值的比值平均值为 0.87，且变异系数为 0.10，表明预测结果离散性较小；AISC 360-10 中的公式的预测值与试验值的比值均大于 1.0（平均值为 1.21，变异系数为 0.11），预测结果是偏不安全；由 Pashan 等[8]提出的理论公式的预测结果与 AISC 360-10 中的公式较为相似（平均值为 1.19，变异系数为 0.12），预测值与试验值的比值均大于 1.0，偏不安全；中国规范 GB 50017—2017 的预测结果最为接近试验结果（平均值为 1.07，变异系数为 0.11），但其预测结果也提供了 69% 的不安全预测。因此，结合安全性及预测的可靠性和准确性，建议使用 CAN/CSA-S16-01 中的公式来计算普通混凝土中加强型槽钢连接件的抗剪承载力，即采用式（3.14）和式（3.17）对普通混凝土中加强型槽钢连接件的抗剪承载力进行计算。

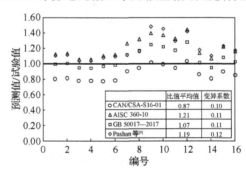

图 3.33　普通混凝土试件不同理论计算公式的预测值与试验值的比值离散性

对于 UHPC 中的加强型槽钢连接件，图 3.34 比较了各规范及本章所提出理论公式与试验数据的比值离散性。结果表明，所有规范规定都高估了 UHPC 中的加强型槽钢连接件的抗剪承载力。CAN/CSA-S16-01 提供了与试验数据最接近的预测。CAN/CSA-S16-01 预测值与试验值的比值平均值和变异系数分别为 0.92 和 0.04。然而，AISC 360-10、GB 50017—2017 及 Pashan 等[9]的预测方程分别高估了试验结果 46%、37%和 33%。这是因为这些规范方程是基于普通混凝土中槽钢连接件的推出试验而开发的，它们不适用于在 UHPC 中的加强型槽钢连接件。AISC 360-10、GB 50017—2017 及 Pashan 等[9]的理论公式对普通混凝土试件 S1A、S1B 的平均预测误差仅为 6%、6%和 4%。然而，与规范中的公式相比，本章所建立的理论模型对 UHPC 中加强型槽钢连接件的抗剪承载力提供了更准确的预测，所建立的理论模型对 12 个试件的预测值与试验值的比值平均值和

变异系数分别为 1.05 和 0.06。因此，本章所建立的理论模型可用于预测 UHPC 中的加强型槽钢连接件的抗剪承载力。

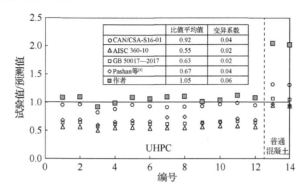

图 3.34　UHPC 试件不同理论计算公式的预测值与试验值的比值离散性

2. 荷载-滑移性能

（1）普通混凝土连接件的荷载-滑移性能

由于螺栓与钢板预留孔洞之间的缝隙影响连接件的荷载-滑移特性，因此建立了不同的经验模型来描述预留孔洞与螺栓不同间隙值试件的剪切滑移特性，即

$$\frac{P}{P_u} = \frac{(8.6a/d+0.3)^{-1}\Delta}{1+[(8.6a/d+0.3)^{-1}-0.1]\Delta} \tag{3.24}$$

式中，a 为螺栓与钢板预留孔洞之间的缝隙；d 为螺栓直径；Δ 为滑移量。

当 $a/d = 1/28$ 时，式（3.24）变为

$$\frac{P}{P_u} = \frac{1.6\Delta}{1+1.5\Delta} \tag{3.25}$$

（2）UHPC 连接件的荷载-滑移性能

在 12 个采用 UHPC 的加强型槽钢剪力连接件的推出试验和 31 个数值模拟得到的荷载-滑移曲线的基础上，采用回归分析方法，建立了采用 UHPC 的加强型槽钢剪力连接件推出试验的荷载-滑移曲线的经验方程。建立的经验方程还考虑了螺栓与钢板预留孔洞之间的间隙 a 的影响。经验方程如下：

$$\frac{P}{P_u} = \frac{\left(6.23\dfrac{a}{d}+0.13\right)^{-1}\Delta}{1+\left[\left(6.23\dfrac{a}{d}+0.13\right)^{-1}-0.1\right]\Delta} \tag{3.26}$$

式中，a 为螺栓与钢板预留孔洞之间的缝隙；d 为螺栓直径；Δ 为滑移量。

试验中缝隙 a 与螺栓直径 d 的比值为 1/28，经验方程为

$$\frac{P}{P_u} = \frac{2.26\Delta}{1+2.16\Delta} \tag{3.27}$$

（3）验证与讨论

普通混凝土中加强型槽钢连接件的经验方程与荷载-滑移曲线的对比如图 3.35 所示，所预测出的加强型槽钢连接件的归一化的荷载-滑移曲线与试验较为贴合，可用来描述普通混凝土中加强型槽钢连接件的滑移行为。

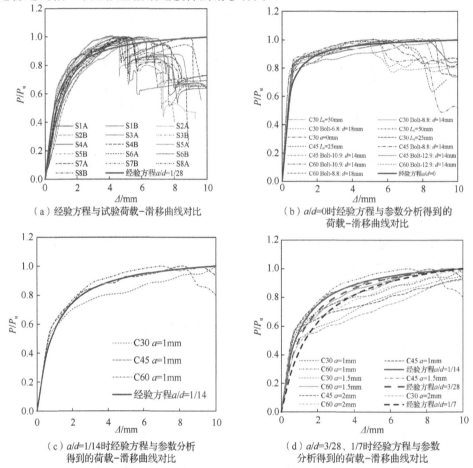

（a）经验方程与试验荷载-滑移曲线对比

（b）a/d=0时经验方程与参数分析得到的荷载-滑移曲线对比

（c）a/d=1/14时经验方程与参数分析得到的荷载-滑移曲线对比

（d）a/d=3/28、1/7时经验方程与参数分析得到的荷载-滑移曲线对比

图 3.35　经验方程与荷载-滑移曲线对比

UHPC 中加强型槽钢连接件的经验方程与荷载-滑移曲线的对比如图 3.36 所示，所预测出的荷载-滑移曲线能良好地描述 UHPC 中加强型槽钢连接件的滑移行为。

3. 加强型槽钢剪力连接件的设计优化及设计建议

根据本章的试验数据和参数分析结果，作者对新型加强型槽钢剪力连接件的抗剪性能提出了以下设计建议。

1）螺栓与钢板预留孔洞之间的缝隙有利于试件组装；同时，参数分析结果表明 a 与 d 的比值在 0.00～0.14 范围内，可以在不影响连接件极限抗剪强度的前提下，有效提高加强型槽钢连接件试件的延性。

2）加强型槽钢连接件中螺栓的抗剪强度（P_B）应与槽钢的抗剪强度（P_C）相匹配。

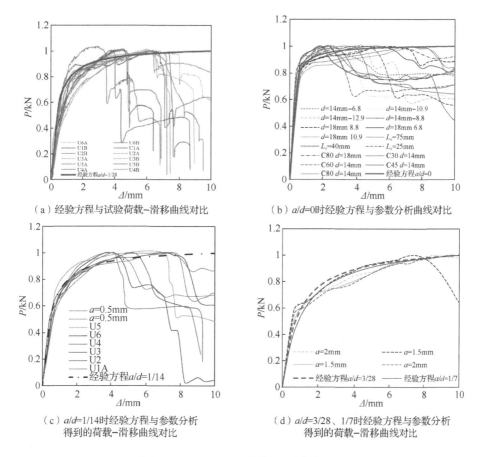

（a）经验方程与试验荷载-滑移曲线对比　　　（b）a/d=0时经验方程与参数分析曲线对比

（c）a/d=1/14时经验方程与参数分析
得到的荷载-滑移曲线对比

（d）a/d=3/28、1/7时经验方程与参数分析
得到的荷载-滑移曲线对比

图 3.36　经验方程与荷载-滑移曲线对比

考虑到欧洲规范 Eurocode 4 中规定的最小滑动能力超过 6mm 的延性抗剪连接件的要求，P_B 与 P_C 的比值应大于 0.6。出于设计目的，建议 P_B 与 P_C 比值的经验值为 0.7～1.0。

3）基于参数分析结果和构造要求，槽钢长度建议取值为 50mm。

小　　结

本章进行了加强型槽钢连接件的受剪性能试验，共设计了 16 个普通混凝土推出试验试件和 12 个 UHPC 推出试验试件，研究了槽钢宽度、槽钢高度、槽钢朝向、混凝土强度和混凝土材料对试件的破坏模式、抗剪承载力、极限滑移量及初始刚度的影响规律，建立了加强型槽钢剪力连接件推出试验的有限元模型，并采用试验数据验证了模型的准确性。在此基础上，选取 51 个算例和 6 个参数进行分析，研究得到以下结论。

1）加强型槽钢连接件推出试验试件在受到剪切荷载作用时，普通混凝土试件与 UHPC 试件呈现出大致相同的破坏模式：两侧螺栓先被剪断，然后槽钢连接件的腹板发生剪切破坏。槽钢高度为 70mm 的普通混凝土试件破坏模式为核心混凝土发生劈裂破坏。

2）加强型槽钢连接件的推出试验试件在剪切荷载作用下的主要工作阶段有弹性工

作阶段、非线性工作阶段和承载力下降阶段。弹性工作阶段指从加载开始到试件达到40%～50%的抗剪承载力；非线性工作阶段主要是由于槽钢连接件和非线性行为，承载力下降阶段是由于螺栓和槽钢相继发生剪切破坏。

3）槽钢宽度的增加通常可改善加强型槽钢连接件的受剪性能和滑移性能；增加槽钢高度通常可以改善加强型槽钢连接件的滑移性能，但对其抗剪承载力和刚度的影响非常有限；采用槽钢腹板水平设置的普通混凝土加强型槽钢连接件受剪性能更好，而槽钢的布置对 UHPC 中加强型槽钢连接件的抗剪承载力和滑移性能影响不大；混凝土强度可以提高试件的抗剪承载力，但降低了极限滑移量；使用 UHPC 可以提高加强型槽钢连接件的刚度，但对其抗剪承载力和滑移性能的影响很小。

4）建立了加强型槽钢剪力连接件的抗剪承载力和广义荷载–滑移性能的分析模型。试验和有限元模拟结果验证了所建立的分析模型的准确性。

5）通过引入连续损伤模型对推出试验中的螺栓和槽钢进行模拟，建立的有限元模型能够较好地模拟连接件剪切行为，由此给出了双钢板混凝土组合结构中加强型槽钢剪力连接件的设计建议。建议 a 与 d 的比值在 0.00～0.14，提高连接件延性，同时不影响其极限抗剪性能。设计中螺栓的抗剪强度（P_B）应与槽钢的抗剪强度（P_C）相匹配，建议经验值为 0.7～1.0。连接件中槽钢的最佳长度为 50mm，此时连接件具有最好的延性。不建议对外部连接的螺栓施加预应力。

参 考 文 献

[1] YAN J B, ZHANG W. Numerical analysis on steel-concrete-steel sandwich plates by damage plasticity model: From materials to structures[J] Construction and Building Materials, 2017, 149: 801-815.

[2] PAVLOVIĆ M, MARKOVIĆ Z, VELJKOVIĆ M, et al. Bolted shear connectors vs. headed studs behaviour in push-out tests[J]. Journal of Constructional Steel Research, 2013, 88: 134-149.

[3] 向征. 高强螺栓高温本构模型的构建及其 T-stub 节点高温性能研究[D]. 重庆：重庆大学，2018.

[4] 王少辉，李颖，翁依柳，等. 基于棒材拉伸试验确定金属材料真实应力应变关系的研究[J]. 塑性工程学报，2017（4）：138-143.

[5] 杨剑，方志. 超高性能混凝土梁正截面承载力[J]. 中国铁道科学，2009，30（2）：23-30.

[6] 张哲，邵旭东，李文光，等. 超高性能混凝土轴拉性能试验[J]. 中国公路学报，2015，28（8）：54-62.

[7] WANG Z, NIE X. FAN J S, et al. Experimental and numerical investigation of the interfacial properties of non-steam-cured UHPC-steel composite beams[J]. Construction and Building Materials, 2019, 195: 323-339.

[8] YAN J B, HU H T, WANG T. Shear behaviour of novel enhanced C-channel connectors in steel-concrete-steel sandwich composite structures[J]. Journal of Constructional Steel Research, 2020, 166: 105903.

[9] PASHAN A, HOSAIN M U. New design equations for channel shear connectors in composite beams[J]. Canadian Journal of Civil Engineering, 2009, 36(9): 1435-1443.

第4章 采用加强型槽钢连接件双钢板-混凝土组合梁

为研究采用新型加强槽钢连接件的双钢板-混凝土组合结构受弯性能，本章对19根采用新型加强槽钢剪力连接件的双钢板-混凝土组合梁开展静弯试验。其研究参数为核心混凝土种类（UHPC及普通混凝土）、剪跨比、钢板厚度及连接件间距。本章提出了该新型双钢板-混凝土组合梁受弯承载力理论分析模型，同时基于ABAQUS软件发展了采用新型增强槽钢连接件双钢板-混凝土组合梁精细化数值模型并进行参数影响分析，提出了极限承载力理论分析模型。

4.1 采用加强型槽钢连接件双钢板-混凝土组合梁的组成及制作

对19根双钢板-混凝土组合梁开展静弯试验，试件钢骨架由上下钢板及新型加强型槽钢剪力连接件组成，钢骨架拼装完成后浇筑核心混凝土。试验中核心混凝土主要分为两类：普通混凝土和UHPC。

4.1.1 试件设计

采用新型加强型槽钢连接件的双钢板-混凝土组合梁试件的几何结构如图4.1所示。试件总长度均为1900mm，宽度200mm，核心混凝土层名义厚度为120mm，槽钢高度120mm，槽钢长度50mm，螺栓直径14mm。双钢板-混凝土组合梁由上下两块钢板组成，两块钢板之间采用新型加强型槽钢剪力连接件组装。槽钢剪力连接件一侧与钢板焊接，另一侧通过螺栓与钢板连接，将钢板、剪力连接件拼装成钢骨架。

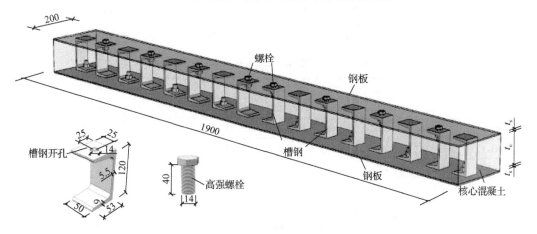

图4.1 双钢板-混凝土组合梁试件的几何结构（尺寸单位：mm）

模板支护方案及浇筑过程如图4.2所示，将钢骨架竖直放置，在梁端及钢板两侧支好模板并用夹具固定好钢板两侧模板，防止浇筑过程中钢板变形。浇筑核心混凝土时，

（a）钢骨架及模板　　　　　　（b）混凝土浇筑　　　　　　（c）试件养护

图 4.2　模板支护方案及浇筑过程

将梁侧放，从顶部灌入混凝土，同时插入振捣棒振捣直至密实。采用普通混凝土浇筑的试件在空气中自然养护 28 天；采用 UHPC 的试件暴露在空气中的混凝土表面采用塑料薄膜覆盖，定期洒水保持表面湿润，空气中养护 3 天后进行高温蒸养，蒸养时长为 48h。

　　为研究双钢板-混凝土组合结构的受弯性能，对 19 根双钢板-混凝土梁进行四点弯曲试验。试验主要有 5 个研究参数，分别为钢板厚度（t_s）、剪跨比（λ）、剪力连接件间距（S）、混凝土强度（f_c）及混凝土类型（普通混凝土和 UHPC）。试件 B1-1、B1-2 及 B1-3 为 3 个参数设置完全相同的试件，作为测试标准件及对照件。利用试件 B1、B2、B3 及试件 U1、U2、U3 研究钢板厚度（t_s）对试件承载力的影响，钢板实测厚度分别为 2.7mm、4.7mm 和 5.6mm；试件 B1、B4、B5 及试件 U1、U4、U5 连接件间距分别为 90mm、150mm 和 210mm，研究连接件间距（S）对试件承载力及变形的影响；利用试件 B1、B6、B7 和试件 U1、U6～U8 研究剪跨比（λ）对试件承载力及破坏形式的影响，试验中剪跨比的范围为 2.37～6.57；试件 B1、B8、B9 核心混凝土分别为 C40、C20、C60，U1～U8 核心混凝土类型为 UHPC，研究核心混凝土强度及核心混凝土种类对试件强度和力学性能的影响。试件更多详细信息如表 4.1 所示。

表 4.1　双钢板-混凝土组合梁试验试件表

试件编号	t_c / mm	t_s / mm	S / mm	l_1 / mm	S/t_s	λ	a/mm	混凝土类型
B1-1	119.3	2.7	90	600	33.3	4.85	30	C40
B1-2	119.7	2.7	90	600	33.3	4.80	30	C40
B1-3	119.4	2.7	90	600	33.3	4.81	30	C40
B2	119.2	4.7	90	600	19.2	4.67	30	C40
B3	118.3	5.6	90	600	16.2	4.64	30	C40
B4	120.4	2.7	150	600	55.6	4.77	40	C40
B5	119.8	2.7	210	600	77.8	4.79	20	C40
B6	120.1	2.7	90	800	33.3	6.42	30	C40
B7	119.9	2.7	90	295	33.3	2.37	30	C40
B8	120.4	2.7	90	600	33.3	4.77	30	C20

续表

试件编号	t_c / mm	t_s / mm	S / mm	l_1 / mm	S/t_s	λ	a/mm	混凝土类型
B9	120.9	2.7	90	600	33.3	4.75	30	C60
U1	118.9	2.7	90	600	33.3	4.88	30	UHPC
U2	118.5	4.7	90	600	19.2	4.78	30	UHPC
U3	118.7	5.6	90	600	16.2	4.72	30	UHPC
U4	119.7	2.7	150	600	55.6	4.85	40	UHPC
U5	119.7	2.7	210	600	77.8	4.85	20	UHPC
U6	120.0	2.7	90	450	33.3	3.63	30	UHPC
U7	120.5	2.7	90	300	33.3	2.41	30	UHPC
U8	117.8	2.7	90	800	33.3	6.57	30	UHPC

注：t_c 为核心混凝土厚度；t_s 为上/下钢板厚度；S 为剪力连接件间距；l_1 为加载点到支座距离；S/t_s 为距厚比；λ 为剪跨比，$\lambda = l_1/(t_c + 2t_s)$；$a$ 为混凝土保护层厚度。

4.1.2 材料特性

试验中双钢板-混凝土组合梁中所用材料分别为普通钢板（厚度为 2.7mm、4.7mm 和 5.6mm）、槽钢、普通混凝土、UHPC。钢材材料性能由标准拉伸试验确定，测试方法依据国家标准《金属材料　拉伸试验　第 1 部分：室温试验方法》（GB/T 228.1—2010），测得钢材的屈服强度 f_y、极限强度 f_u、弹性模量 E_s 及伸长率如表 4.2 所示。

表 4.2　材料性能试验表

钢材种类	屈服强度 f_y / MPa	极限强度 f_u / MPa	弹性模量 E_s / MPa	伸长率/%	混凝土类型	立方体抗压强度 f_{cu} / MPa	轴心抗压强度 f_c / MPa
2.7mm 钢板	332.0	467.2	190000	26.70	C40	71.6	54.4
4.7mm 钢板	317.1	463.0	189000	27.20	C20	59.9	45.5
5.6mm 钢板	323.8	450.9	192000	27.80	C60	68.6	52.1
120 槽钢	310.2	447.9	191000	22.20	UHPC	131.9	125.4

UHPC 中添加平直钢纤维，体积掺量 3%，钢纤维长度 8mm，直径 0.12mm，长径比 66.7，抗拉强度 1600MPa。UHPC 配合比：水泥 898kg，硅粉 225kg，石英砂 988kg，石英粉 270kg，高效减水剂 17kg，水 202kg。

混凝土强度由与试件同等条件下养护成型的 150mm 立方体试块得到，测试方法依据国家标准《混凝土物理力学性能试验方法标准》（GB/T 50081—2019）的规定进行。立方体抗压强度如表 4.2 所示，轴心抗压强度根据《混凝土结构设计规范（2015 年版）》（GB 50010—2010）中立方体抗压强度与轴心抗压强度换算关系确定。

4.2　采用加强型槽钢连接件双钢板-混凝土组合梁弯剪试验

本节主要介绍梁弯剪试验的试验方法及量测方案，并详细阐述其试验结果，包括破坏模式、荷载-挠度/应变曲线、跨中截面的应变分布、刚度及荷载等。此外，本节还将讨论不同参数对双钢板-混凝土组合梁结构性能的影响。

4.2.1　试验方法及量测方案

常温下双钢板-混凝土组合梁的四点弯曲试验装置如图 4.3 所示，试验过程中通过千斤顶增加载荷，分配梁将力均匀地传到小支座上。梁两端采用铰支座，两支座间净跨为 1800mm，支座中心到梁边缘距离为 50mm。

5 个线性位移传感器（LVDTs）放置在支座底板处及跨中下钢板及加载点对应下钢板处，分别用来测量支座沉降、跨中挠度和加载点下方挠度变形。混凝土应变片沿截面高度方向布置如图 4.4 所示；受压和受压钢板应变片布置如图 4.4 所示，下钢板跨中和加载点处布置 5 个应变片，上钢板跨中处布置 3 个应变片，应变与位移数据均由采集仪采集记录。

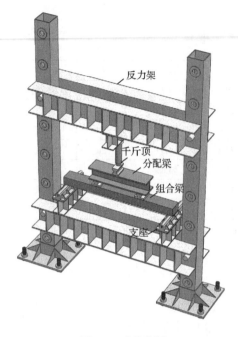

图 4.3　试验装置

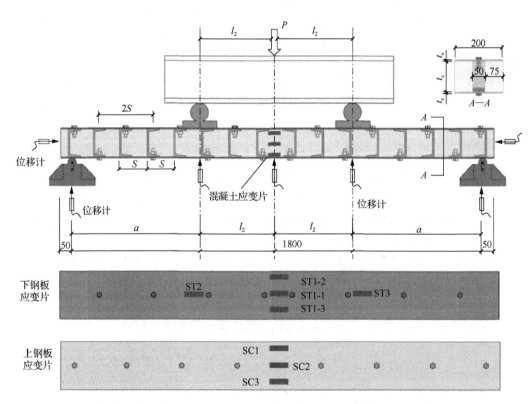

图 4.4　试验量测方案（尺寸单位：mm）

4.2.2　采用普通混凝土浇筑的双钢板-混凝土组合梁试验结果

1. 破坏模式

试验结果表明，双钢板-混凝土组合梁在荷载作用下主要存在以下几种破坏形态：①弯曲破坏，如图 4.5（a）所示，破坏时下钢板受拉屈服，受压区混凝土压溃，属于延性破坏；②弯曲破坏与上钢板屈曲的混合破坏，如图 4.5（b）所示，受压钢板发生局部屈曲并与混凝土剥离，属于延性破坏；③剪切破坏，如图 4.5（c）所示，构件前期属于弯曲破坏，展现很好的延性，强化阶段出现枣核状斜裂缝，承载力下降。

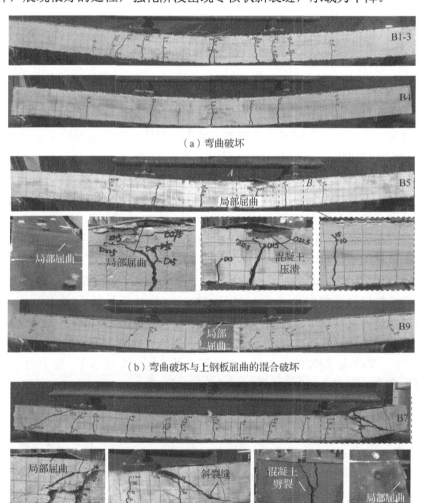

图 4.5　双钢板-混凝土组合梁破坏形态

2. 荷载-挠度曲线

四点弯曲荷载作用下试件的典型荷载-挠度曲线如图 4.6 所示，荷载-挠度曲线可以分为四个阶段。

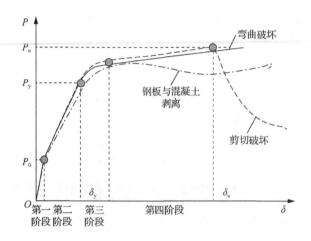

图 4.6　典型荷载-挠度曲线

第一阶段：当荷载小于开裂荷载 P_0 时，钢板和混凝土处于弹性工作状态，受拉混凝土尚未开裂，此时钢板和混凝土的应力应变水平较低，构件的初始刚度 K_0 由钢板和全截面混凝土共同提供。

第二阶段：带裂缝工作的弹性阶段。受拉区混凝土出现裂缝，弹性刚度 K_1 较初始刚度 K_0 有一定程度上的下降。随着荷载增加，裂缝数量增多，纯弯区段裂缝分布趋于均匀，裂缝宽度增长缓慢。

第三阶段：非线性工作阶段。随着跨中挠度的不断增加，下部受拉钢板达到屈服应变，受拉钢板进入塑性阶段。

第四阶段：强化阶段。此时受拉钢板进入强化阶段，混凝土裂缝宽度迅速发展，截面曲率和跨中挠度显著增加。

构件的承载力仍呈现增长趋势，试件表现出良好的延性。由于试件具有良好的延性，除了发生剪切破坏的试件有明显的下降段以外，其他试件均没有下降段。试验测得双钢板-混凝土组合梁荷载-挠度曲线如图 4.7 所示，其中图 4.7 展示了钢板厚度、连接件间距、剪跨比和核心混凝土强度对荷载-挠度曲线的影响。

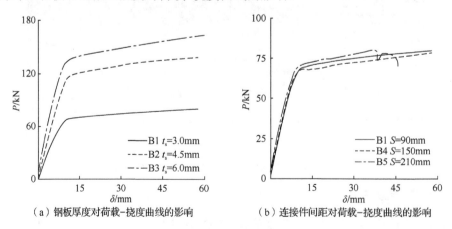

（a）钢板厚度对荷载-挠度曲线的影响　　　（b）连接件间距对荷载-挠度曲线的影响

图 4.7　试验荷载-挠度曲线

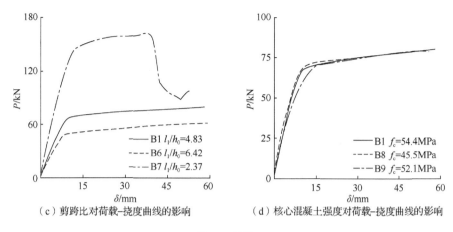

（c）剪跨比对荷载-挠度曲线的影响　　　　　　（d）核心混凝土强度对荷载-挠度曲线的影响

图 4.7（续）

3. 荷载-应变曲线

　　试验中在组合梁下部受拉钢板的跨中和加载点处沿梁截面长度方向布置了应变片，用 ST 表示；在受压钢板跨中处沿梁截面长度方向布置了应变片，用 SC 表示。试验测得的试件弯曲应变与荷载变化关系曲线如图 4.8 所示，由此可以看出：受拉钢板应变达到屈服应变后，其荷载增加较达到屈服应变之前增长明显缓慢，与图 4.6 中的典型荷载-挠度曲线的第三阶段对应。试件 B1-1、B1-3、B3、B9 受压钢板上的应变达到屈服应变，结合图 4.5（b）中的破坏形态分析，试件 B1-1、B1-3、B3 均未发生钢板的局部屈曲现象，试件 B9 跨中位置受压钢板发生局部屈曲，此时受压钢板应变超过屈服应变，因此屈曲类型属于塑性屈曲[1]。试件 B4 和试件 B5 受压钢板应变未达到屈服应变，结合其破坏形态，受压钢板处发生了局部屈曲，屈曲类型属于弹性屈曲[1]。这种现象的产生主要是受压钢板距厚比过大，弹性屈曲不仅影响试件的使用，同时未充分发挥材料的性能，因此在设计中应该控制距厚比的限值。

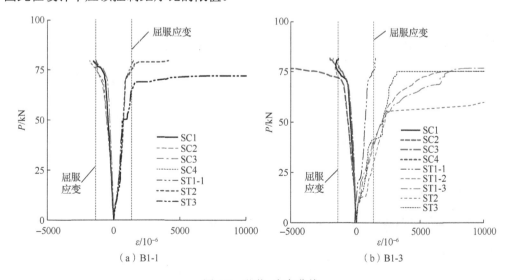

（a）B1-1　　　　　　　　　　　　　　　　（b）B1-3

图 4.8　荷载-应变曲线

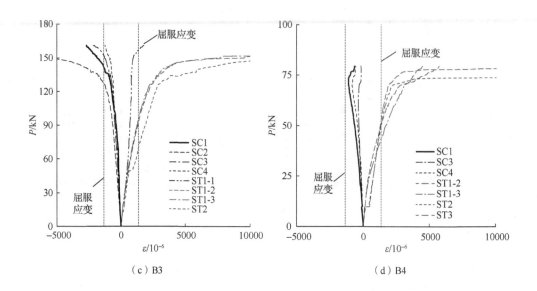

（c）B3　　　　　　　　　（d）B4

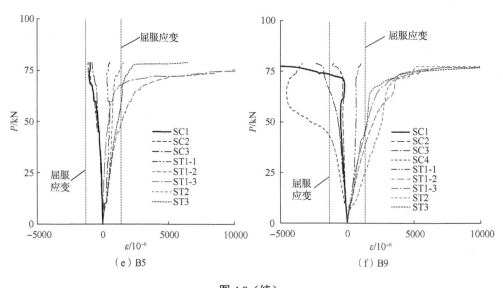

（e）B5　　　　　　　　　（f）B9

图 4.8（续）

4. 试验结果分析

结合试验结果曲线和试验现象，整理后得到双钢板-普通混凝土组合梁的试验结果，如表 4.3 所示。

表 4.3　双钢板-普通混凝土组合梁的试验结果

试件编号	$K_{0,T}$/(kN/mm)	$K_{0,a}$/(kN/mm)	$K_{0,T}/K_{0,a}$	$K_{1,T}$/(kN/mm)	$K_{1,a}$/(kN/mm)	$K_{1,T}/K_{1,a}$	$P_{0,T}$/kN	$P_{0,a}$/kN	$P_{0,T}/P_{0,a}$	$P_{y,T}$/kN	$P_{y,a}$/kN	$P_{y,T}/P_{y,a}$	$P_{u,T}$/kN	$P_{u,a}$/kN	$P_{u,T}/P_{u,a}$
B1-1	14.8	16.1	0.92	8.9	9.3	0.96	11.6	12.3	0.95	68.3	64.7	1.06	76.3	70.0	1.09
B1-2	17.5	16.2	1.08	8.2	9.3	0.88	11.1	12.3	0.90	68.1	64.9	1.05	74.8	70.2	1.07
B1-3	18.3	16.2	1.13	9.1	9.3	0.98	10.9	12.3	0.88	69.8	64.8	1.08	75.4	70.1	1.08
B2	24.1	21.8	1.11	13.9	15.5	0.89	13.6	16.7	0.82	118.4	107.7	1.10	135.3	117.6	1.15
B3	27.7	24.0	1.16	20.8	18.1	1.15	15.4	18.5	0.83	136.0	130.2	1.04	152.1	142.7	1.07
B4	17.3	16.5	1.05	8.9	9.5	0.94	11.9	12.5	0.96	65.8	65.3	1.01	75.2	69.1	1.09
B5	14.8	16.3	0.91	10.1	9.4	1.08	11.6	12.4	0.94	69.6	65.0	1.07	78.2	67.4	1.16
B6	13.3	14.2	0.93	7.0	8.2	0.86	9.8	9.4	1.05	50.3	49.3	1.02	57.1	53.4	1.07
B7	26.4	29.3	0.90	14.9	16.8	0.89	21.0	24.2	0.87	141.8	127.0	1.12	162.1	137.4	1.18
B8	15.4	16.5	0.94	10.0	9.2	1.09	12.3	12.4	0.99	69.0	65.4	1.06	75.1	70.6	1.06
B9	15.2	16.7	0.92	9.1	9.7	0.94	10.8	11.6	0.93	69.7	65.5	1.06	77.4	70.9	1.09
均值			1.00			0.97			0.92			1.06			1.10
标准差			0.10			0.10			0.07			0.03			0.04

注：$K_{0,T}$为试验测得的组合梁开裂前的初始刚度；$K_{0,a}$为理论计算得到的组合梁开裂前的初始刚度；$K_{1,T}$为试验测得到混凝土开裂后，下钢板屈服前的试件刚度；$K_{1,a}$为理论计算得到混凝土开裂后，下钢板屈服前理论计算的试件刚度；$P_{0,T}$为试验记录的混凝土开裂时的荷载；$P_{0,a}$为理论计算得到的混凝土开裂时的荷载；$P_{y,T}$为试验测得的下钢板达到屈服时的对应荷载；$P_{y,a}$为理论计算得到的下钢板达到屈服时的对应荷载；$P_{u,T}$为极限荷载，极限荷载取下钢板达到0.01对应应变时对应荷载；$P_{u,a}$为理论计算得到的极限荷载。

（1）钢板厚度

图 4.7（a）描述了钢板厚度（t_s）对双钢板-混凝土组合梁的荷载-挠度曲线的影响。结果表明，试件 B1-1～B1-3、B2、B3 破坏模式均为弯曲失效。图 4.9（a）和（b）显示了钢板厚度对双钢板-混凝土组合梁刚度和强度的影响。

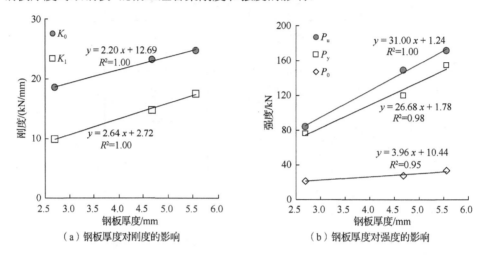

（a）钢板厚度对刚度的影响　　　　　（b）钢板厚度对强度的影响

图 4.9　钢板厚度的影响

结果表明，增加钢板厚度可以显著提高梁的刚度和强度。双钢板-混凝土组合梁的大部分刚度和强度指标几乎与钢板厚度呈线性正相关关系，随着钢板厚度从 3.0mm 增加到 4.5mm 和 6.0mm，初始刚度 K_0 分别提高了 43% 和 64%，弹性刚度 K_1 分别提高了 59% 和 138%。这是由于增加钢板厚度会增加截面惯性矩，从而在混凝土核心未开裂之前或开裂之后增大梁的抗弯刚度。当钢板厚度从 3.0mm 增加到 4.5mm 和 6.0mm 时，双钢板-混凝土组合梁的开裂载荷 P_0 分别提高了 21% 和 38%，屈服载荷 P_y 分别提高了 72% 和 98%，双钢板-混凝土组合梁的极限载荷 P_u 分别提高了 79% 和 101%。结果表明：①当钢板厚度从 3.0mm 增加到 6.0mm 时，双钢板-混凝土组合梁的强度指标都呈线性增加；②钢板厚度对开裂荷载的影响小于对结构屈服荷载和极限荷载的影响，这是因为梁的开裂荷载受混凝土的抗拉强度控制，而钢板厚度的增加对截面开裂弯矩的影响非常有限。增加钢板厚度实际上提高了截面的含钢率，试验中钢板厚度从 3.0mm 分别增加到 4.5mm 和 6.0mm，截面含钢率从 4.3% 分别增加到 7.3% 和 8.6%，双钢板-混凝土组合梁的屈服荷载和极限荷载也相应提高。

（2）连接件间距

试件 B1、B4 和 B5 研究了剪力连接件间距（S）的影响。图 4.7（b）描述了剪力连接件间距对双钢板-混凝土组合梁荷载-挠度曲线的影响。

结果表明，剪力连接件间距从 90mm 增加到 210mm 时对双钢板-混凝土组合梁的荷载-挠度性能影响不大，但由于连接件间距为 210mm 的试件受压钢板发生局部屈曲，跨中挠度约为 40mm 梁的延性降低，承载力有小幅度下降。图 4.10 显示了连接件间距对双钢板-混凝土组合梁刚度和强度的影响。当连接件间距从 90mm 增加到 210mm 时，对初始刚度 K_0 和弹性刚度 K_1 的影响相反，即剪力连接件间距增加对弹性刚度 K_1 的影响成正比，对初始刚度 K_0 的影响呈负相关关系。然而，连接件间距的变化对刚度的影响十分有限，影响范围在 15% 以内，这可能是由于混凝土抗拉强度的离散性和试验误差造成的。图 4.10 还表明，剪力连接件间距从 90mm 增加到 210mm 时对双钢板-混凝土组合梁的强度影响有限。随着连接件间距的增加，开裂荷载 P_0、屈服荷载 P_y 和极限荷载 P_u 值分别只改变了 3%、6% 和 4%，这些刚度和强度的变化值可能受试件尺寸离散性的影响。剪力连接件间距从 90mm 增加到 150mm 和 210mm 并没有改变双钢板-混凝土组合梁的弯曲破坏模式。试验结果表明，加强型槽钢剪力连接件的间距应控制在一定范围内，以防止受压钢板发生局部屈曲。

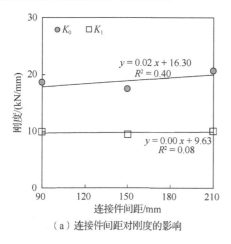
（a）连接件间距对刚度的影响

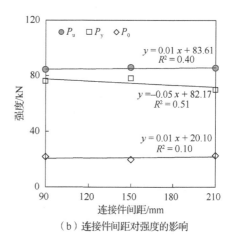
（b）连接件间距对强度的影响

图 4.10 连接件间距对荷载-挠度曲线的影响

（3）剪跨比

图 4.7（c）显示了剪跨比（$\lambda = l_1/h_0$，h_0 为截面高度）对双钢板-混凝土组合梁的荷载-挠度曲线的影响。图 4.11 显示了剪跨（l_1）对双钢板-混凝土组合梁刚度和强度的影响。

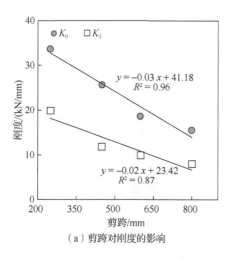
（a）剪跨对刚度的影响

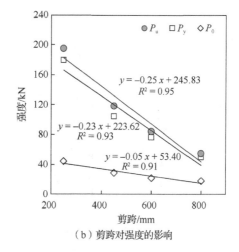
（b）剪跨对强度的影响

图 4.11 剪跨对荷载-挠度曲线的影响

结果表明：①剪跨比从 2.37 增加到 6.42，SCSSB-EC 从弯剪组合破坏模式逐渐变为纯弯曲破坏，梁的变形能力和延性提高；②随着剪跨比从 2.37 增加到 6.42，双钢板-混凝土组合梁的刚度和强度随剪跨的增大呈负线性关系。当剪跨从 295mm 增加到 600mm 和 800mm 时，双钢板-混凝土组合梁的初始刚度 K_0（弹性刚度 K_1）分别降低 36%（41%）和 50%（或 53%），开裂荷载 P_0 分别降低 47% 和 53%，屈服荷载 P_y 和极限荷载 P_u 分别降低 52% 和 65%。即使试件屈服荷载和极限荷载均降低，但作用在横截面跨中的弯矩几乎不变。例如，当剪跨从 295mm 增加到 600mm 和 800mm 时，跨中截面的极限弯矩等于 20.9kN·m、20.6kN·m 和 20.1kN·m，而跨中截面的屈服弯矩等于 23.9kN·m、22.6kN·m 和 22.8kN·m，这说明剪跨比的变化不会改变破坏模式，仅在剪跨长度为 295 mm 的试件的强化阶段发生剪切破坏。即使在较小的剪跨比 2.37 时，也能保证试件的弯曲破坏模式，这进一步说明了新型加强槽钢剪力连接件的有效性和新型剪力连接件为截面抗剪提供的抗剪强度。Yan 等[2]研究表明，设计剪跨比为 2.36，连接件间距相同的采用 J 型钩连接件（或重叠大头栓钉）的双钢板-混凝土组合梁在典型剪切模式下失效。与传统的重叠大头栓钉剪力连接件和 J 型钩剪力连接件相比，新型加强槽钢剪力连接件在双钢板-混凝土组合梁中发挥了更好的连接性能。

（4）混凝土强度

混凝土强度（f_c）对双钢板-混凝土组合梁荷载-挠度行为的影响如图 4.7（d）所示。混凝土强度对双钢板-混凝土组合梁刚度和强度的影响如图 4.12 所示。结果表明，当混凝土强度从 45.5MPa 增加到 52.1MPa 和 54.4MPa 时，其对双钢板-混凝土组合梁荷载-挠度行为的影响很小。双钢板-混凝土组合梁的初始刚度 K_0 随混凝土强度的增大而增加。此外，当混凝土强度从 45.5MPa 增加到 52.1MPa 和 54.4MPa 时，其对屈服荷载 P_y 和极限荷载 P_u 的影响在 3% 以内。混凝土强度对梁的强度和刚度影响十分有限：①核心混凝土抗压强度、抗拉强度和弹性模量方面都表现出很小的差异；②这 3 根梁都以弯曲模式破坏。

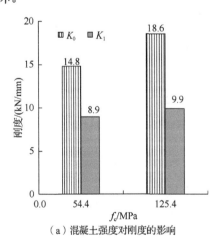

（a）混凝土强度对刚度的影响

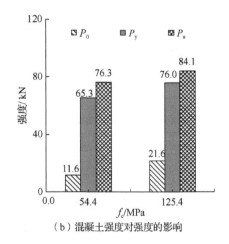

（b）混凝土强度对强度的影响

图 4.12　混凝土强度对荷载-挠度曲线的影响

4.2.3 采用超高性能混凝土的双钢板–混凝土组合梁试验结果

1. 破坏模式

双钢板–UHPC 组合梁的破坏模式如图 4.13 所示。结果表明，所有试件均呈现典型的弯曲破坏形式，其特征是 UHPC 部分出现垂直裂缝，在试件剪跨区段内核心超高性能混凝土部分未发现斜向剪切裂缝。然而，试件 U1 和 U4～U7 中，在两个加载点之间观察到了顶板受压钢板发生了局部屈曲，其余试件钢板没有出现明显的局部屈曲。

（a）试件U1破坏形态

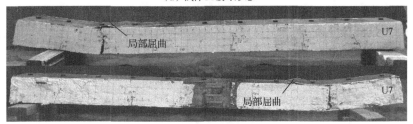

（b）试件U7破坏形态

图 4.13　双钢板–UHPC 组合梁的破坏模式

选取试件 U1 和 U7 来说明双钢板–UHPC 组合梁在顶部钢板发生局部屈曲时的破坏形态。对于弯曲破坏的试件 U1，当荷载增加到约 25kN 时，观察到混凝土表面出现第一条垂直裂缝；荷载约为 75kN 时，观察到顶部受压钢板与核心混凝土上表面发生分离，这意味着局部屈曲开始。当梁跨中挠度为 18mm 时，受压钢板发生严重局部屈曲，试验在跨中挠度为 45mm 时停止加载。对于试件 U7，在 46kN 处观察到混凝土表面出现第一条垂直裂缝；当荷载为 130kN 时，受压钢板与核心混凝土上表面轻微分离；当施加荷载等于 197kN 时，顶部受压钢板发生局部屈曲，主裂缝继续向截面顶部延伸。当跨中挠度增大到 15mm 时，加载点附近受压钢板局部屈曲情况加剧，最终试件因过度变形而破坏，在其剪跨区段内未发现剪切裂缝。

2. 荷载–挠度曲线

双钢板–UHPC 组合梁在四点弯曲试验中的荷载–跨中挠度（P-δ）曲线可分为两类，如图 4.14（a）所示。A 类和 B 类 P-δ 曲线在第 1～3 阶段曲线相近，即曲线 O-A-B-C。第 1～3 阶段为初始弹性阶段、超高性能混凝土开裂后带裂缝工作弹性阶段和非线性发展工作阶段。第一阶段从加载初期开始，到核心混凝土表面出现第一条裂缝［图 4.14（a）中的曲线 OA］。在随后的第二阶段，UHPC 表面裂缝增多，由于混凝土开裂，梁的抗弯刚度降低。第三阶段初期，由于受拉钢板进入屈服，梁展现出非线性的力学行为。在此阶段，垂直裂纹继续向受压钢板底部扩展，截面中性轴逐渐向受压钢板移；在第三阶段末期，两类破坏形式对应的荷载-挠度曲线出现差别。对于 B 类曲线，由于受压钢板长细比大，受压钢板最终发生局部屈曲破坏，局部屈曲导致梁的承载能力降低。因此，对于发生受压钢板局部屈曲的 B 类试件，第四阶段荷载-挠度曲线呈现下降趋势，试件承载能力逐步降低。在 C 点，A 类曲线进入第四阶段：强度硬化阶段。在图 4.14（a）中，试件荷载-挠度曲线出现平台段，试件展现出良好的延性，底部受拉钢板的塑性应变充分发展，最终试件因挠度变形过大而失效。在 D 点，双钢板-UHPC 组合梁达到其极限荷载 P_{u}。

试验测得的荷载-跨中挠度曲线如图 4.14（b）～（d）所示，分别展示了改变钢板厚度、连接件间距及剪跨比对试验荷载-挠度曲线的影响。

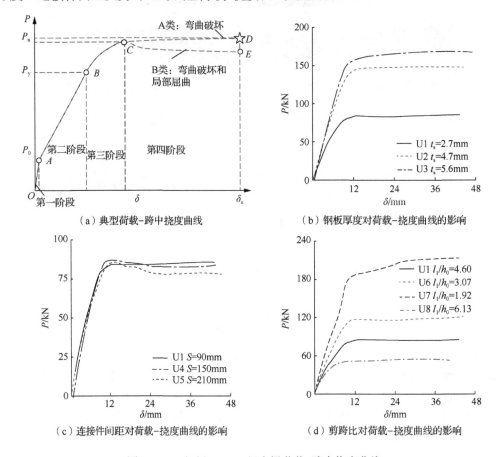

（a）典型荷载-跨中挠度曲线   （b）钢板厚度对荷载-挠度曲线的影响

（c）连接件间距对荷载-挠度曲线的影响   （d）剪跨比对荷载-挠度曲线的影响

图 4.14 双钢板-UHPC 组合梁荷载-跨中挠度曲线

3. 荷载-应变曲线

试验中在下部受拉钢板的跨中和加载点处布置了应变片，用 ST 表示；受压钢板跨中处布置了应变片，用 SC 表示。双钢板-UHPC 组合梁的荷载-应变曲线如图 4.15 所示，其中屈服应变的确定根据钢板材料性能试验数据求得，屈服应变为 1764×10^{-6}。由图 4.15 可知，试件 U1～U3 和 U6 中均有受压应变达到屈服应变，结合其破坏模式，试件 U1 受压钢板发生了局部屈曲，屈曲类型属于塑性屈曲[1]。试件 U4、U5 中，剪力连接件间距为 150mm 和 210mm，其相应距厚比 S/t_{s} 为 50 和 70，荷载-应变曲线结果显示其受压钢板均未达到屈服应变。结合其破坏形式可知，受压钢板的屈曲属于弹性屈曲[1]。设计中应控制剪力连接件间距（距厚比 S/t_s）限值，尽量避免发生局部屈曲。

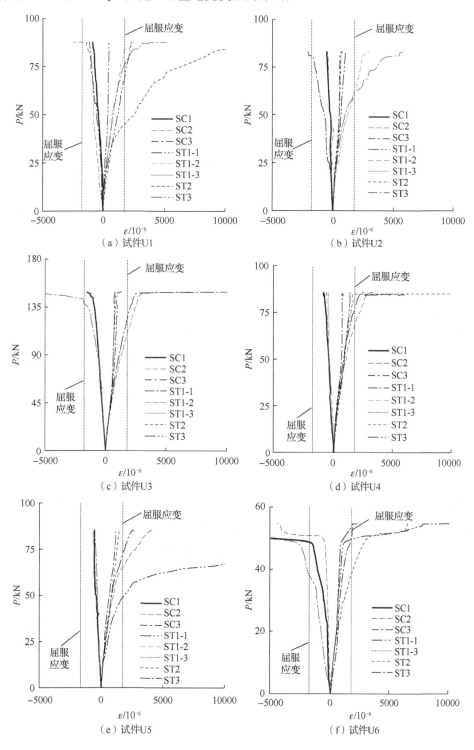

图 4.15　双钢板-UHPC 组合梁的荷载-应变曲线

4. 平截面假定验证

图 4.16 绘制了不同荷载下应变波截面高度分布曲线，试验结果表明：

1）从试验开始到结束，沿梁截面高度的竖向应变分布几乎是线性的，这意味着新型加强型槽钢剪力连接件为双钢板-UHPC 组合梁提供了足够的抗滑移性能。此外，在双钢板-UHPC 组合梁的不同工作阶段，截面仍然保持平面。

2）如图 4.16 所示，随着载荷的增加，中性轴逐渐向上移动。在弹性阶段，3mm 厚钢板的试件中性轴位于距底部约 75mm 处，4.5mm 厚钢板的试件中性轴位置约 80mm 处。随着荷载增加，中性轴逐渐上移。

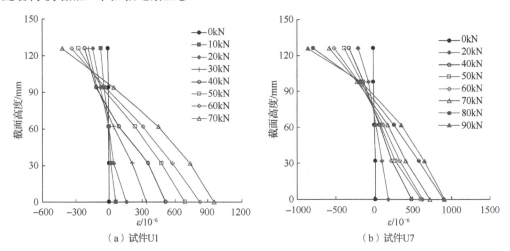

图 4.16　不同荷载下应变沿截面高度分布曲线

5. 试验结果分析

双钢板-UHPC 组合梁的试验结果如表 4.4 所示。表 4.4 中，$K_{0,T}$ 为试验测得的组合梁开裂前的初始刚度；$K_{0,a}$ 为理论计算得到的初始刚度；$P_{0,T}$ 为试验记录到的混凝土开裂时的荷载；$K_{1,T}$ 为混凝土开裂后下钢板屈服前试件的刚度；$P_{y,T}$ 为试验测得的下钢板达到屈服时对应的荷载；$P_{u,T}$ 为极限荷载，极限荷载取下钢板达到 0.01 对应的荷载值；$P_{0,a}$ 为理论计算得到的混凝土开裂时的荷载；$K_{1,a}$ 为混凝土开裂后下钢板屈服前理论计算试件弹性刚度；$P_{y,a}$ 为理论计算得到的下钢板达到屈服应变时对应的荷载；$P_{u,a}$ 为理论计算得到的极限荷载。

表 4.4　试验结果

试件编号	$K_{0,T}$/ (kN/mm)	$K_{0,a}$/ (kN/mm)	$K_{0,T}$/ $K_{0,a}$	$K_{1,T}$/ (kN/mm)	$K_{1,a}$/ (kN/mm)	$K_{1,T}$/ $K_{1,a}$	$P_{0,T}$/ kN	$P_{0,a}$/ kN	$P_{0,T}$/ $P_{0,a}$	$P_{y,T}$/ kN	$P_{y,a}$/ kN	$P_{y,T}$/ $P_{y,a}$	$P_{u,T}$/ kN	$P_{u,a}$/ kN	$P_{u,T}$/ $P_{u,a}$
U1	18.6	18.8	0.99	9.9	9.9	1.00	21.6	22.0	0.98	76.0	75.1	1.01	84.1	77.2	1.09
U2	23.2	24.2	0.96	14.8	16.3	0.91	27.5	28.7	0.96	119.7	122.5	0.98	149.2	126.8	1.18
U3	24.8	27.0	0.92	17.6	19.2	0.91	33.5	31.9	1.05	154.9	147.1	1.05	171.6	151.8	1.13
U4	17.4	19.1	0.91	9.5	9.8	0.97	19.7	22.3	0.88	78.0	73.6	1.06	85.8	75.8	1.13
U5	20.6	19.1	1.08	10.1	9.9	1.02	22.5	22.3	1.01	69.9	71.1	0.98	85.2	73.5	1.16
U6	25.5	23.8	1.07	11.8	12.4	0.96	28.9	29.4	0.98	104.0	99.0	1.05	118.3	101.9	1.16
U7	33.7	34.4	0.98	19.9	18.1	1.10	44.6	43.3	1.03	178.9	146.4	1.22	194.9	151.1	1.29
U8	15.5	15.9	0.97	8.1	8.4	0.95	18.3	16.9	1.09	49.8	50.0	1.00	54.8	51.4	1.07
均值			0.98			0.98			0.99			1.04			1.14
标准差			0.06			0.06			0.06			0.07			0.07

（1）钢板厚度

图 4.14（b）描述了钢板厚度 t_s 对荷载-挠度曲线（P-δ）的影响，图 4.17（a）和（b）分别显示了钢板厚度 t_s 对双钢板-UHPC 组合梁的刚度和强度的影响。

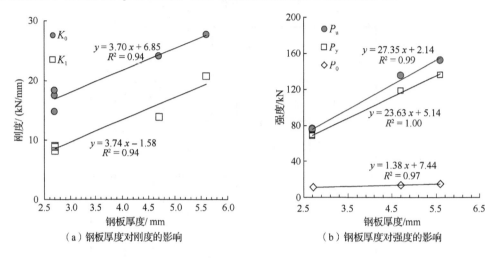

（a）钢板厚度对刚度的影响　　　　　（b）钢板厚度对强度的影响

图 4.17　钢板厚度的影响

由图 4.17 可得如下结论。①钢板厚度 t_s 的改变显著影响荷载-挠度曲线。②试件的初始刚度 K_0 和弹性刚度 K_1 随钢板厚度 t_s 的增大呈线性正相关关系：随着钢板厚度 t_s 从 2.7mm 增加到 4.7mm 和 5.6mm，初始刚度 K_0（或弹性刚度 K_1）分别增加了 25%（49%）和 33%（或 77%），这是因为钢板厚度的增大相当于增大了梁截面惯性矩。此外，在相同的钢板厚度增量下，弹性刚度 K_1 比初始刚度 K_0 增大的幅度更加明显，这是因为 UHPC 开裂后，钢板对梁刚度的贡献增大。③开裂载荷 P_0、屈服载荷 P_y 和极限载荷 P_u 均随钢板厚度 t_s 的增加而线性增大，但钢板厚度对开裂载荷 P_0 的影响小于对屈服载荷 P_y 和极限载荷 P_u 值的影响。当钢板厚度 t_s 从 2.7mm 增加到 4.7mm 和 5.6mm 时，开裂载荷 P_0 分别提高了 27% 和 55%，屈服载荷 P_y 的增量分别为 58% 和 104%，极限载荷 P_u 的增量分别为 77% 和 104%。这是因为在 UHPC 开裂之前，UHPC 对横截面抗弯承载力的贡献大于其对屈服和极限抗弯承载力的贡献，而屈服抗弯承载力和极限抗弯承载力受钢板厚度的影响更大。

此外，随着钢板厚度 t_s 从 2.7mm 增加到 4.7mm 和 5.6 mm，U1 上部受压钢板的局部屈曲在试件 U2 和 U3 得到了避免，这是由于受压钢板的距厚比从 33.3 降低到了 19.2 和 16.2。因此，在设计此类结构时，需要充分考虑受压钢板距厚比对结构承载力和变形的影响。

（2）剪力连接件间距

图 4.14（c）描述了剪力连接件间距 S 对荷载-挠度曲线的影响，图 4.18 显示了剪力连接件间距 S 对刚度和强度的影响。

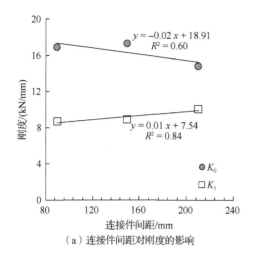
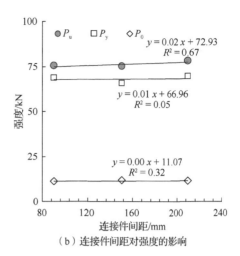

（a）连接件间距对刚度的影响　　　　　　（b）连接件间距对强度的影响

图 4.18　剪力连接件间距的影响

结果表明：

1）当剪力连接件间距 S 从 90mm 增加到 150mm 和 210mm 时，荷载-挠度曲线（P-δ 曲线）非弹性和非线性发展阶段几乎不受影响。但是，由于连接件间距的增大，受压钢板发生更严重的局部屈曲，承载能力下降更为明显，如图 4.14（c）所示。

2）当剪力连接件间距 S 从 90mm 增加到 150mm 和 210mm 时，剪力连接件间距 S 对初始刚度 K_0 和弹性刚度 K_1 影响不大，这是因为剪力连接件间距 S 并不影响试件早期工作阶段的行为，如图 4.18（a）所示。

3）当剪力连接件间距 S 从 90mm 增加到 150mm 和 210mm 时，开裂荷载 P_0 与剪力连接件间距 S 的相关性很低，仅为 0.1，说明其对开裂荷载 P_0 的影响很小。这是因为试件的开裂荷载更多地取决于核心 UHPC 的强度和钢板的厚度，如图 4.18（b）所示。

4）随着连接件间距 S 值的增加，屈服荷载 P_y 和极限荷载 P_u 都略有下降。当 S 从 90mm 增加到 150mm 和 210mm 时，屈服荷载 P_y 分别降低了-3%和 8%（负值表示增加），P_u 分别升高 1%和 2%，因此连接件间距 S 对屈服荷载 P_y 和极限荷载 P_u 的影响很小。这是因为 UHPC 与加强型槽钢剪力连接件之间的相互作用为截面提供了足够的组合效应，不会影响横截面的抗弯性能，如图 4.18（b）所示。

（3）剪跨长度

图 4.14（d）描绘了剪跨比对荷载-挠度曲线的影响。图 4.19 描述了剪跨长度 l_1 对试件刚度和强度的影响。

当剪跨长度 l_1 从 250mm 增加到 450mm、600mm 和 800mm 时，双钢板-UHPC 组合梁的刚度和强度均随剪跨的增加而线性降低。由于所有试件均以弯曲控制模式失效，因此其开裂弯矩、屈服弯矩和极限弯矩非常接近。尤其是剪跨比为 2.41 的 U7 试件，其破坏模式为弯曲模式而非剪切模式，进一步证实了所开发的加强型槽钢剪力连接件与 UHPC 共同提供的黏结性能。对于剪跨比为 6.57 的 U8 试件，由于剪力的影响，剪切与弯曲的相互作用降低了其极限弯矩和屈服弯矩。因此，对于大剪跨的试件，在设计截面抗弯承载力时也需要考虑截面上剪力的影响。

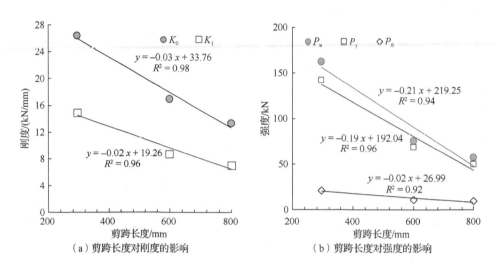

（a）剪跨长度对刚度的影响　　　　（b）剪跨长度对强度的影响

图 4.19　剪跨长度的影响

4.2.4　双钢板-普通混凝土组合梁与双钢板-超高性能混凝土组合梁对比

1. 破坏模式对比

根据双钢板-混凝土组合梁的试验结果和破坏模式，双钢板-普通混凝土组合梁在荷载作用下，其破坏模式可分为三种：弯曲破坏、弯曲破坏与上钢板屈曲混合破坏和剪切破坏；双钢板-UHPC 组合梁在荷载作用下，其破坏模式共分为两种：弯曲破坏和弯曲破坏与上钢板屈曲混合破坏。双钢板-普通混凝土组合梁中剪跨比为 2.37 的试件 B7 前期由弯曲破坏控制，在强化阶段发生了斜截面剪切破坏；双钢板-UHPC 组合梁中剪跨比为 2.41 的试件发生了弯曲破坏。相较于双钢板-普通混凝土组合梁，双钢板-UHPC 组合梁即使在剪跨比很小的情况下也没有出现斜截面的剪切破坏，这是由于：①UHPC 的强度和弹性模量明显高于普通混凝土的强度和弹性模量，因此组合梁抗剪承载力明显提高；②通过第 3 章对双钢板-普通混凝土和双钢板-UHPC 剪力连接件的推出试验的研究，采用 UHPC 的连接件抗剪承载力高于普通混凝土试件 6%；③即使双钢板-普通混凝土组合梁在强化阶段发生了斜截面剪切破坏，加载前期试件呈现弯曲破坏形式，其截面抗弯承载力依旧充分发挥，证明了采用加强型槽钢剪力连接件与混凝土之间提供了充足的黏结性能。

2. 荷载-挠度曲线及性能指标对比

图 4.20（a）描绘了改变核心混凝土类型对荷载-挠度曲线的影响，图 4.20（b）和（c）分别描绘了改变核心混凝土类型对组合梁刚度和强度的影响。结果表明，采用抗压强度为 125.4MPa 的 UHPC 提高了双钢板-混凝土组合梁的极限承载力，同时也提高了组合梁刚度。随着混凝土单轴抗压强度 f_c 从 54.4MPa 增加到 125.4MPa，初始刚度 K_0、弹性刚度 K_1、开裂荷载 P_0、屈服荷载 P_y 和极限荷载 P_u 分别增加了 25%、11%、86%、16%和 10%，这是由于 UHPC 表现出更高的抗压和抗拉强度。除此以外，改变核心混凝土类型对双钢板-混凝土组合梁开裂荷载 P_0 的影响最为显著，这是因为采用添加了钢纤

维的 UHPC 比普通混凝土具有更好的抗拉性能。试验中观察到，混凝土开裂后，裂缝处仍有钢纤维紧密相连，混凝土受拉性能并未完全丧失，受拉区混凝土仍为截面抗弯承载力做出贡献。

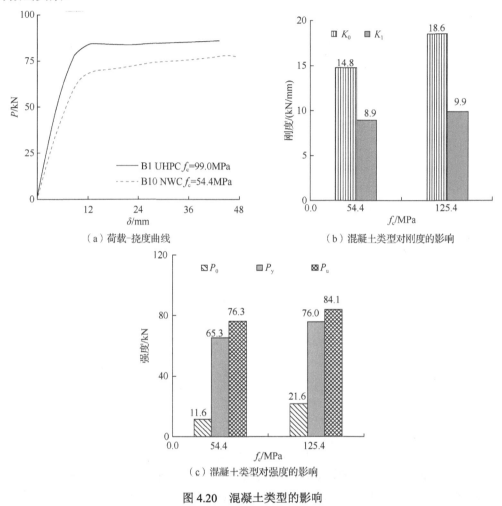

（a）荷载-挠度曲线　　　　　　　（b）混凝土类型对刚度的影响

（c）混凝土类型对强度的影响

图 4.20　混凝土类型的影响

4.3　采用加强型槽钢连接件双钢板-混凝土组合梁设计理论

包括受弯构件在内的双钢板-混凝土组合构件的正截面受弯承载力应满足如下基本假定：①混凝土截面应变始终保持平面；②不考虑普通混凝土的抗拉强度，考虑 UHPC 的抗拉强度；③截面组合效应保证为全截面组合；④初始工作阶段中性轴位于截面中间。

4.3.1　初始刚度及开裂荷载计算

1. 初始刚度 K_0

双钢板-混凝土组合梁在两点加载作用下其挠度变形如图 4.21 所示，跨中挠度 δ_{max} 由式（4.1）确定[2]：

$$\delta_{\max} = \delta_{\mathrm{m}} + \delta_{\mathrm{v}} = \frac{PL^3}{6D}\left[\frac{3a}{4L} - \left(\frac{a}{L}\right)^3\right] + \frac{Pa}{2S_{\mathrm{z}}} \tag{4.1}$$

式中，$\delta_{\max}$ 为梁的跨中挠度；δ_{m} 为由梁的弯曲变形引起的挠度；δ_{v} 为梁的剪切变形引起的挠度；P 为作用在梁上的荷载；a 为支座到加载点的距离；L 为梁的跨度；D 为双钢板-混凝土组合梁的抗弯刚度 EI_0，组合截面抗弯刚度计算如式（4.3）所示；S_{z} 为双钢板-混凝土组合梁的抗剪刚度，计算如式（4.4）所示。

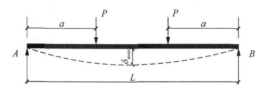

图 4.21　两点加载下梁挠度变形

根据试验结果，初始刚度 K_0 定义为荷载-挠度曲线的初始斜率，作用在梁上的荷载由分配梁均匀分配到两个加载块上，因此整理后双钢板-混凝土组合受弯构件的初始刚度计算如下：

$$\frac{1}{K_0} = \frac{L^3}{12EI_0}\left[\frac{3l_1}{4L} - \left(\frac{l_1}{L}\right)^3\right] + \frac{l_1}{4S_{\mathrm{z}}} \tag{4.2}$$

$$EI_0 = E_{\mathrm{c}}I_{\mathrm{c}} + E_{\mathrm{s}}I_{\mathrm{s}} = \frac{E_{\mathrm{c}}Bt_{\mathrm{c}}^3}{12} + 2\left[\frac{E_{\mathrm{s}}Bt_{\mathrm{s}}^3}{12} + E_{\mathrm{s}}Bt_{\mathrm{s}}\left(\frac{t_{\mathrm{c}}}{2} + \frac{t_{\mathrm{s}}}{2}\right)^2\right] \tag{4.3}$$

$$S_{\mathrm{z}} = \frac{G_{\mathrm{c}}'h_{\mathrm{c}}B}{\kappa_{\mathrm{s}}} \tag{4.4}$$

$$G_{\mathrm{c}}' = \frac{G_{\mathrm{c}}}{1 + E_{\mathrm{c}}h_{\mathrm{c}}^2 / (6E_{\mathrm{s}}t_{\mathrm{s}}e)} \tag{4.5}$$

式中，l_1 和 L 分别为剪跨长度和梁的总跨度，mm；I_{c} 和 I_{s} 分别为混凝土和钢板提供的截面惯性矩，mm^4；B 为梁的截面宽度，mm；t_{c} 和 t_{s} 分别为核心混凝土和钢板厚度，mm；E_{c} 为混凝土的弹性模量，MPa；E_{s} 为钢材的弹性模量，MPa；S_{z} 为梁的抗剪刚度；G_{c} 和 G_{c}' 分别为未开裂和带裂缝工作的混凝土剪切模量；$e = t_{\mathrm{c}} + t_{\mathrm{s}}$，为拉压钢板中心线间距离；$\kappa_{\mathrm{s}}$ 为截面上剪应力分布不均匀系数，矩形截面取 1.2。

2. 开裂荷载 P_0

受拉混凝土处于开裂临界状态时双钢板-混凝土组合结构的截面应力与应变分布如图 4.22 所示，其中截面应变分布满足平截面假定，混凝土和钢材处于弹性阶段，此时应力应变关系满足线性关系 $\sigma = E\varepsilon$。开裂弯矩 M_0 的计算如下：

$$M_0 = \frac{1}{3}Bf_{\mathrm{t}}t_{\mathrm{c}}^2 + B\sigma_{\mathrm{sc,m}}t_{\mathrm{s}}(t_{\mathrm{c}} + t_{\mathrm{s}}) \tag{4.6}$$

$$\sigma_{\mathrm{sc,m}} = 0.5(\sigma_{\mathrm{sc,e}} + \sigma_{\mathrm{sc,i}}) = \frac{(t_{\mathrm{c}} + t_{\mathrm{s}})E_{\mathrm{s}}f_{\mathrm{t}}}{t_{\mathrm{c}}E_{\mathrm{c}}} \tag{4.7}$$

式中，$\sigma_{\mathrm{sc,m}}$ 为钢板中线处应力值，MPa；$\sigma_{\mathrm{sc,e}}$ 和 $\sigma_{\mathrm{sc,i}}$ 分别为钢板外边缘与内边缘应力值，MPa。

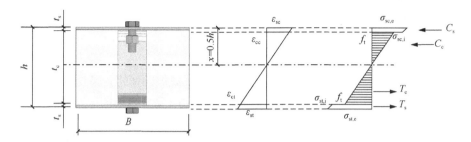

图 4.22　未开裂阶段截面应力与应变分布

如图 4.23 所示，根据两点对称加载理论，换算出此时开裂荷载 P_0 为

$$P_0 = 2M_0 / (l_1 + 0.025) \tag{4.8}$$

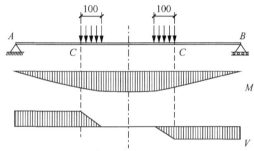

图 4.23　荷载作用下梁的弯矩与剪力分布（尺寸单位：mm）[2]

4.3.2　弹性刚度及屈服荷载计算

1. 弹性刚度 K_1

混凝土开裂后，构件的弹性刚度 K_1 计算与初始刚度 K_0 的算法一致，其中由于受拉混凝土开裂，双钢板-混凝土组合梁的抗弯刚度 EI 和抗剪刚度 S 的算法有区别，如式（4.10）和式（4.13）所示。计算梁的抗弯刚度 EI 时，截面的惯性矩忽略开裂混凝土对中性轴的贡献，通过平行移轴公式计算截面对中性轴的惯性矩如式（4.11）和式（4.12）所示；梁的抗剪刚度 S 计算中考虑混凝土开裂后对梁抗剪刚度的影响，因此对抗剪刚度进行折减，折减系数为 0.95[3]，其计算如式（4.13）和式（4.14）所示。

$$\frac{1}{K_1} = \frac{L^3}{12EI_1}\left[\frac{3l_1}{4L} - \left(\frac{l_1}{L}\right)^3\right] + \frac{l_1}{4S_z} \tag{4.9}$$

$$EI_1 = E_c I_c + E_s I_s \tag{4.10}$$

$$I_s = 2\frac{bt_s^3}{12} + Bt_s\left[\left(x - \frac{t_s}{2}\right)^2 + \left(h - x - \frac{t_s}{2}\right)^2\right] \tag{4.11}$$

$$I_c = \frac{bx^3}{3} \tag{4.12}$$

$$S_z = \frac{G_c' h_c B}{\kappa_s} \tag{4.13}$$

$$G_c' = \frac{\phi G_c}{1 + E_c h_c^2 / (6E_s t_s e)} \tag{4.14}$$

式中，h 为截面高度，mm；x 为中性轴高度，mm；ϕ 为折减系数，取 0.95。

2. 双钢板-普通混凝土组合梁屈服荷载 P_y

采用普通混凝土浇筑的试件，忽略混凝土开裂后提供的弯矩，当受拉钢板达到屈服强度时，构件进入屈服阶段，屈服状态截面的应力与应变分布如图 4.24 所示。

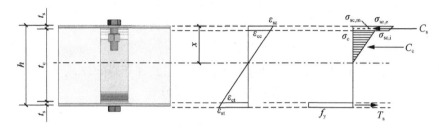

图 4.24　屈服阶段应力与应变分布

对中性轴取矩：

$$M_y = T_s(h-x-0.5t_s) + \frac{2}{3}C_c(x-t_s) + C_s(x-0.5t_s) \tag{4.15}$$

式中，T_s 为钢板提供的拉力；C_c 和 C_s 为受压区混凝土和受压钢板提供的抗力。

$$T_s = \min\{Bt_sf_y, n_bN_u\}, \quad C_c = \sigma_cE_cB(x-t_s), \quad C_s = \min\{\sigma_{sc,m}t_sB, n_tN_u\} \tag{4.16}$$

式中，σ_c 为受压边缘混凝土的应力，MPa；$\sigma_{sc,m}$ 为受压钢板中线处对应的应力，MPa；n_b 和 n_t 是焊接在梁半跨顶板和底板上的连接件个数。

$$\sigma_c = E_c\varepsilon_{cc} \quad \sigma_{sc,m} = E_s(\varepsilon_{cc}+\varepsilon_{sc})/2 \tag{4.17}$$

$$\varepsilon_{ct} = \frac{f_y}{E_s}, \quad \varepsilon_{cc} = \frac{x-t_s}{h-x-t_s}\varepsilon_{ct}, \quad \varepsilon_{sc} = \frac{x}{h-x-t_s}\varepsilon_{ct} \tag{4.18}$$

式中，ε_{ct}、ε_{cc} 为受压混凝土上边缘对应的应变；ε_{sc} 为受压钢板上边缘对应的应变。

根据截面应力平衡可知

$$T_s - C_c - C_s = 0 \tag{4.19}$$

根据两点对称加载理论，换算出此时的开裂荷载 P_y，即

$$P_y = 2M_y/(l_1+0.025) \tag{4.20}$$

3. 双钢板-UHPC 组合梁屈服荷载 P_y

采用 UHPC 浇筑的试件考虑 UHPC 抗拉强度，如图 4.25 所示。

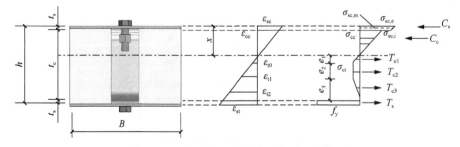

图 4.25　UHPC 屈服阶段应力与应变分布

对中性轴取矩有

$$M_y = T_s(h - x - 0.5t_s) + T_{c3}\left(e_1 + e_2 + \frac{e_3}{3}\right) + T_{c2}(0.5e_2 + e_1)$$

$$+ \frac{2}{3}T_{c1}e_1 + \frac{2}{3}C_c(x - t_s) + C_s(x - 0.5t_s) \tag{4.21}$$

式中，T_s 为下钢板提供的拉力；T_{c1}、T_{c2}、T_{c3} 分别为受拉混凝土提供的拉力；e_1、e_2、e_3 对应应力分布图中的三角形和梯形应力分布部分的高度；C_c 和 C_s 为受压混凝土和受压钢板提供的抗力，C_s 的确定考虑了截面的组合效应。

$$T_s = \min\left\{Bt_s f_y, n_b N_u\right\} \tag{4.22}$$

$$T_{c1} = \frac{\sigma_{ct}}{2}e_1 B, \quad T_{c2} = \sigma_{ct}e_2 B, \quad T_{c3} = \frac{\sigma_{ct}}{2}e_3 B \tag{4.23}$$

$$C_c = \sigma_{cc}E_c B(x - t_s), \quad C_s = \min\left\{\sigma_{sc,m}t_s B, n_t N_u\right\} \tag{4.24}$$

已知 UHPC 的开裂应力和受拉钢板应力应变，根据平截面假定换算出受压钢板和混凝土的应力-应变值，即

$$\sigma_{ct} = f_t, \quad \sigma_{cc} = E_c\varepsilon_{cc}, \quad \sigma_{sc,m} = E_s(\varepsilon_{cc} + \varepsilon_{sc})/2 \tag{4.25}$$

$$e_1 = \frac{\varepsilon_{t0}}{\varepsilon_{sc}}x, \quad e_2 = \frac{\varepsilon_{t1} - \varepsilon_{t0}}{\varepsilon_{t0}}e_1, \quad e_3 = \frac{\varepsilon_{t2} - \varepsilon_{t1}}{\varepsilon_{t0}}e_1 \tag{4.26}$$

$$\begin{cases} \varepsilon_{st} = \dfrac{f_y}{E_s} & \varepsilon_{t0} = \dfrac{f_t}{E_c} \\ \varepsilon_{cc} = \dfrac{x - t_s}{h - x}\varepsilon_{st} & \varepsilon_{sc} = \dfrac{x}{h - x}\varepsilon_{st} \end{cases} \tag{4.27}$$

式中，ε_{cc} 和 ε_{sc} 为受压混凝土和受压钢板应变；ε_{t0}、ε_{t1} 和 ε_{t2} 为 UHPC 受拉本构中对应的应变；ε_{st} 为受拉钢板屈服应变；x 为中性轴高度，mm。

根据截面内力平衡，可知中性轴高度 x 为

$$T_s + T_{c1} + T_{c2} + T_{c3} - C_c - C_s = 0 \tag{4.28}$$

根据两点对称加载理论，可得此时屈服荷载 P_y 为

$$P_y = 2M_y / (l_1 + 0.025) \tag{4.29}$$

4.3.3 极限荷载计算

1. 双钢板-普通混凝土组合梁极限荷载 P_u

极限状态下截面应力与应变分布如图 4.26 所示，受拉区混凝土开裂，受压区混凝土应力分布图简化为矩形；受拉钢板进入屈服状态，受压钢板发生局部屈曲或达到屈服。

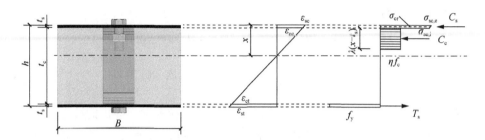

图 4.26　极限状态下截面应力与应变分布

受拉区钢板合力 T_s、受压区钢板合力 C_s 和混凝土合力 C_c 计算如下：

$$T_s = Bt_s f_y, \quad C_s = Bt_s \sigma_{cr} \tag{4.30}$$

$$\sigma_{cr} = \min\left\{ \frac{\pi^2 E_s}{12K(S/t_s)^2}, f_y \right\} \tag{4.31}$$

$$C_c = [\lambda(x - t_s)](\eta f_c)B \tag{4.32}$$

式中，η 和 λ 为受压区混凝土等效矩形应力图系数，与混凝土强度有关，此处 η 取 1.0，λ 取 0.8；σ_{cr} 为受压钢板应力，钢板屈曲应力与钢材屈服应力取小值；K 为边界条件常数，此处取 0.6；S 为剪力连接件间距，mm；t_s 为钢板厚度，mm；B 为截面宽度，mm；f_c 为混凝土棱柱体抗压强度，MPa。

根据截面合力平衡如式（4.33）所示，求出中性轴高度 x 为

$$C_s + C_c = T_s \tag{4.33}$$

对中性轴取矩，弯矩计算如下：

$$M_u = T_s(h - x - 0.5t_s) + C_c[x - 0.5\lambda(x - t_s) - t_s] + C_s(x - 0.5t_s) \tag{4.34}$$

极限荷载 P_u 与截面弯矩计算关系如下：

$$P_u = 2M_u / (l_1 + 0.025) \tag{4.35}$$

2. 双钢板-UHPC 组合梁极限荷载 P_u

图 4.27（a）显示了极限状态下的梁横截面应力与应变分布，中性轴上移，受拉钢板的应变达到 0.01，同时 UHPC 的受压边缘应变接近其单轴受压状态下的峰值应变，因此 UHPC 受压区可以简化为三角形。随着荷载逐渐增加，中心轴向受压钢板底部上移，受压受拉钢板均达到极限强度，此时对应的峰值荷载 P_p 为

$$M_p = T_s(t_c + t_s) \tag{4.36}$$

$$T_s = C_s = f_u t_s B \tag{4.37}$$

$$P_p = 2M_p / (l_1 + 0.025) \tag{4.38}$$

由于试验中的极限荷载 P_u 定义为受拉钢板拉应变达到 0.01 时对应的荷载，因此按图 4.27（b）中的方法，通过屈服荷载 P_y 和峰值荷载 P_p 插值得到极限荷载 P_u，即

$$P_u = P_y + \frac{\varepsilon_u - \varepsilon_y}{\varepsilon_p - \varepsilon_y}(P_p - P_y) \tag{4.39}$$

式中，P_u 为极限荷载；P_y 为屈服荷载；P_p 为峰值荷载；ε_y 为受拉钢板屈服应变；ε_u 为 0.01；ε_p 为钢板达到极限抗拉强度时对应的应变。

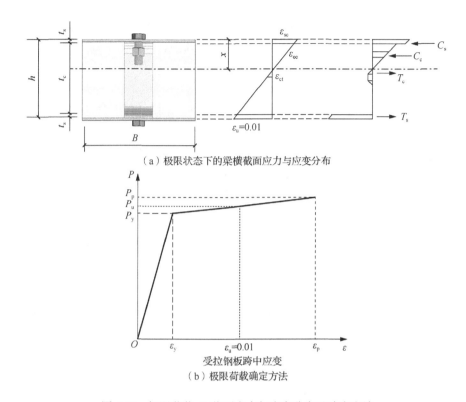

（a）极限状态下的梁横截面应力与应变分布

（b）极限荷载确定方法

图 4.27   极限荷载 P_u 截面应力与应变分布及确定方法

4.3.4   计算值与试验值比较

双钢板-普通混凝土组合梁计算出的刚度和承载力与表 4.3 中的试验值进行了比较，反映了所建立的理论模型对这些刚度和强度指标的预测是合理的。与试验结果相比，初始刚度 K_0 和弹性刚度 K_1 的平均试验预测比分别为 1.00 和 0.97，标准差（STDEVs）分别为 0.10 和 0.10；开裂荷载 P_0 预测值比试验值高估了 8%，其标准差为 0.07；同时，屈服荷载 P_y 的试验值与理论值之比为 1.06，相应的标准偏差为 0.03；极限荷载 P_u 的试验值与理论值之比为 1.10，相应的标准差为 0.04。因此，理论模型可以较好地预测梁的刚度，其误差在 3%以内。初始刚度 K_0 和开裂荷载 P_0 的标准差高于屈服荷载 P_y 和极限荷载 P_u 的标准差，这是由于混凝土的抗拉强度比抗压强度的离散性更大。此外，还可以发现梁的屈服荷载 P_y 和极限荷载 P_u 均被低估，因为在计算屈服荷载 P_y 时忽略了混凝土应力分布的非线性；同时，极限荷载 P_u 的理论计算中忽略了钢板的强度硬化，因此理论计算较试验值更为保守。

双钢板-UHPC 组合梁计算出的刚度和承载力与表 4.4 中的试验值进行了比较。①初始刚度 K_0 和弹性刚度 K_1 的平均预测比均为 0.98，标准差均为 0.06，建立的理论模型为双钢板-UHPC 组合梁的刚度提供了相对准确的估计。在 9 个试验中，初始刚度 K_0 和弹性刚度 K_1 的预测误差均小于 10%，理论计算的误差主要来源于 UHPC 弹性模量和钢材弹性模量离散。②强度指标开裂荷载 P_0、屈服荷载 P_y 和极限荷载 P_u 的平均试验预测比分别为 0.99、1.04 和 1.14，标准差分别为 0.06、0.07 和 0.07，建立的理论计算模型对双钢板-UHPC 组合梁强度的预测是合理的。与其他指标的预测结果相比,极限荷载的预测结果更为保守,理论模型平均低估了 14%的极限荷载,这是由于理论模型中采用线性插值法来确定极限荷载带来了计算误差。

4.4　采用加强型槽钢连接件双钢板-混凝土组合梁数值模拟

本节将基于 ABAQUS 软件建立采用加强型槽钢连接件的双钢板-混凝土组合梁的有限元计算模型,并将计算结果与试验结果进行对比,验证有限元模型的准确性,在此基础上基于有限元模型展开参数分析。

4.4.1　有限元分析模型的建立

1. 材料模型

钢材采用硬化弹塑性模型,采用 von Mises 屈服强度准则,钢材本构曲线简化为三折线。其屈服强度、屈服应变、极限强度、极限应变取值与材料性能试验结果一致。

混凝土采用塑性损伤模型,其中材料单轴受压应力-应变关系式参考 Eurocode 2 中提出的混凝土单轴受压应力-应变本构关系为

$$\sigma_c = \frac{3f_c\varepsilon_c}{\varepsilon_{c0}\left[2+\left(\dfrac{\varepsilon_c}{\varepsilon_{c0}}\right)^3\right]} \tag{4.40}$$

式中,σ_c 为混凝土受压应力,MPa;f_c 为混凝土圆柱体抗压强度,MPa;ε_c 为混凝土受压应变;ε_{c0} 为混凝土峰值压应变。

钢板、普通混凝土本构关系如图 4.28 所示。

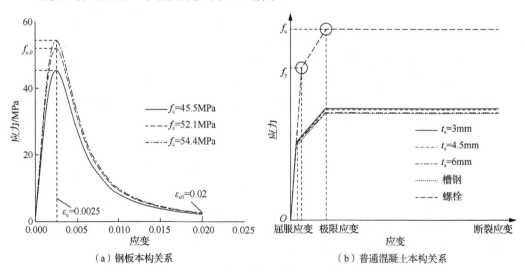

（a）钢板本构关系　　　　　　　　　（b）普通混凝土本构关系

图 4.28　钢材、普通混凝土本构关系

采用断裂能 GFI 对混凝土受拉性能进行定义,断裂能的定义参考 CEB-FIP,计算方

法如下：

$$G_{\mathrm{f}} = G_{\mathrm{f0}} \left(\frac{f_{\mathrm{c}}}{10} \right)^{0.7} \qquad (4.41)$$

式中，f_{c} 单位为 MPa。G_{f} 单位为 N/mm。G_{f0} 系数与混凝土最大骨料直径 D_{max} 有关：当 D_{max}=8mm 时，G_{f0}=0.025；当 D_{max}=16mm 时，G_{f0}=0.03；当 D_{max}=32mm 时，G_{f0}=0.058。

UHPC 受压本构采用杨剑等[4]提出的本构模型，UHPC 受拉本构采用张哲等[5]提出的公式，具体如下：

$$\sigma_{\mathrm{t}} = \begin{cases} f_{\mathrm{t}} \dfrac{\varepsilon_{\mathrm{t}}}{\varepsilon_{\mathrm{t0}}} & 0 \leqslant \varepsilon \leqslant \varepsilon_{\mathrm{t0}} \\[2mm] f_{\mathrm{t}} & \varepsilon_{\mathrm{t0}} < \varepsilon \leqslant \varepsilon_{\mathrm{tp}} \\[2mm] f_{\mathrm{t}} \dfrac{1}{(1+w/w_{\mathrm{p}})^{p}} & 0 < w \end{cases} \qquad (4.42)$$

$$\sigma_{\mathrm{c}} = \begin{cases} f_{\mathrm{c}} \dfrac{k\gamma - \gamma^{2}}{1+(k-2)\gamma} & 0 < \varepsilon_{\mathrm{c}} \leqslant \varepsilon_{\mathrm{c0}} \\[2mm] f_{\mathrm{c}} \dfrac{\gamma}{2(\gamma-1)^{2}+\gamma} & \varepsilon_{\mathrm{c0}} < \varepsilon_{\mathrm{c}} \leqslant \varepsilon_{\mathrm{u0}} \end{cases} \qquad (4.43)$$

式中，f_{t} 和 $\varepsilon_{\mathrm{t0}}$ 为极限抗拉强度和对应应变；f_{c} 和 $\varepsilon_{\mathrm{c0}}$ 为峰值抗压强度和对应应变；W 为裂缝宽度；w_{p} 为峰值裂缝宽度，取 0.25mm；p 为常数，Wang 等[6]建议 p 取 0.95；$\gamma = \varepsilon_{\mathrm{c}}/\varepsilon_{\mathrm{c0}}$；$k=E_{\mathrm{c}}/E_{\mathrm{c0}}$，取值 1.19，$E_{\mathrm{c0}}$ 为 f_{c} 处的切线模量，E_{c} 为 UHPC 的初始弹性模量。UHPC 单轴受压受拉本构关系如图 4.29 所示。

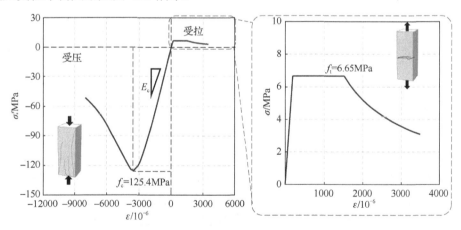

图 4.29　UHPC 单轴受压受拉本构关系

2. 网格划分、边界条件和界面处理

基于 ABAQUS 软件平台建立采用加强型槽钢连接件的双钢板-混凝土组合梁的有限元计算模型，采用软件中的显示模块 ABAQUS/Explicit 进行求解。

模型中的钢板、混凝土、槽钢、螺栓、加载块及支座均选用八节点减缩积分的三维实体单元（C3D8R）模拟，单元整体网格尺寸为 10mm，槽钢和螺栓细部尺寸为 1.5mm。

模型中选用的网格尺寸可以较好地控制实体单元长边与短边之比，保证网格的均匀性。构件采用 1/4 对称建模的方式，两个对称面施加对称约束。在跨中横截面上，施加 $U_X=R_Y=R_Z=0$ 的对称约束，以限制沿 X 方向的位移和沿 Y 轴和 Z 轴方向的旋转；在梁的中截面 XZ 平面上施加 $U_Y=R_X=R_Z=0$，以限制沿 Y 轴方向的位移和沿 X、Z 轴方向的旋转。其边界条件及网格划分如图 4.30 所示。

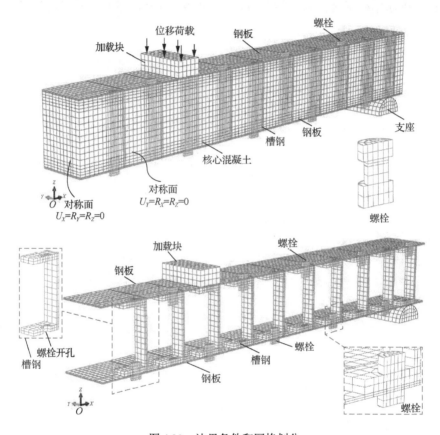

图 4.30　边界条件和网格划分

　　钢板-混凝土、槽钢-混凝土界面采用"通用接触"模型定义，其界面接触属性：法向为硬接触，即垂直于接触面的压力可以在界面上完全传递。切向采用库仑摩擦模拟界面切向力的描述，对于普通混凝土，钢材与混凝土界面切向库仑摩擦系数为 0.4；对于 UHPC，由于混凝土中钢纤维的作用增大了钢材与混凝土表面的摩擦系数，其摩擦系数取值为 0.5。

4.4.2　模型验证

1. 破坏模式验证

　　对有限元模拟的破坏模式与试验破坏模式进行对比，如图 4.31 所示。由于混凝土的裂缝主要由主拉应变产生，采用主应变等值线来绘制混凝土核心裂缝。混凝土裂缝的极限拉伸应变限值参考朱伯芳[7]，即

$$\varepsilon_{t} = a f_{t}^{b} \tag{4.44}$$

式中，ε_{t} 为普通混凝土的极限拉伸应变；f_{t} 为混凝土抗拉强度，MPa；a 和 b 为常数，分别等于 55 和 0.5。

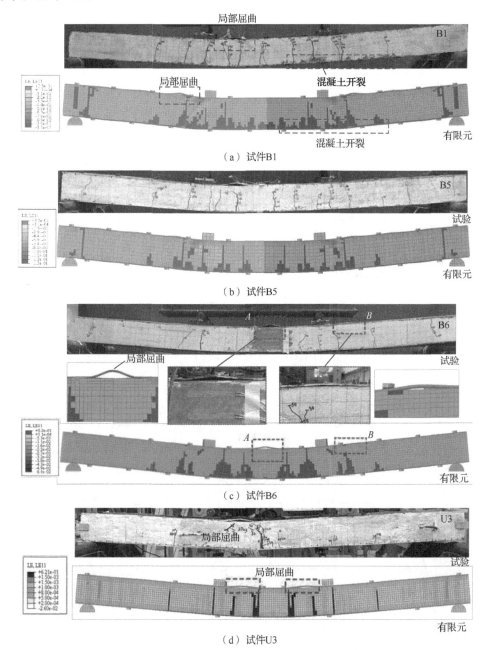

图 4.31　试验破坏模式与有限元破坏模式对比

由图 4.31 可以看出，有限元模型对试验的试件核心混凝土中出现的主要裂缝提供了合理的预测，还可以预测面板发生的局部屈曲。结果表明，所建立的有限元模型能够较好地预测双钢板-混凝土组合梁的弯曲破坏模式。

2. 荷载-挠度曲线验证

将有限元模拟的荷载-挠度曲线与试验荷载-挠度曲线进行对比，如图 4.32 所示。

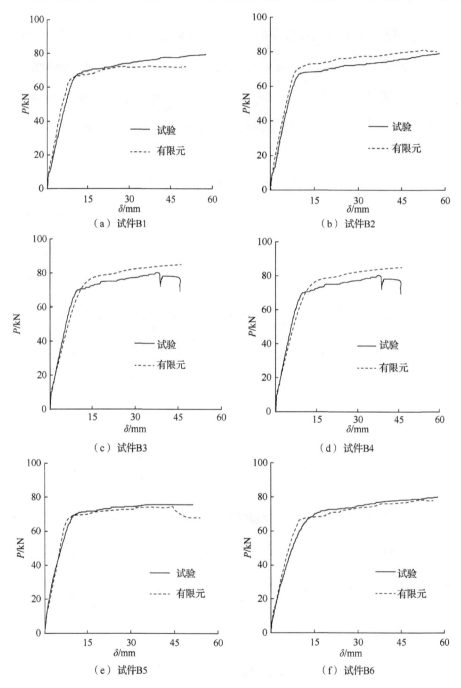

图 4.32　试验与有限元荷载-挠度曲线对比

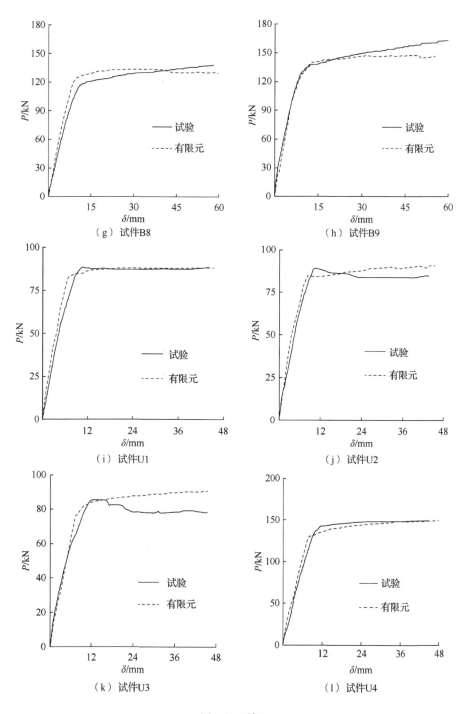

图 4.32（续）

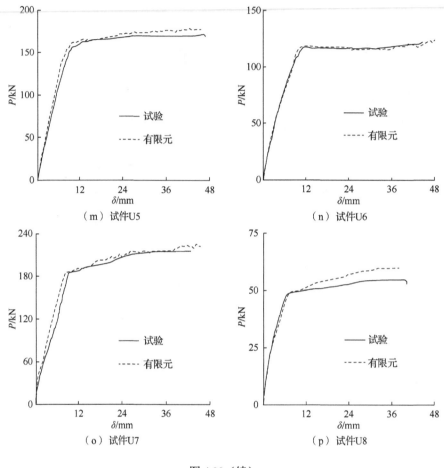

（m）试件U5　　　　　　　　　　　　（n）试件U6

（o）试件U7　　　　　　　　　　　　（p）试件U8

图 4.32（续）

　　结果表明，有限元模拟的荷载-挠度曲线与试验荷载-挠度曲线拟合度较好。试件达到屈服之前，有限元模拟曲线与试验曲线的差异很小；试件 U2、U3 和 U8 的荷载-挠度曲线在强度硬化阶段仍存在一定差异，这些差异可能是由混凝土和钢材料初始缺陷造成的，而这些缺陷在有限元模型中被忽略了。

　　3. 荷载-应变曲线验证

　　双钢板-混凝土组合梁跨中截面受拉和受压钢板试验荷载-应变曲线和数值模拟的荷载-应变曲线对比如图 4.33 所示。从图 4.33 可以看出，计算得到的荷载-应变曲线趋势与实测荷载-应变曲线符合程度良好。

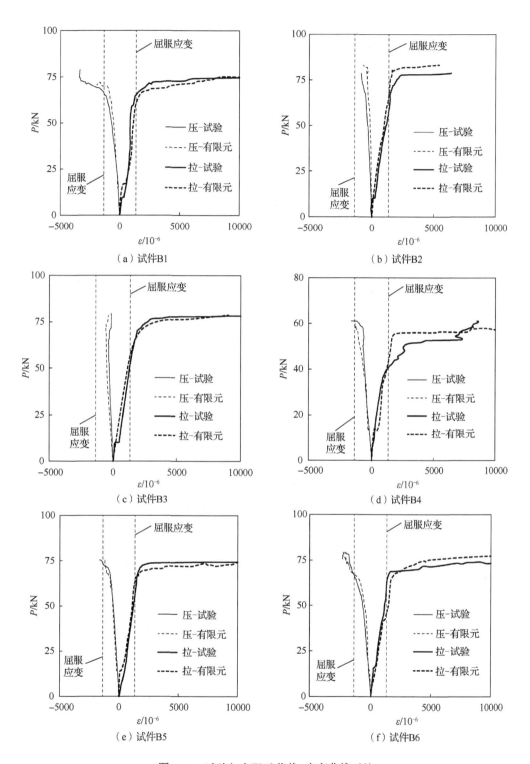

（a）试件B1　　　　　　　　（b）试件B2

（c）试件B3　　　　　　　　（d）试件B4

（e）试件B5　　　　　　　　（f）试件B6

图 4.33　试验与有限元荷载-应变曲线对比

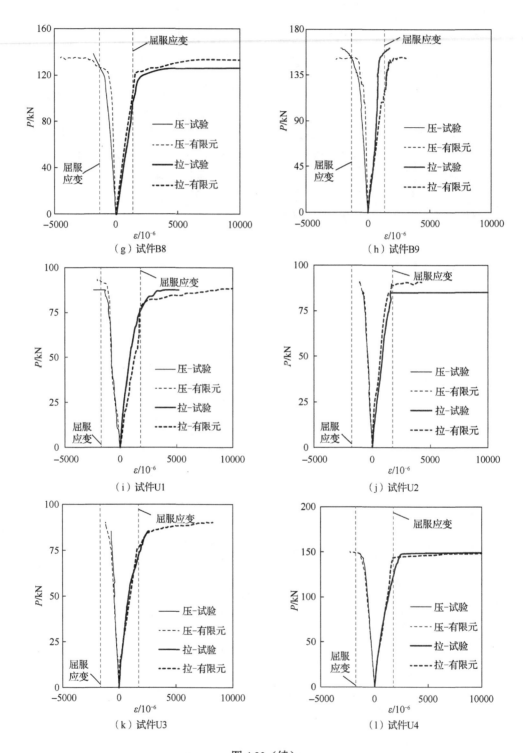

图 4.33（续）

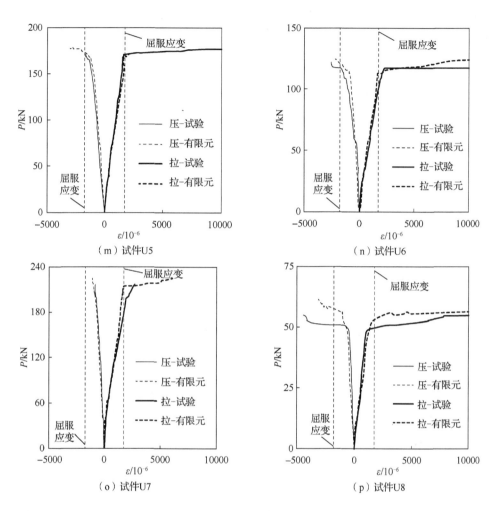

图 4.33（续）

4. 刚度与承载力验证

表 4.5 对试验初始刚度（K_0）、弹性刚度（K_1）和极限强度（P_u）值与有限元模拟的预测值进行了对比。

表 4.5 试验结果与有限元模拟结果对比

构件编号	$K_{0,T}$/(kN/mm)	$K_{0,FE}$/(kN/mm)	$K_{0,T}/K_{0,FE}$	$K_{1,T}$/(kN/mm)	$K_{1,FE}$/(kN/mm)	$K_{1,T}/K_{1,FE}$	$P_{u,T}$/kN	$P_{u,FE}$/kN	$P_{u,T}/P_{u,FE}$
B1	17.5	16.8	1.04	8.2	8.7	0.94	74.8	75.2	0.99
B2	17.3	16.4	1.06	8.9	9.3	0.96	75.2	81.2	0.93
B3	14.8	15.0	0.99	10.1	8.7	1.16	78.2	78.7	0.99
B4	13.3	13.0	1.03	7.0	7.3	0.95	57.1	56.8	1.01
B5	15.4	14.6	1.06	10.0	10.9	0.92	75.1	75.3	1.00

构件编号	$K_{0,T}$/(kN/mm)	$K_{0,FE}$/(kN/mm)	$K_{0,T}$/$K_{0,FE}$	$K_{1,T}$/(kN/mm)	$K_{1,FE}$/(kN/mm)	$K_{1,T}$/$K_{1,FE}$	$P_{u,T}$/kN	$P_{u,FE}$/kN	$P_{u,T}$/$P_{u,FE}$
B6	15.2	16.1	0.94	9.1	9.4	0.97	77.4	77.4	1.00
B8	24.1	24.9	0.97	13.9	13.5	1.03	135.3	133.0	1.02
B9	27.7	25.1	1.1	20.8	19.8	1.05	152.1	150.7	1.01
U1	18.6	19.7	0.94	9.9	10.3	0.96	88.4	88.3	1.00
U2	17.4	16.8	1.04	9.5	10.5	0.91	88.8	90.7	0.98
U3	20.6	18.4	1.12	10.1	10.8	0.94	85.2	90.4	0.94
U4	23.2	23.2	1.00	14.8	15.3	0.97	149.2	150.4	0.99
U5	24.8	24.9	1.00	17.6	18.7	0.94	171.6	177.3	0.97
U6	25.5	23.8	1.07	11.8	12.5	0.95	122.2	124.1	0.98
U7	33.7	35.4	0.95	19.9	22.4	0.89	215.7	215.0	1.00
U8	15.5	15.0	1.03	8.1	8.9	0.90	54.8	59.8	0.92
均值			1.02			0.97			0.98
标准值			0.05			0.07			0.03

注：$K_{0,T}$为试验测得的初始刚度；$K_{0,FE}$为有限元模拟的初始刚度；$K_{1,T}$为试验测得的弹性刚度；$K_{1,FE}$为有限元模拟的弹性刚度；$P_{u,T}$为试验测得的极限荷载；$P_{u,FE}$为有限元模拟的极限荷载。

结果表明，有限元模拟对初始刚度（K_0）、弹性刚度（K_1）和极限强度（P_u）预测误差分别为2%、3%和2%。因此，非线性有限元模型可以对双钢板-混凝土组合梁的刚度和强度指标进行合理的估算。

4.4.3　工作机理分析

图 4.34 显示了双钢板-混凝土组合梁在不同工作阶段的工作机理。

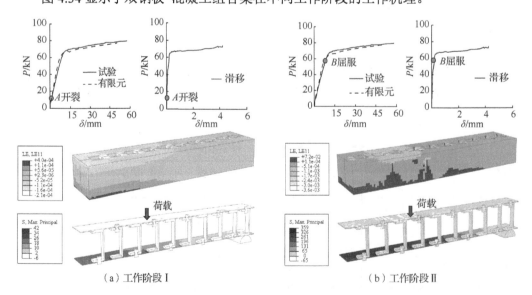

图 4.34　双钢板-混凝土组合梁在不同工作阶段的工作机理

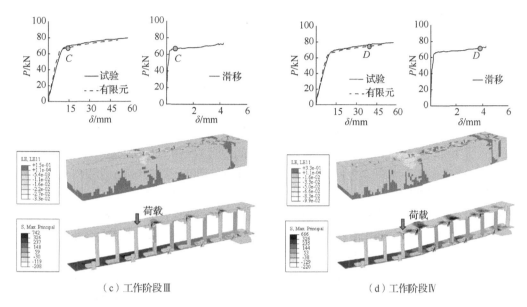

（c）工作阶段Ⅲ 　　　　　　　　　　（d）工作阶段Ⅳ

图 4.34（续）

工作阶段Ⅰ［图 4.14（a）中的曲线 OA 段］：从开始加载，到位于图 4.34（a）所示纯弯曲区段核心混凝土出现裂缝时结束。在这一阶段中，荷载-挠度曲线（P-δ）的初始刚度（K_0）远大于随后的工作阶段Ⅱ。

工作阶段Ⅱ：弹性工作阶段，从核心混凝土第一条受拉裂缝出现开始，到受拉钢板达到屈服为止［图 4.14（a）中的曲线 AB 段］。在该工作阶段，两个加载点之间的受拉钢板逐渐屈服，如图 4.34（b）所示。在该纯弯曲区域，核心混凝土表面出现更多垂直裂缝，并且随着荷载的增加，每条裂缝也继续发展到受压钢板底部。与此同时，加强型槽钢剪力连接件中的螺栓开始屈服，槽钢连接件仍然处于弹性。

工作阶段Ⅲ：非线性发展阶段［图 4.14（a）中的曲线 BC 段］，受拉钢板完全屈服，边缘受压混凝土达到其极限压缩应变，如图 4.34（c）所示。此外，槽钢剪力连接件变形加大，其应变与应力逐渐增加，连接件中越来越多的螺栓达到屈服。

工作阶段Ⅳ［图 4.14（a）中的曲线 CE 段］：受拉钢板中的塑性应变继续发展，受压钢板在某些位置开始屈服，如图 4.34（d）所示。此外，受压混凝土压应变超过 0.0035 的极限压缩应变，这意味着混凝土压碎，梁的剪跨区段内存在较大的剪力，加载点和支座之间区域内连接件中的所有螺栓和槽钢都进入屈服。最终，所有双钢板-混凝土组合梁均因过大的挠度变形或钢板的局部屈曲而失效。

4.4.4 参数分析

在验证了有限元模型的准确性后，展开参数分析，研究不同参数对双钢板-混凝土组合梁结构性能的影响。

1. 参数分析研究案例

参数分析研究选取的参数包括钢板厚度 t_s、剪力连接件间距 S、剪跨比 λ、钢板强度

f_y、槽钢朝向、混凝土强度 f_c 和槽钢长度 L_c。双钢板-混凝土组合梁试件的几何结构如图 4.1 所示。双钢板-混凝土组合梁中的核心混凝土分别采用了 C30、C45、C60 和超高性能混凝土，普通混凝土受压力学性能如图 4.35（b）所示。超高性能混凝土的力学性能如图 4.29 所示。槽钢连接件和螺栓连接件材料性能采用与 4.4.1 节相同的本构。参数分析分为 5 组，共有 71 个算例。为了研究钢板厚度 t_s 对双钢板-混凝土组合梁性能的影响，选择了 5 种厚度不同的钢板，即 T1～T5，其钢板厚度（t_s）分别为 3.0mm、1.0mm、2.0mm、4.7mm 和 5.6mm；为研究剪力连接件间距对双钢板-混凝土组合梁强度和刚度的影响，选择连接件间距 S 分别为 90mm、120mm、150mm、210mm 和 250mm；为研究剪跨比 λ 对试件破坏形态及承载能力的影响，选择了剪跨比 λ 为 1.75、2.26、3.57、4.76、6.51 的试件；为了研究钢板屈服强度对试件力学性能的影响，选取了强度等级为 Q235、Q345、Q460、Q690 和 Q960 的钢材进行分析；为了研究槽钢朝向（水平、竖直）对双钢板-混凝土组合梁的承载力的影响，选取算例 N2-L2 和 N2-D1 进行研究；为研究槽钢长度 L_c 对试件承载力的影响，选取槽钢长度分别为 40mm、50mm 和 60mm 进行研究；核心混凝土分别采用了 C30、C45、C60 普通混凝土和 UHPC。图 4.35（a）显示了用于参数分析的材料本构曲线。表 4.6 列出了参数分析中算例的细节。

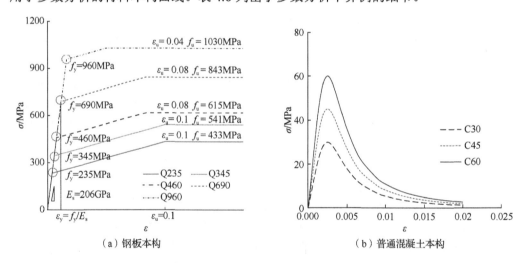

（a）钢板本构　　　　　　　　　　　　（b）普通混凝土本构

图 4.35　材料受压力学性能

表 4.6　参数分析中算例的细节

编号	t_s/mm	S/mm	L_c/mm	槽钢朝向	l_1/mm	λ	f_y/MPa	f_u/MPa	f_c/MPa	$K_{0,a}$/(kN/mm)	$K_{1,a}$/(kN/mm)	$P_{u,a}$/kN
N1-T1	3.0	90	50	V-Web	600	4.76	323	467	30	14.4	8.3	65.9
N1-T2	1.0	90	50	V-Web	600	4.76	323	467	30	5.1	3.9	30.3
N1-T3	2.0	90	50	V-Web	600	4.76	323	467	30	8.7	5.4	49.9
N1-T4	4.5	90	50	V-Web	600	4.76	323	467	30	18.8	13.2	84.1
N1-T5	6.0	90	50	V-Web	600	4.76	323	467	30	22.5	16.1	101
N1-S1	3.0	120	50	V-Web	600	4.76	323	467	30	14.2	8.0	66.4
N1-S2	3.0	150	50	V-Web	600	4.76	323	467	30	14.4	7.5	64.6

续表

编号	t_s/mm	S/mm	L_c/mm	槽钢朝向	l_1/mm	λ	f_y/MPa	f_u/MPa	f_c/MPa	$K_{0,a}$/(kN/mm)	$K_{1,a}$/(kN/mm)	$P_{u,a}$/kN
N1-S3	3.0	210	50	V-Web	600	4.76	323	467	30	14.3	5.6	60.2
N1-L1	3.0	90	40	V-Web	600	4.76	323	467	30	14.3	7.7	59.7
N1-L2	3.0	90	60	V-Web	600	4.76	323	467	30	14.5	9.1	69.3
N1-D1	3.0	90	50	H-Web	600	4.76	323	467	30	14.7	9.6	74.6
N1-R1	3.0	90	50	V-Web	450	3.61	323	467	30	20.3	12.8	79.0
N1-R2	3.0	90	50	V-Web	750	6.00	323	467	30	12.4	7.0	52.8
N2-T1	3.0	90	50	V-Web	600	4.76	323	467	45	15.2	8.6	73.4
N2-T2	1.0	90	50	V-Web	600	4.76	323	467	45	5.4	3.9	31.2
N2-T3	2.0	90	50	V-Web	600	4.76	323	467	45	8.8	5.4	52.0
N2-T4	4.5	90	50	V-Web	600	4.76	323	467	45	19.4	13.2	105.2
N2-T5	6.0	90	50	V-Web	600	4.76	323	467	45	22.8	17.3	127.9
N2-S1	3.0	120	50	V-Web	600	4.76	323	467	45	15.0	8.3	74.0
N2-S2	3.0	150	50	V-Web	600	4.76	323	467	45	15.0	7.4	72.9
N2-S3	3.0	210	50	V-Web	600	4.76	323	467	45	14.9	5.4	65.0
N2-L1	3.0	90	40	V-Web	600	4.76	323	467	45	15.0	7.7	70.0
N2-L2	3.0	90	60	V-Web	600	4.76	323	467	45	15.3	9.1	76.3
N2-D1	3.0	90	50	H-Web	600	4.76	323	467	45	15.8	9.7	77.4
N2-R1	3.0	90	50	V-Web	450	3.61	323	467	45	20.0	12.9	86.3
N2-R2	3.0	90	50	V-Web	750	6.00	323	467	45	12.6	7.1	58.4
N3-T1	3.0	90	50	V-Web	600	4.76	323	467	60	15.6	9.0	78.1
N3-T2	1.0	90	50	V-Web	600	4.76	323	467	60	5.5	3.8	39.4
N3-T3	2.0	90	50	V-Web	600	4.76	323	467	60	8.9	5.5	62.2
N3-T4	4.5	90	50	V-Web	600	4.76	323	467	60	19.9	12.7	120.8
N3-T5	6.0	90	50	V-Web	600	4.76	323	467	60	23.9	17.5	159.0
N3-S1	3.0	120	50	V-Web	600	4.76	323	467	60	15.4	8.8	82.1
N3-S2	3.0	150	50	V-Web	600	4.76	323	467	60	15.4	7.6	81.7
N3-S3	3.0	210	50	V-Web	600	4.76	323	467	60	15.2	6.3	77.6
N3-L1	3.0	90	40	V-Web	600	4.76	323	467	60	15.3	7.7	76.6
N3-L2	3.0	90	60	V-Web	600	4.76	323	467	60	16.0	9.2	79.5
N3-D1	3.0	90	50	H-Web	600	4.76	323	467	60	16.9	9.9	82.6
N3-R1	3.0	90	50	V-Web	450	3.61	323	467	60	19.3	13.8	88.6
N3-R2	3.0	90	50	V-Web	750	6.00	323	467	60	13.2	7.2	61.5
N4-T1	3.0	90	50	V-Web	600	4.76	323	467	125	18.0	11.0	89.5
N4-T2	1.0	90	50	V-Web	581	4.76	323	467	125	10.2	6.0	39.4
N4-T3	2.0	90	50	V-Web	590	4.76	323	467	125	12.8	8.7	65.5
N4-T4	4.7	90	50	V-Web	616	4.76	323	467	125	23.2	15.8	146.1
N4-T5	6.0	90	50	V-Web	628	4.76	323	467	125	26.5	19.6	184.0

续表

编号	t_s/mm	S/mm	L_c/mm	槽钢朝向	l_1/mm	λ	f_y/MPa	f_u/MPa	f_c/MPa	$K_{0,a}$/(kN/mm)	$K_{1,a}$/(kN/mm)	$P_{u,a}$/kN
N4-S1	3.0	120	50	V-Web	600	4.76	323	467	125	17.9	10.4	88.6
N4-S2	3.0	150	50	V-Web	600	4.76	323	467	125	17.7	10.4	89.9
N4-S3	3.0	210	50	V-Web	600	4.76	323	467	125	17.6	9.8	85.4
N4-S4	3.0	250	50	V-Web	600	4.76	323	467	125	17.7	9.5	83.2
N4-R1	3.0	90	50	V-Web	221	1.75	323	467	125	36.5	25.8	214.2
N4-R2	3.0	90	50	V-Web	285	2.26	323	467	125	32.2	21.7	174.6
N4-R3	3.0	90	50	V-Web	450	3.57	323	467	125	23.8	15.1	115.3
N4-R4	3.0	90	50	V-Web	820	6.51	323	467	125	15.4	7.9	64.3
N4-F1	3.0	90	50	V-Web	600	4.76	235	433	125	18.5	10.5	66.3
N4-F2	3.0	90	50	V-Web	600	4.76	345	541	125	18.5	11.0	90.8
N4-F3	3.0	90	50	V-Web	600	4.76	460	615	125	18.5	10.6	120.2
N4-F4	3.0	90	50	V-Web	600	4.76	690	843	125	18.5	10.7	160.5
N4-F5	3.0	90	50	V-Web	600	4.76	960	1030	125	18.5	10.4	207.2
N5-S1	6.0	120	50	V-Web	628	4.76	323	467	125	27.8	20.7	183.0
N5-S2	6.0	150	50	V-Web	628	4.76	323	467	125	27.4	20.0	185.0
N5-S3	6.0	210	50	V-Web	628	4.76	323	467	125	27.4	20.1	182.5
N5-S4	6.0	250	50	V-Web	628	4.76	323	467	125	26.8	17.5	172.3
N5-R1	6.0	90	50	V-Web	218	1.65	323	467	125	74.0	56.0	504.2
N5-R2	6.0	90	50	V-Web	307	2.32	323	467	125	52.9	40.7	375.0
N5-R3	6.0	90	50	V-Web	453	3.43	323	467	125	37.6	28.0	256.6
N5-R4	6.0	90	50	V-Web	835	6.51	323	467	125	20.4	17.2	138.8
N5-F1	6.0	90	50	V-Web	628	4.76	235	433	125	27.3	22.8	136.5
N5-F2	6.0	90	50	V-Web	628	4.76	345	541	125	27.3	22.7	191.4
N5-F3	6.0	90	50	V-Web	628	4.76	460	615	125	27.3	22.8	261.0
N5-F4	6.0	90	50	V-Web	628	4.76	690	843	125	27.3	22.7	352.8
N5-F5	6.0	90	50	V-Web	628	4.76	960	1030	125	27.3	22.8	442.4

注：t_s 为钢板厚度；S 为剪力连接件间距；L_c 为槽钢长度；l_1 为加载点至支座距离；λ 为剪跨比，$\lambda=l_1/(t_c+1.5t_s)$；f_y 为钢板的屈服强度；f_u 为钢板的极限强度；f_c 为核心混凝土的棱柱体抗压强度；$K_{0,a}$ 为参数分析模拟的初始刚度；$K_{1,a}$ 为参数分析模拟的弹性刚度；$P_{u,a}$ 为有限元模拟的极限荷载。

2. 失效模式

图 4.36 显示了参数研究中典型的失效模式。根据是否发生屈曲，发现了两种弯曲破坏模式。图 4.36（a）为第一类弯曲破坏，受拉钢板达到屈服，核心混凝土表面出现由主拉应力引起的垂直裂缝；图 4.36（b）显示了第二类弯曲破坏与钢板屈曲，观察到核心混凝土表面产生的垂直裂缝，受拉钢板达到屈服，同时受压钢板局部屈曲。

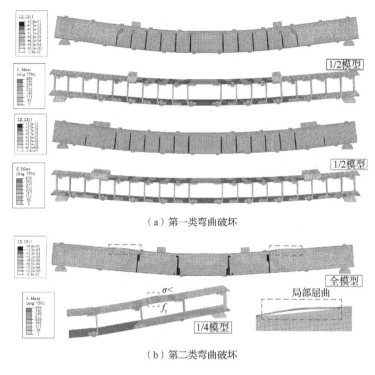

（a）第一类弯曲破坏

（b）第二类弯曲破坏

图 4.36　失效模式

3. 荷载-滑移曲线

图 4.37 显示了双钢板-混凝土组合梁端部荷载-滑移曲线。结果表明，端部滑移一般在 0.5mm 的水平，钢板与混凝土界面间的滑移量得到了较好的控制，进一步证实了加强

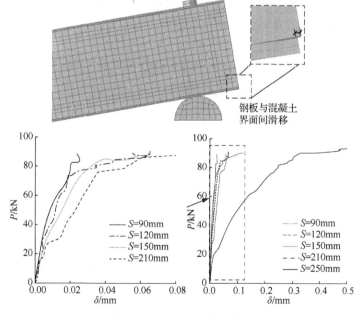

图 4.37　端部荷载-滑移曲线

型槽钢剪力连接件的黏结效率。图 4.37 反映了剪力连接件间距 S 是影响钢板与混凝土间荷载滑移行为的控制参数，对于连接件间距 S 小于 210mm 的组合梁，当试件达到屈服荷载时，其端部滑移量控制在 0.1mm 以内；对于剪力连接件间距 S 为 250mm 的组合梁，其端部滑移量明显增加。因此，在设计该型双钢板-混凝土组合梁时需要充分考虑剪力连接件间距对钢板与混凝土界面间滑移梁的影响。

图 4.38 描绘了双钢板-混凝土组合梁混凝土与钢板界面间典型的荷载-滑移曲线。结果表明：①在受拉钢板达到屈服之前，受拉钢板与混凝土界面间的滑移量与荷载几乎呈线性关系，在受拉钢板屈服后滑移量迅速增大；②在相同的荷载水平下，滑移量随着截面远离跨中的位置而增大，即滑移量在图 4.38 所示的 1~5 点之间变化；③与剪切区段内的钢板与混凝土界面间的滑移相比，纯弯区段内的滑移量（如图 4.38 中的点 1 和 2）稍小。

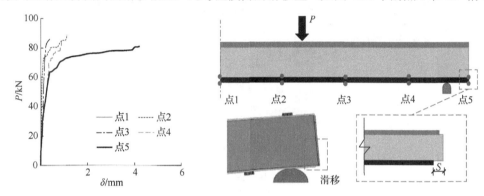

图 4.38　混凝土与钢板界面间典型的荷载-滑移曲线

4. 荷载-应变曲线

图 4.39 描绘了跨中界面和加载点处受压和受拉钢板的典型荷载-应变曲线。结果表明，受拉钢板的屈服和强度硬化导致了荷载-挠度曲线的塑性变形和出现屈服平台。图 4.39 中大多数算例的受压钢板达到屈服应变，而在 N4-R1 中，受压钢板由于距厚比（S/t_s）为 70 而发生弹性屈曲破坏。

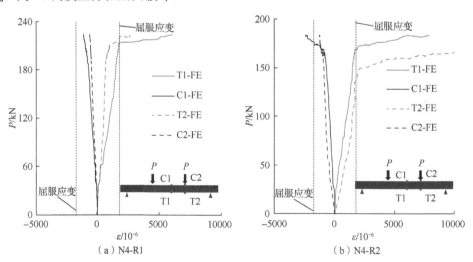

（a）N4-R1　　　　　　　　　（b）N4-R2

图 4.39　跨中界面和加载点处受压和受拉钢板的典型荷载-应变曲线

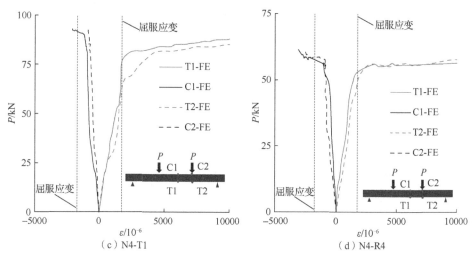

（c）N4-T1　　　　　　　　　　（d）N4-R4

图 4.39（续）

5.　参数影响讨论

（1）钢板厚度的影响

图 4.40（a）描绘了改变钢板厚度（t_s）对双钢板-混凝土组合梁的荷载-挠度曲线的影响，图 4.40（b）和（c）绘制了钢板厚度（t_s）对抗弯承载力和刚度指数的影响。

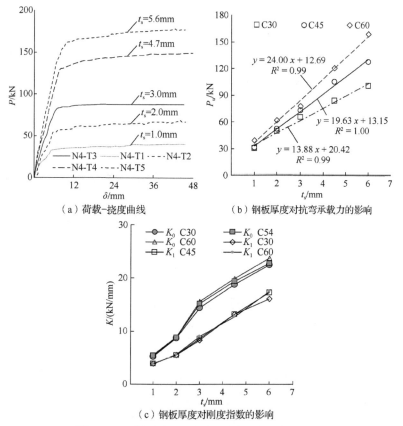

（a）荷载-挠度曲线　　　　　　　（b）钢板厚度对抗弯承载力的影响

（c）钢板厚度对刚度指数的影响

图 4.40　钢板厚度对双钢板-混凝土组合梁的影响

研究发现以下两个方面的结论。

1）不同混凝土等级的双钢板-混凝土组合梁的抗弯承载力值随钢板厚度的增加呈良好的线性关系。此外，随着混凝土强度从 C30 提高到 C60，极限抗弯承载力的增长率也随之增大。当钢板厚度从 1.0mm 增加到 2.0mm、3.0mm、4.5mm 和 6.0mm 时，核心混凝土为 C30 的试件极限抗弯承载力分别增加了 65%、117%、178%和 233%；同时，核心混凝土为 C45（或 C60）的试件极限抗弯承载力分别增加了 67%（或 58%）、135%（198%）、237%（207%）和 310%（303%）。由于增加钢板厚度可以显著提高受拉和受压配筋率，因此提高了截面的抗弯性能。

2）初始刚度和弹性刚度与钢板厚度的增加几乎呈正相关关系。以核心混凝土为 C45 的试件为例，当钢板厚度从 1.0mm 增加到 2.0mm、3.0mm、4.5mm 和 6.0mm 时，初始刚度 K_0 分别增加了 64%、183%、261%和 324%，弹性刚度 K_1 的增量分别为 39%、120%、238%和 343%，增大钢板厚度值可以提高双钢板-混凝土组合梁的等效截面惯性矩，从而提高试件的抗弯刚度。

（2）剪力连接件间距的影响

图 4.41（a）描绘了剪力连接件间距 S 对双钢板-混凝土组合梁的荷载-挠度曲线的影响，图 4.41（b）和（c）绘制了剪力连接件间距对试件抗弯承载力及刚度的影响。

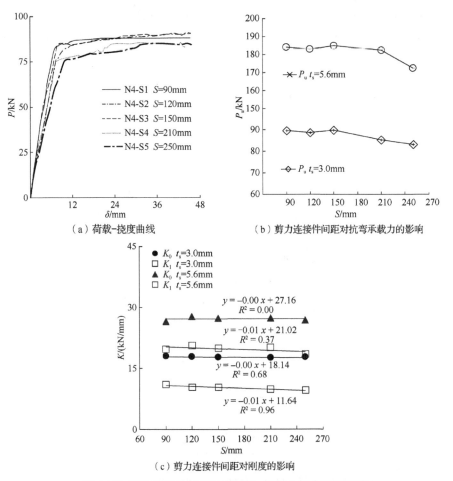

（a）荷载-挠度曲线　　　　　　（b）剪力连接件间距对抗弯承载力的影响

（c）剪力连接件间距对刚度的影响

图 4.41　剪力连接件间距对双钢板-混凝土组合梁的影响

从图 4.41 可以得出以下结论。

1）当剪力连接件间距从 90mm 增加到 150mm 时，对试件的抗弯承载力的影响有限；当连接件间距从 150mm 增加到 250mm 时，试件的抗弯承载力呈下降趋势，分别降低了 1%、2% 和 10%。随着连接件间距从 90 mm 增加到 150 mm，受压钢板的距厚比（S/t_s）从 30 增加到 50，受压钢板仍然发生塑性屈曲；然而，当连接件间距从 150mm 增加到 210mm 时，受压钢板发生弹性屈曲，如图 4.36（b）所示，没有充分发挥其抗压性能，因此试件的抗弯承载力稍有下降。

2）混凝土开裂前构件截面惯性矩不变，连接件间距的增加确实会影响初始刚度 K_0。混凝土开裂后的弹性刚度 K_1 受到显著影响，S 从 90mm 增加到 210mm，试件的弹性刚度 K_1 分别降低了 32%、37% 和 30%。

（3）剪跨比的影响

剪跨比 λ 为加载点到支座的距离与截面有效高度的比值，图 4.42（a）和（b）描绘了剪跨比对试件荷载-挠度曲线的影响，图 4.42（c）和（d）描绘了剪跨比 λ 对试件抗弯承载力和刚度的影响，图 4.42（e）和（f）描绘了剪跨比对弯矩-剪力的影响。

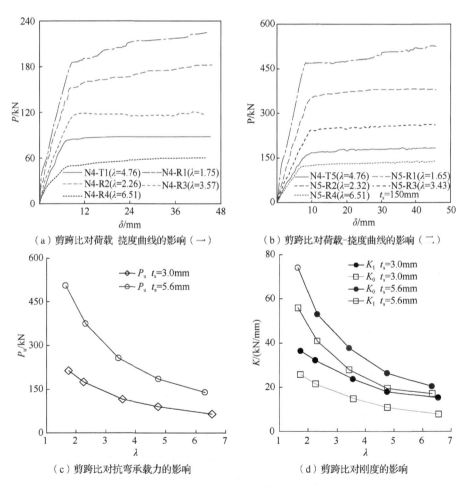

（a）剪跨比对荷载 挠度曲线的影响（一）　　　　（b）剪跨比对荷载-挠度曲线的影响（二）

（c）剪跨比对抗弯承载力的影响　　　　　　　（d）剪跨比对刚度的影响

图 4.42　剪跨比的影响

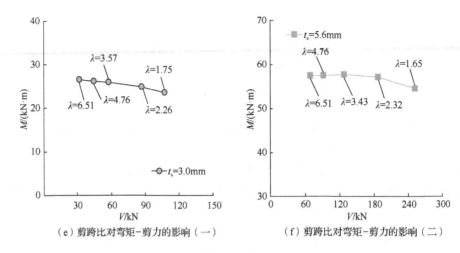

（e）剪跨比对弯矩-剪力的影响（一）　　　　（f）剪跨比对弯矩-剪力的影响（二）

图 4.42（续）

从图 4.42 可以得出以下结论。

1）对于核心混凝土为 UHPC 的试件，由于 UHPC 提供的更高剪切强度和黏结力，即使剪跨比为 1.75 和 2.26 的试件均以延性弯曲模式失效。

2）随着剪跨比的增大，刚度和强度呈下降趋势。当 λ 从 1.75 增加到 2.26、3.57、4.76 和 6.51 时，钢板厚度为 3.0mm 的试件初始刚度 K_0（弹性刚度 K_1）分别降低了 12%（16%）、35%（41%）、51%（57%）和 58%（69%），钢板厚度为 3.0mm 的试件极限承载力分别降低了 18%、46%、58%和 70%。

3）剪跨比 λ 的变化改变了横截面受弯承载力和受剪承载力的关系，尽管所有试件都发生弯曲失效模式，但横向剪切力 V 的增加降低了试件的抗弯性能 M。当 λ 从 6.51 降至 4.76、3.57、2.26 和 1.75 时，钢板厚度为 3.0mm 的试件极限抗弯承载力分别降低了 1%、2%、6%和 11%；当 λ 从 6.51 减小到 4.76、3.43、2.32 和 1.65 时，钢板厚度为 6.0mm 的试件极限抗弯承载力分别降低了 0%、0%、1%和 5%。

（4）钢板强度的影响

图 4.43（a）展示了不同钢板强度对荷载-挠度曲线的影响，图 4.43（b）和（c）描绘了钢板强度对试件刚度和抗弯承载力的影响。提高钢板强度可对试件的刚度和抗弯承载力产生明显影响。试件的极限抗弯承载力随钢板屈服强度线性增加。当钢板屈服强度从 235MPa 增加到 345MPa、460MPa、690MPa 和 960MPa 时，钢板厚度为 3.0mm 的试件极限抗弯承载力分别提高了 37%、81%、142%和 212%，钢板厚度为 5.6mm 的试件极限抗弯承载力分别提高了 40%、91%、158%和 224%。

（5）槽钢朝向的影响

图 4.44（a）描绘了槽钢朝向对双钢板-混凝土组合梁的荷载-挠度曲线（P-δ 曲线）的影响，图 4.44（b）和（c）分别描绘了槽钢朝向对抗弯承载力和刚度 K_0（或 K_1）的影响。核心混凝土为 C30、C45、C60 的算例槽钢腹板水平放置与槽钢腹板垂直放置相比极限抗弯承载力高 13%、5%和 6%。此外，对于采用核心混凝土 C30、C45 和 C60 的算例，槽钢腹板水平放置比槽钢腹板竖直放置的初始刚度 K_0（或弹性刚度 K_1）分别大 2%（16%）、4%（13%）和 8%（11%），这是因为腹板水平放置的槽钢在强轴方向上比

腹板竖直放置具有更大的截面惯性矩，这导致横截面的抗弯强度及双钢板-混凝土组合
梁的强度和刚度增加。

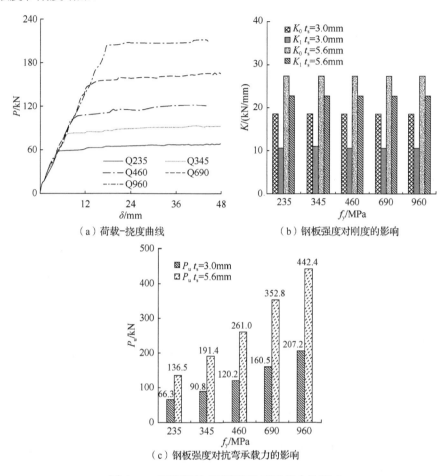

（a）荷载-挠度曲线　　　　　　　　（b）钢板强度对刚度的影响

（c）钢板强度对抗弯承载力的影响

图 4.43　钢板强度对刚度和抗弯承载力的影响

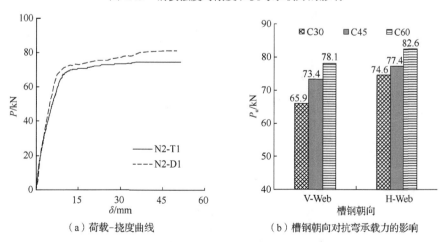

（a）荷载-挠度曲线　　　　　　　　（b）槽钢朝向对抗弯承载力的影响

图 4.44　槽钢朝向对抗弯承载力和刚度的影响

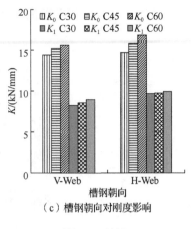

（c）槽钢朝向对刚度影响

图 4.44（续）

（6）混凝土强度的影响

图 4.45（a）描绘了混凝土强度 f_c 对双钢板-混凝土组合梁荷载-挠度曲线的影响，图 4.45（b）和（c）分别描绘混凝土强度 f_c 对抗弯承载力和刚度 K_0（或 K_1）的影响。

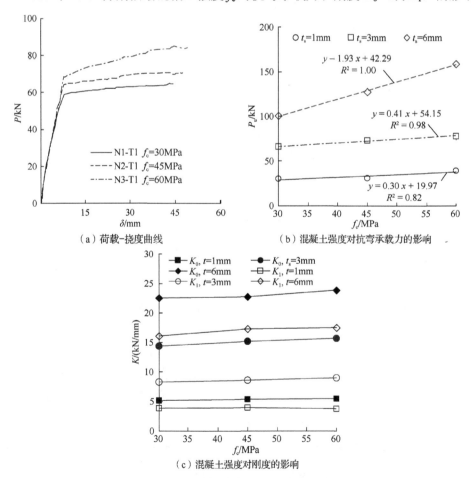

（a）荷载-挠度曲线

（b）混凝土强度对抗弯承载力的影响

（c）混凝土强度对刚度的影响

图 4.45　混凝土强度对抗弯承载力和刚度的影响

从图 4.45 可以看出：①极限荷载 P_u 随混凝土强度 f_c 的增加而线性增加，且钢板较厚的双钢板-混凝土组合梁的增长率高于钢板较薄的双钢板-混凝土组合梁的增长率；②初始刚度 K_0 和弹性刚度 K_1 都随混凝土强度 f_c 的增加而线性增加，但混凝土强度 f_c 对初始刚度 K_0 和弹性刚度 K_1 的影响远小于其对极限荷载 P_u 的影响。当混凝土强度 f_c 从 30MPa 增加到 45MPa 和 60MPa 时，钢板厚度为 1mm 的算例极限荷载 P_u 值分别提高了 30%、19% 和 57%，初始刚度 K_0 和弹性刚度 K_1 的最大增量仅为 9%，这是由于提高混凝土抗压强度 f_c 可以提高双钢板-混凝土组合梁的抗弯性能。

（7）槽钢长度的影响

图 4.46（a）描绘了槽钢长度 L_c 对双钢板-混凝土组合梁的荷载-挠度曲线的影响，图 4.46（b）和（c）分别描绘了槽钢长度 L_c 对抗弯承载力和刚度的影响。由此可见，槽钢长度 L_c 对算例的荷载-挠度曲线影响有限，算例的极限荷载 P_u 与槽钢长度 L_c 的增加几乎呈线性关系。但随着核心混凝土强度的增加，极限 P_u 的增长率逐渐降低；当槽钢长度 L_c 从 40mm 增加到 60mm 时，核心混凝土为 C30、C45、C60 的算例极限荷载 P_u 分别提高了 16%、9% 和 4%，这是因为槽钢长度 L_c 的增加改善了截面组合作用。图 4.46（b）和（c）表明，槽钢长度 L_c 对初始刚度 K_0 的影响可以忽略不计，但对组合梁的弹性刚度 K_1 有一定的影响。槽钢长度 L_c 从 40mm 增加到 50mm 和 60mm 时，核心混凝土为 C30、C45 和 C60 的算例弹性刚度 K_1 值分别提高了 18%、18% 和 21%，这是由于随着槽钢长度 L_c 的增加，截面的组合效应增加。

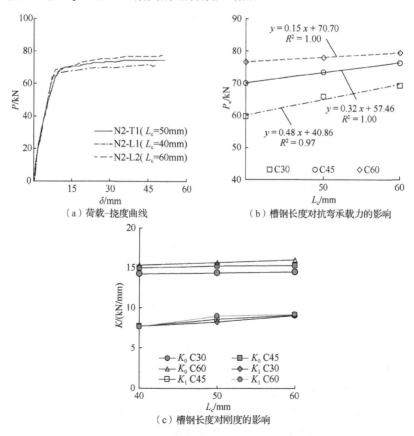

（a）荷载-挠度曲线　　　　　　　（b）槽钢长度对抗弯承载力的影响

（c）槽钢长度对刚度的影响

图 4.46　槽钢长度对抗弯承载力和刚度的影响

小　结

本章进行了双钢板-混凝土组合梁四点弯曲试验，设计了 11 根双钢板-普通混凝土组合梁和 8 根双钢板-UHPC 组合梁，研究了钢板厚度、连接件间距、混凝土强度及种类、槽钢长度、槽钢朝向、剪跨比和钢板强度对组合梁破坏模式、抗弯承载力、初始刚度的影响规律，提出了双钢板-混凝土组合梁受弯承载力理论分析模型。同时，基于ABAQUS 软件，本章发展了采用新型加强型槽钢连接件双钢板-混凝土组合梁精细化数值模型并进行了参数分析研究。本章主要结论如下。

1）双钢板-混凝土组合梁在四点弯曲荷载作用下发生三种破坏形态，试件都展现出了良好的延性。①弯曲破坏，破坏时下钢板受拉屈服，受压区混凝土压溃，属于延性破坏。②弯曲破坏与上钢板屈曲的混合破坏，受压钢板发生局部屈曲与混凝土剥离，属于延性破坏。③弯曲与剪切混合破坏，构件前期属于弯曲破坏，展现出很好的延性；强化阶段出现枣核状斜裂缝，承载力下降。

2）双钢板-混凝土组合梁截面应变沿高度分布满足平截面假定理论。

3）试验中剪跨比从 2.38 增加到 6.43，试件由弯曲与剪切混合破坏转为纯弯曲破坏形式。即使在剪跨比为 2.38 的情况下，截面的抗弯承载力仍能得到充分发挥，新型加强型槽钢剪力连接件提高了截面的抗剪承载力。

4）双钢板-混凝土组合梁的抗弯承载力随钢板厚度的增加呈良好的线性关系。钢板厚度的增加可以显著提高受拉和受压配筋率，从而提高截面的抗弯性能。随着钢板厚度从 1.0mm 增加到 2.0mm、3.0mm、4.5mm 和 6.0mm，核心混凝土为 C30 的试件极限抗弯承载力分别增加了 65%、117%、178% 和 233%。

5）连接件间距可以用距厚比（S/t_s）来表示，当距厚比从 30 增加到 50 时，受压钢板仍然发生塑性屈曲。试件抗弯承载力的影响有限，当距厚比从 50 增加到 83 时，受压钢板发生弹性屈曲，试件的抗弯承载力呈下降趋势，分别降低了 1%、2% 和 10%。

6）随着槽钢长度的增加，试件的抗弯承载力几乎呈线性增长趋势。由于槽钢长度的增加，槽钢翼缘与钢板的连接面积增大，提高了截面的组合系数。当槽钢长度从 40mm 增加到 60mm 时，试件弹性刚度分别增加了 10% 和 18%。

7）改变槽钢长度对试件承载力和试件刚度有显著影响，槽钢朝向从腹板竖直转为水平放置，核心混凝土为 C30、C45、C60 的试件抗弯承载力分别提高了 13%、5% 和 6%，试件初始刚度（弹性刚度）分别提高了 2%（16%）、4%（13%）和 8%（11%）。

8）对于采用普通混凝土浇筑的试件，剪跨比为 2.37 的试件在加载后期发生了剪切破坏，加载点与支座间出现了临界斜裂缝；对于采用 UHPC 浇筑的试件，剪跨比为 1.75 和 2.26 的试件均以延性弯曲模式破坏。剪跨比减小，试件的初始刚度和抗弯承载力呈上升趋势，试件的破坏形式从纯弯曲破坏逐渐向剪切破坏转变。

9）增大钢板屈服强度（改变钢板材料等级），试件的极限承载力随钢板屈服强度呈线性增加。当钢板屈服强度从 235MPa 增加到 345MPa、460MPa、690MPa 和 960MPa时，钢板厚度为 3mm 的试件极限抗弯承载力分别提高了 37%、81%、142% 和 212%。

10）发展的双钢板-混凝土组合梁精细化数值模型较好地模拟了试件的破坏形式及荷载-滑移曲线、荷载-挠度曲线，有限元模拟对初始刚度（K_0）、弹性刚度（K_1）和极限强度（P_u）的预测误差分别为2%、3%和2%。

11）提出的双钢板-混凝土组合梁受弯承载力的理论分析模型对刚度和承载力的计算结果与试验结果比较更为保守，屈服承载力试验值与计算值比较均值为1.04，标准差为7%。

参 考 文 献

[1] YAN J B, YAN Y Y, WANG T, et al. Seismic behaviours of SCS sandwich shear walls using J-hook connectors[J]. Thin-Walled Structures, 2019, 144: 106308.

[2] YAN J B, RICHARD LIEW J Y, ZHANG M H. Ultimate strength behavior of steel-concrete-steel sandwich beams with ultra-lightweight cement composite, Part 2: Finite element analysis[J]. Steel and Composite Structures, 2015, 18(4): 1001-1021.

[3] OEHLERS D J, BRADFORD M A. Elementary behaviour of composite steel and concrete structural members[M]. Boston: Butterworth-Heinemann Publishing Inc., 1999.

[4] 杨剑，方志. 超高性能混凝土梁正截面承载力[J]. 中国铁道科学，2009，30（2）：23-30.

[5] 张哲，邵旭东，李文光，等. 超高性能混凝土轴拉性能试验[J]. 中国公路学报，2015，28（8）：54-62.

[6] WANG Z, NIE X, FAN J S, et al. Experimental and numerical investigation of the interfacial properties of non-steam-cured UHPC-steel composite beams[J]. Construction and Building Materials, 2019, 195 (1): 323-339.

[7] 朱伯芳. 混凝土极限拉伸变形与龄期及抗拉、抗压强度的关系[J]. 土木工程学报，1996（5）：72-76.

第5章　采用加强型槽钢连接件
双钢板-混凝土组合板受冲剪性能

双钢板-混凝土组合结构抗冲击性能优越，对汽车撞击事故、海上浮冰撞击等作用于局部的面外荷载具有良好的防护作用。对于该类意外事故荷载，其破坏性较强，钢板、剪力连接件和混凝土会发生较为复杂的相互作用。目前对双钢板-混凝土组合结构在该类荷载下的受力性能研究较少。本章通过冲剪试验研究的方式来了解使用加强型槽钢连接件的双钢板-混凝土组合板在面外局部荷载下的受力性能，根据试验结果建立理论预测模型，并为双钢板-混凝土组合板抗冲剪设计提供参考。

5.1　采用加强型槽钢连接件双钢板-混凝土组合板冲剪试验

为研究双钢板-混凝土组合结构在面外局部荷载下的受冲剪性能，本章设计了 13 个采用加强型槽钢连接件的双钢板-混凝土组合板试件，进行面外局部荷载下的冲剪试验。

5.1.1　组合板试件构造及施工流程

本次试验采用的双钢板-混凝土组合板试件包括两片外包钢板、加强型槽钢连接件和内部核心混凝土。两层钢板之间通过加强型槽钢连接件固定，然后在中间浇筑混凝土组合成整体，其试件构造如图 5.1 所示。图 5.2 给出了试件加工流程，其主要步骤如下。

1）将螺母焊接至槽钢上侧翼缘的底面，将槽钢下侧翼缘底面焊接固定在下侧钢板上。
2）将上侧钢板固定好位置，需将钢板开孔位置与槽钢上侧翼缘开孔位置对齐。
3）从外侧拧紧螺栓，使两块钢板及连接件组合成一个整体。
4）浇灌混凝土并进行养护工作。

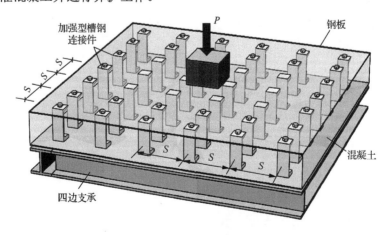

图 5.1　试件构造

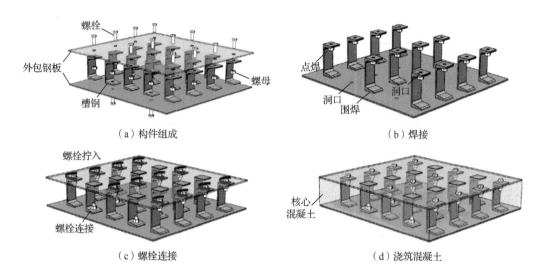

（a）构件组成　　　　　　　　　　　　　（b）焊接

（c）螺栓连接　　　　　　　　　　　　　（d）浇筑混凝土

图 5.2　试件加工流程

　　此外，为便于加载，组合板中间区域的加强型槽钢连接件均将螺栓一侧放置朝下，周边区域的槽钢均将螺栓一侧放置朝上，如图 5.1 所示。

5.1.2　组合板冲剪试验概况

　　在组合板的冲剪试验中总计准备了 13 个采用加强型槽钢连接件的双钢板-混凝土组合板试件，试件尺寸为 1200mm×1200mm，核心混凝土厚度 120mm。试件编号分为 7 组，即 W1～W7，试件编号及参数如表 5.1 所示。研究参数包括钢板厚度（t_s）、槽钢间距（S）及加载宽度（W_a）等。除了加载宽度 300mm 的试件 W7 外，其他试件均设置了平行试件，如试件 W1-1、W1-2。在所有的 13 个试件中，试件 W1-1/2、W2-1/2、W3-1/2 研究参数为钢板厚度 t_s，t_s 分别为 3.0mm、4.5mm 和 6.0mm；试件 W1-1/2、W4-1/2、W5-1/2 研究参数为槽钢间距 S，S 分别为 125mm、175mm 和 250mm；试件 W1-1/2、W6-1/2、W7 研究参数为加载宽度 W_a，W_a 分别为 100mm、200mm 和 300mm。

表 5.1　试件编号及参数

试件编号	E_c/GPa	f_c/MPa	f_{ys}/MPa	f_{us}/MPa	t_c/mm	t_s/mm	S/mm	W_a/mm
W1-1	34	41	355	481	120	3.0	125	100
W1-2	34	41	355	481	120	3.0	125	100
W2-1	34	41	352	459	120	4.5	125	100
W2-2	34	41	352	459	120	4.5	125	100
W3-1	34	41	378	509	120	6.0	125	100
W3-2	34	41	378	509	120	6.0	125	100
W4-1	34	41	355	481	120	3.0	175	100
W4-2	34	41	355	481	120	3.0	175	100
W5-1	34	41	355	481	120	3.0	250	100
W5-2	34	41	355	481	120	3.0	250	100

续表

试件编号	E_c/GPa	f_c/MPa	f_{ys}/MPa	f_{us}/MPa	t_c/mm	t_s/mm	S/mm	W_s/mm
W6-1	34	41	355	481	120	3.0	125	200
W6-2	34	41	355	481	120	3.0	125	200
W7	34	41	355	481	120	3.0	125	300

注：E_c为混凝土弹性模量；f_c为混凝土立方体抗压强度；f_{ys}为钢板屈服强度；f_{us}为钢板抗拉强度；t_c为混凝土厚度；t_s为钢板厚度；S为槽钢间距；W_a为加载宽度。

　　试件中，3.0mm、4.5mm 和 6mm 的钢板采用 Q235B 低碳钢，加强型槽钢连接件采用 [12 标准轧制槽钢和 M14×40 的高强螺栓制作，性能等级 6.6 级。根据《金属材料　拉伸试验　第 1 部分：室温试验方法》（GB/T 228.1—2010）[1]中的相关规定，对钢板、槽钢及螺栓进行了标准拉伸试验，测得的材料应力-应变曲线如图 5.3 所示。此外，13 个试件采用 C40 普通混凝土浇筑，并于浇筑试件时制作 100mm×100mm×100mm 的标准混凝土立方体试块。通过材料性能试验测得的 6 块标准混凝土立方体试块的抗压强度平均值为 41MPa，弹性模量为 34GPa。

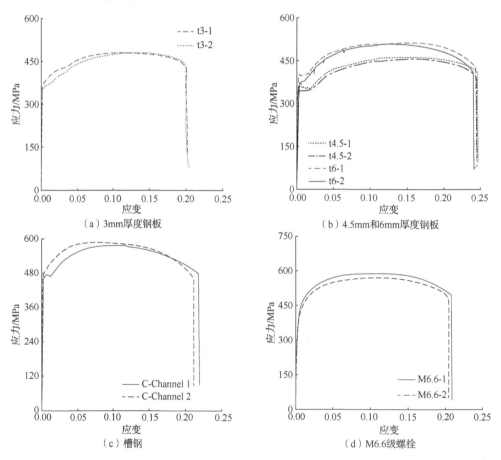

图 5.3　材料应力-应变曲线

图 5.4 给出了组合板试件及试验装置。组合板四边支承在由工字钢组成的支架上，

板底和工字梁之间放置了直径 15mm 的圆形钢筋，钢筋和底部的工字梁固定焊接在一起，以模拟简支边界条件。支承间跨度为 1000mm。加载采用位移加载方式，加载速率 0.1mm/min，荷载通过方形的加载刚性块施加于试件上表面中心位置。在板顶分别布置了 4 个应变测点和 2 个位移测点，在板底分别布置了 6 个应变测点和 8 个位移测点，用于测量组合板在试验过程中顶部和底部钢板的应变及位移变化，其中板顶中心的位移和作用力通过加载装置测量。试验中主要采集的数据包括加载位置的反作用力、板顶和板底位移及板顶和板底应变。应变片及位移计的测点布置如图 5.5 所示。

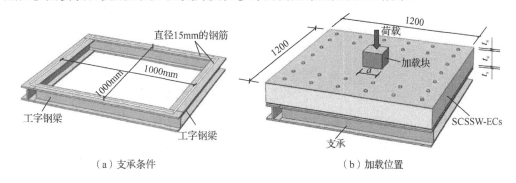

（a）支承条件　　　　　　　　　　　　　（b）加载位置

图 5.4　组合板试件及试验装置

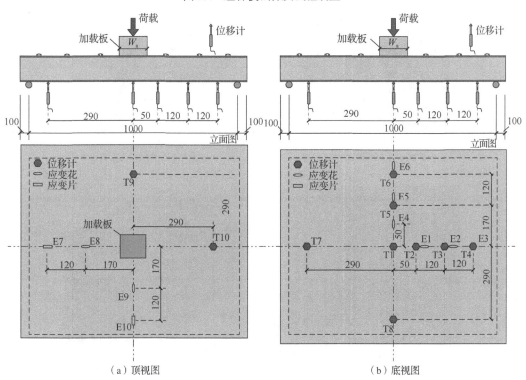

（a）顶视图　　　　　　　　　　　　　（b）底视图

图 5.5　应变片及位移计的测点布置（单位：mm）

5.1.3　面外局部荷载下的破坏模式

图 5.6 给出了组合板在面外局部荷载下的冲剪破坏机理，图 5.7 给出了试件的典型

破坏模式。组合板在加载的不同阶段发生了不同的破坏现象。随着局部荷载的增加，组合板整体发生弯曲变形，加载区域附近的顶部钢板逐渐凹陷。核心混凝土在一定的锥形区域内发生冲剪破坏，并在荷载作用下逐渐向下推出，导致底部钢板变形凸起。随着核心混凝土的推出，冲剪破坏区域附近的上下钢板发挥膜拉伸效应。因此，可以根据测量板底部的凸起面积和顶部的凹陷面积来估计核心混凝土发生锥形冲剪破坏面的界面角度（θ），计算得到的 4 个锥形破坏界面的界面角（$\theta_1 \sim \theta_4$）如表 5.2 所示。根据试验结果，测量得到的 42 个界面角 θ 在 29.2°～54.2°，平均值为 41.2°，协方差为 0.16。在美国混凝土规范 ACI 318-11 中规定，建筑结构中现浇混凝土板的冲剪角度约为 45°，可以看到与试验的计算平均值较为接近。

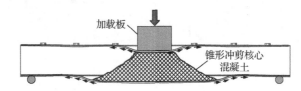

图 5.6　组合板在面外局部荷载下的冲剪破坏机理

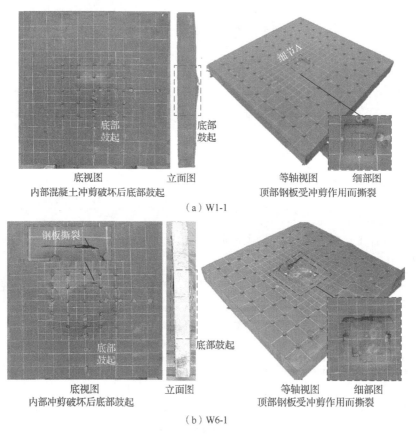

（a）W1-1

（b）W6-1

图 5.7　试件的典型破坏模式

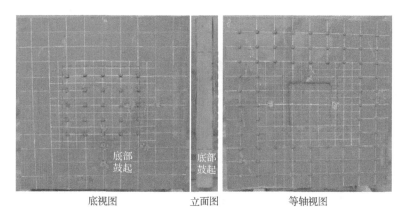

底视图　　　　　立面图　　　　　等轴视图

（c）W7-1

图 5.7（续）

表 5.2　试件冲剪破坏界面的界面角

试件编号	$\theta_1/(°)$	$\theta_2/(°)$	$\theta_3/(°)$	$\theta_4/(°)$	$\theta_a/(°)$
W1-1	41.4	42.6	41.0	40.6	41.4
W1-2	43.2	53.1	41.2	44.5	45.5
W2-1	44.3	54.2	45.9	42.8	46.8
W2-2	41.8	53.1	54.9	53.1	50.7
W3-1	43.9	53.6	43.7	44.5	46.4
W3-2	44.1	42.8	42.0	45.0	43.5
W4-1	42.8	41.8	41.6	44.3	42.6
W4-2	40.4	42.4	40.2	43.7	41.6
W5-1	32.1	34.6	31.7	33.1	32.9
W5-2	29.2	30.6	29.4	31.5	30.2
W6-1	36.0	37.3	33.6	36.7	35.9
W6-2	29.3	36.8	35.2	44.5	36.5
W7-1	37.1	49.2	36.5	45.0	42.0
平均值					41.2
协方差					0.14

注：$\theta_1 \sim \theta_4$ 为 4 个冲剪破坏界面的界面角；θ_a 为 $\theta_1 \sim \theta_4$ 的平均值。

在最后的加载阶段，随着局部荷载的增加，所有的组合板试件均沿着加载区域边缘发生破坏，失去承载能力。由于内部加强型槽钢连接件的影响，部分试件的顶部钢板发生锯齿形撕裂 [图 5.7（b）]。此外，试验结果还发现，试件 W6 中出现了弯曲破坏。底部钢板在较大的弯曲变形下发生拉伸断裂，如图 5.7（b）所示。

5.1.4　荷载-位移曲线

图 5.8 给出了 13 个试件中典型的荷载-位移曲线（$P\text{-}\delta$ 曲线）。根据曲线变化趋势，其可大致分为 A 类、B 类和 C 类。

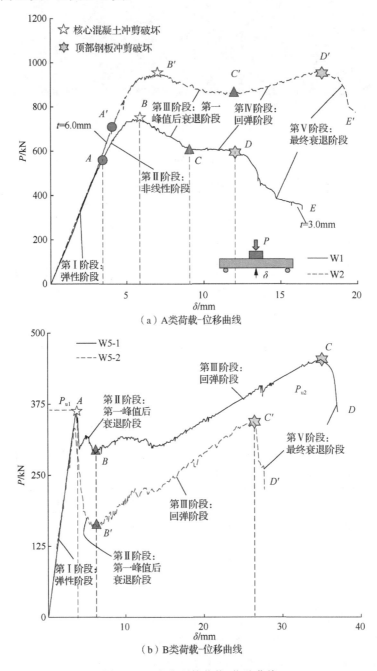

（a）A 类荷载-位移曲线

（b）B 类荷载-位移曲线

图 5.8　三类典型的荷载-位移曲线

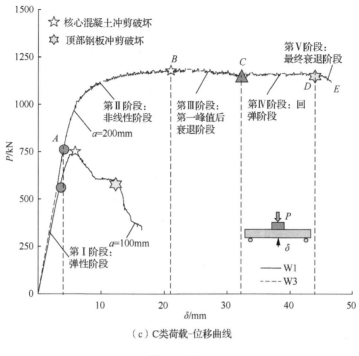

（c）C类荷载-位移曲线

图 5.8（续）

如图 5.8（a）所示，大多数试件的荷载-位移曲线可划分为 A 类，如试件 W1-1/2～W4-1/2。其整个响应过程可分为 5 个阶段，包括弹性阶段（Ⅰ）、非线性阶段（Ⅱ）、第一峰值后衰退阶段（Ⅲ）、回弹阶段（Ⅳ）和最终衰退阶段（Ⅴ）。在第一阶段弹性阶段，组合板的荷载与加载点的位移呈现近似线性关系。在第一阶段后，当荷载达 60%～80%的第一峰值（P_{u1}）时，开始进入第Ⅱ阶段非线性阶段。在第Ⅱ阶段，组合板的荷载-位移关系应呈现非线性响应。在第Ⅱ阶段，外包钢板并未观察到屈服，这主要是由于核心混凝土的材料非线性导致的。在第Ⅱ阶段的结束点 B 处，局部核心混凝土发生锥形冲剪破坏，如图 5.9 所示。在经历第一峰值（P_{u1}）后，组合板的局部变形明显增加。在第Ⅲ阶段第一峰值后衰退阶段，由于混凝土的破坏，组合板的荷载-位移曲线呈现出一定的衰退趋势。在局部加载位置，顶部钢板由受压状态开始向拉伸状态转变，因此顶部钢板的应力由压应力转变为拉应力。随着局部荷载的增加，顶部钢板开始发生应力强化，荷载-位移曲线开始进入第Ⅳ阶段回弹阶段。在第Ⅳ阶段，组合板的承载力出现一定的提高，并在 D 点到达第二峰值（P_{u2}）。在该峰值后，顶部钢板在局部荷载作用下发生冲剪破坏。

如图 5.8（b）所示，与 A 类曲线不同，试件 W5-1/2 显示出 B 类荷载-位移曲线，其共有 4 个工作阶段，没有 A 类曲线中的非线性阶段。在弹性阶段，荷载-位移曲线呈线性趋势，在点 A（阶段Ⅰ的终点）处，核心混凝土开始发生冲剪破坏。这是由于试件 W5-1/2 加强型槽钢连接件间距较大，其截面配筋率和钢-混复合作用较低，延缓了组合板的非线性塑性发展。在第Ⅱ阶段（第一个峰值后进入的下降阶段），试件 W5-1 和 W5-2 在下降后的 B 点承载力表现出很大差异。此后，曲线进入第Ⅲ阶段，即回弹阶段。该阶段由于钢板的膜拉伸效应，其变化趋势类似于 A 类曲线，承载力与位移之间的关系呈上升趋势。最后，在点 C（第Ⅲ阶段的终点）处，顶部钢板沿局部加载区域发生冲切。在

经历点 *C* 后，荷载-位移响应进入了顶部钢板冲剪破坏后的衰退期。

如图 5.8（c）所示，试件 W6-1/2 和试件 W7 表现出与其他试件不同的 C 类荷载-位移曲线，与其他曲线相比，其延性更好。虽然试件 W6-1/2 和 W7 的荷载-位移曲线趋势不同于 A 和 B 类曲线，呈现延性破坏趋势，但是其与 A 类荷载-位移曲线相似，共经历了 5 个工作阶段。在第 I 阶段中，C 类荷载-位移曲线与 A 型曲线相似。在第 II 阶段中，C 类荷载-位移曲线的工作阶段要比 A 类曲线更长。这是由于局部加载面积增加，组合板抗冲剪承载力大大增加，与其抗弯承载力相接近。因此，核心混凝土的冲剪破坏被延滞，组合板的弯曲变形进一步发展，从而导致了第 II 阶段的延性更好。最后，类似于 A 类荷载-位移曲线，在第 II 阶段结束时发生了核心混凝土的冲剪破坏。在第 III 阶段，第一峰值后呈现衰退趋势，承载力略有降低，然后在第 IV 阶段出现反弹。最后，在第 IV 阶段结束时观察到了顶部钢板的冲剪破坏。总体而言，C 类荷载-位移曲线表现出延性弯曲行为。

5.1.5 荷载-变形曲线

图 5.9 给出了不同荷载下采用加强型槽钢连接件的双钢板-混凝土组合板的底板和顶板的变形包络图。结果表明：

1）在第一个峰值 P_{u1} 之前，所有试件在局部荷载下主要表现为弯曲变形，荷载-变形曲线呈正弦曲线形状。这表明组合板在第 I 阶段中主要发生整体弯曲变形，且未发生核心混凝土的冲剪破坏。

2）在第一个峰值 P_{u1} 之后，顶部钢板和底部钢板的变形都集中在局部加载区域，组合板发生了局部变形。这些局部变形主要是由于混凝土锥形冲剪破坏产生的，因此可以确认核心混凝土的冲剪破坏在 P_{u1} 点发生。如图 5.9 所示，在 P_{u1} 之后加载点周围的局部变形快速发展，底部钢板出现明显鼓起（图 5.7）。

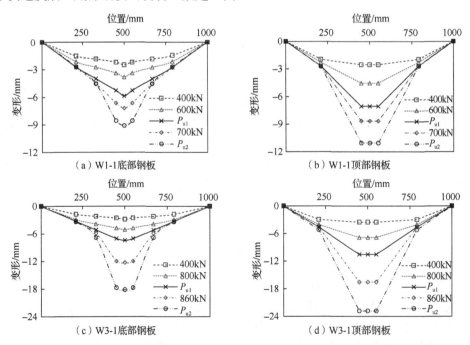

图 5.9 不同荷载下采用加强型槽钢连接件的双钢板-混凝土组合板的底板和顶板的变形包络图

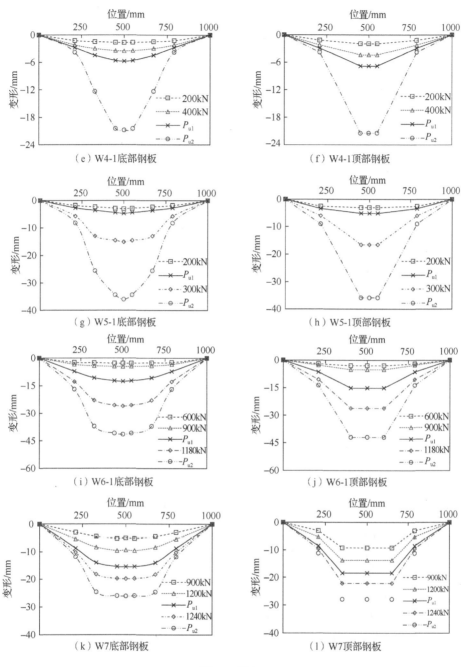

图 5.9（续）

5.1.6　钢板荷载-应变曲线

图 5.10 给出了代表性试件的荷载-应变曲线。对于呈现出 A 类荷载-位移曲线的试件，即试件 W1-1、W3-1 和 W4-1，其表面钢板的荷载-应变曲线如图 5.10（a）～（c）所示。从第 I 阶段开始，钢板顶部和底部的应变均小于钢板的屈服应变，但随着钢板变形的发展，在第一峰值 P_{u1} 处钢板应变基本接近屈服应变。该发现证明在第一峰值 P_{u1}

处钢板并未屈服，核心混凝土发生冲剪破坏从而导致试件承载力开始下降。此外，可以发现，试件 W3-1 钢板中的塑性应变远大于试件 W1-1 中钢板的塑性应变，主要原因是试件 W3-1 中采用更厚钢板，进而充分发挥了钢板张拉膜效应。

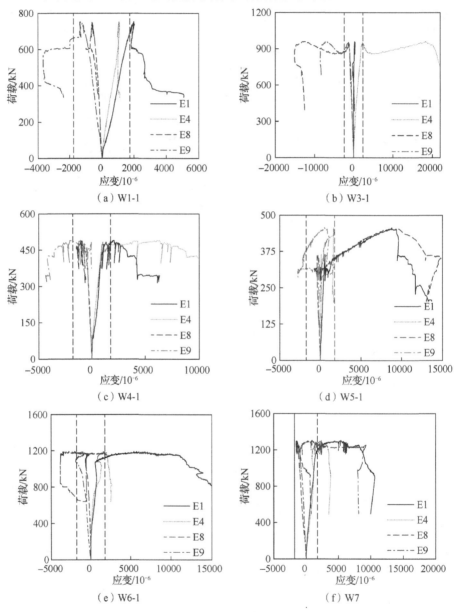

图 5.10　组合板中钢板的荷载-应变曲线

对于呈现出 B 类荷载-位移曲线的试件，由于其连接件间距（S）较大，因此在局部荷载下组合板更易发生冲剪破坏。如图 5.10（d）中试件 W5-1 荷载-应变曲线所示，其在第一峰值 P_{u1} 处钢板的拉伸或压缩应变远低于屈服应变，这说明组合板在 P_{u1} 处核心混凝土发生了冲剪破坏。在回弹阶段，应变快速发展并最终以约 0.01 的应变水平断裂。

对于呈现出 C 类荷载-位移曲线的试件，由于其加载面积（W_a）增加，局部荷载下组合板的抗冲剪承载力更大,因此第一峰值 P_{u1} 在钢板屈服后发现。如图 5.10(e)和(f)中试件 W6-1 和 W7 的荷载-应变曲线所示,其在第一峰值 P_{u1} 处的应变远超出钢板屈服应变;而在第Ⅱ阶段中,钢板的塑性应变充分发展。此外,从图 5.7(b)和(c)试件 W6-1 和 W7 破坏模式中发现,在第一峰值 P_{u1} 点后,从试件的凸起处明显地观察到混凝土锥形冲剪破坏,试件 W6-1/2 和 W7 表现为弯曲和核心混凝土冲剪混合破坏模式。此外,顶部钢板的压应变也接近 P_{u1} 处的屈服应变,进一步证明组合板发生了较大的弯曲变形。

5.1.7　参数影响

本节针对钢板厚度(t_s)、槽钢间距(S)、加载宽度(W_a)等不同参数对组合板抗冲剪性能的影响展开讨论,分析了不同参数对组合板的荷载-位移(P-δ)曲线、峰值承载力(P_{u1} 和 P_{u2})及初始刚度(K_e)的影响。本章采用 Choi 和 Han[2]提出的计算方法确定组合板在面外集中荷载下的初始刚度(K_e)。

1. 钢板厚度的影响

钢板厚度 t_s 对荷载-位移(P-δ)曲线、峰值承载力(P_{u1} 和 P_{u2})及初始刚度(K_e)的影响如图 5.11(a)和(b)所示。结果表明,增加钢板厚度 t_s 通常可以提高采用加强型槽钢连接件的双钢板-混凝土组合板的承载能力,尤其是在第一个峰值 P_{u1} 之后,不同钢板厚度的试件其承载力差异较大。随着 t_s 从 3.0mm 增加到 4.5mm 和 6.0mm,组合板的 P_{u1} 分别提高了 16%和 31%,P_{u2} 分别提高了 30%和 55%;荷载-位移曲线的初始刚度(K_e)分别提高了 3%和 12%。t_s 从 3.0mm 增加到 4.5mm 和 6.0mm,P_{u1} 分别增加了 16%和 31%,这表明增加钢板厚度 t_s 对组合板局部抗冲剪承载力具有显著影响,且需要作为影响参数考虑在 P_{u1} 的理论分析模型中。尽管顶部钢板的冲剪破坏发生在 P_{u2} 处,但当 t_s 增加 100%(将 t_s 从 3.0mm 增大到 6.0mm)时,组合板的 P_{u2} 只提高了 55%,这意味着 P_{u2} 不仅仅是由钢板提供的。考虑到此时核心混凝土已发生冲切破坏,其第二峰值 P_{u2} 主要由加强型槽钢连接件和顶部钢板提供。此外,增加 t_s 仅在一定程度上提高了墙体截面的弹性模量,因此对初始刚度 K_e 的影响有限。

2. 加强型槽钢连接件间距的影响

加强型槽钢连接件间距 S 对组合板荷载-位移(P-δ)、峰值承载力(P_{u1} 和 P_{u2})和初始刚度(K_e)的影响如图 5.11(c)和(d)所示。增加加强型槽钢连接件的间距 S 对组合板的荷载-位移曲线表现出非常显著的负面影响,其承载能力和初始刚度均显著下降。随着加强型槽钢连接件间距 S 从 100mm 增加到 175mm(或 250mm),组合板的 P_{u1}、P_{u2} 和 K_e 分别平均降低了 33%(53%)、20%(36%)和 14%(36%)。由于连接件间距 S 分别增加了 1.75 倍和 2.5 倍,锥形冲剪破坏区域内的加强型槽钢连接件数量减少,从而显著降低了组合板的第一峰值 P_{u1}。如前文所述,组合板的 P_{u2} 是由锥形冲剪破坏区域内的钢板和加强型槽钢连接件所提供的,随着连接件间距 S 的增加,第二峰值 P_{u2} 随着破坏区域内加强型槽钢连接件的数量而减小。此外,增加加强型槽钢连接件间距 S 会显著降低横截面的钢-混组合效应,从而导致截面惯性矩降低,因此间距 S 的增加导致了初始刚度 K_e 降低。此外,由于截面惯性矩和钢-混组合作用的降低,墙体在达到 P_{u1} 之前

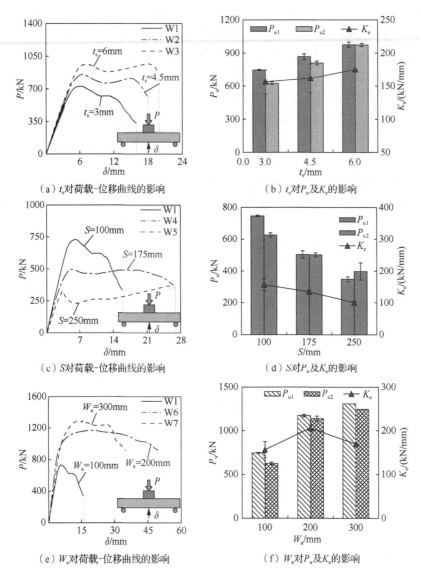

（a）t_s对荷载-位移曲线的影响

（b）t_s对P_u及K_e的影响

（c）S对荷载-位移曲线的影响

（d）S对P_u及K_e的影响

（e）W_a对荷载-位移曲线的影响

（f）W_a对P_u及K_e的影响

图5.11　不同参数对组合板抗冲剪性能的影响

就停止了塑性应变的发展。例如，$S=250$mm 的组合板在承载力达到第一峰值 P_{u1} 之前，钢板表面应变远小于钢材的屈服应变。因此，采用加强型槽钢连接件的双钢板-混凝土组合板在设计中应严格控制其连接件间距 S 值，以抵抗面外局部加载。

3. 加载面宽度的影响

图 5.11（e）和（f）给出了加载面宽度 W_a 对组合板荷载-位移（P-δ）、峰值承载力（P_{u1} 和 P_{u2}）和初始刚度（K_e）的影响。结果表明，随着加载宽度 W_a 的增加，采用加强型槽钢连接件的双钢板-混凝土组合板的承载能力得到提升。当 W_a 从 100mm 增加到 200mm（或 300mm）时，第一峰值 P_{u1}、第二峰值 P_{u2} 和初始刚度 K_e 平均分别增加了 65%（76%）、82%（99%）和 32%（8%）。随着 W_a 从 100mm 增加到 300mm，锥形冲剪破坏

区域的尺寸为 W_a 的平方,这显著增加了核心混凝土的抗冲剪承载力。抗冲剪承载力增加保证了截面弯曲变形的发展,并最终导致了试件 W6 和 W7 表现为弯曲变形控制下的冲剪破坏这种混合破坏模式,推测原因是混凝土的抗冲剪承载力与组合板的抗弯能力接近,在组合板局部冲剪破坏的同时弯曲变形也得到充分发展。如图 5.7 所示,在第一个峰值 P_{u1} 之后,不同加载宽度 W_a 的试件 W1、W6 和 W7 均在顶部钢板的冲剪过程中失效。因此,采用加强型槽钢连接件的双钢板-混凝土组合板的第一峰值 P_{u1} 也决定了试件的抗弯承载能力,这对于局部加载下采用加强型槽钢连接件的双钢板-混凝土组合板的承载能力理论模型来说是不恰当的。

5.1.8　荷载传递机制

在早期工作阶段,采用加强型槽钢连接件的双钢板-混凝土组合板表现出整体弯曲行为,如图 5.9 所示,板在第 I 阶段的整体变形主要表现为弯曲变形。此外,图 5.10 中的荷载-应变曲线表现为底部钢板的弹性拉应变和顶部钢板的弹性压应变的特征。因此,施加的集中荷载通过组合板的整体弯曲转移到支座上。在第一次峰值荷载时,核心混凝土出现冲剪破坏组合板在集中荷载下的荷载传递机制如图 5.12 所示,之后施加的集中荷载由顶部钢板通过膜拉伸效应承担。然而,从图 5.8 中的荷载-位移曲线中可以看到,在经历第一峰值 P_{u1} 后,第III阶段板的承载能力降低,由此推测这种膜拉伸效应对板变形能力的影响有限。如图 5.9 所示,在第III阶段,由于核心混凝土的向下运动,板中心位置出现明显的局部变形(在图 5.7 中表现为板底形成凸起)。最后,由于膜拉伸效应,组合板可以承受更多的荷载,直到顶部钢板出现冲剪破坏(图 5.7)。

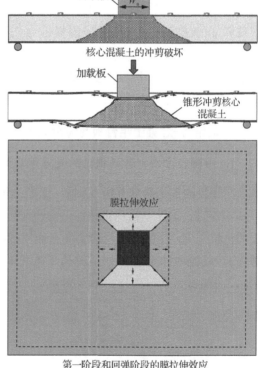

图 5.12　荷载-位移曲线中 P_{u1} 处的传荷机制

5.2　采用加强型槽钢连接件双钢板-混凝土组合板受冲剪承载力理论分析及验证

鉴于目前还没有关于局部集中荷载下双钢板-混凝土组合板极限承载力的规范或规定,本节提出一种基于欧洲规范 Eurocode 2、Eurocode 3、Eurocode 4 和美国规范 ACI 318-14 的双钢板-混凝土组合板受冲剪承载力的理论计算方法。

5.2.1　剪力连接件的承载力

剪力连接件的承载力包括受剪和受拉承载力。连接件的抗剪强度可由欧洲规范 Eurocode 4 中的公式确定:

$$V_{\mathrm{H}} = \min(0.29\alpha d^2 \sqrt{f_{\mathrm{ck}}E_{\mathrm{c}}}, 0.8\sigma_{\mathrm{u}}\pi d^2/4)/\gamma_{\upsilon} \tag{5.1}$$

式中,d 为连接件承载直径;f_{ck} 为混凝土抗压强度;E_{c} 为混凝土弹性模量;σ_{u} 为连接件材料的极限抗拉强度;当 $3 \leqslant h_{\mathrm{s}}/d \leqslant 4$ 时 $\alpha=0.2(h_{\mathrm{s}}/d+1)$,当 $h_{\mathrm{s}}/d>4$ 时 $\alpha=1$,其中 h_{s} 为连接件埋置深度;γ_{υ} 为局部安全系数。

连接件的抗拉强度 T 可由混凝土开裂、混凝土拔出破坏、栓钉拉伸断裂和钢板冲切破坏等破坏模式下的最小抗拉强度确定,如下所示:

$$T = \min(T_{\mathrm{Br}}, T_{\mathrm{pl}}, T_{\mathrm{ut}}, T_{\mathrm{ps}}) \tag{5.2}$$

式中,T_{Br}、T_{pl}、T_{ut}、T_{ps} 分别为连接件在混凝土开裂、拔出破坏、拉伸断裂和钢板冲切破坏下的抗拉强度(根据美国规范 ACI 318-14,$A_{\mathrm{N}} = \pi h_{\mathrm{s}}^2(1+d/h_{\mathrm{s}})$,表示锥体破坏区域到自由混凝土表面的投影面积)。$T_{\mathrm{Br}} = 0.333\sqrt{f_{\mathrm{ck}}}A_{\mathrm{N}}$,$T_{\mathrm{pl}} = 0.9\psi f_{\mathrm{ck}}A_{\mathrm{e}}+N_{\mathrm{jh}}$,$T_{\mathrm{ut}} = \phi\sigma_{\mathrm{u}}A_{\mathrm{e}}$,$T_{\mathrm{ps}} = \pi d_{\mathrm{c}}t\sigma_{\mathrm{u}}/\sqrt{3}$。其中,$A_{\mathrm{e}}$ 为连接件锚固在混凝土内的投影面积;$A_{\mathrm{e}}=de_{\mathrm{h}}$,$e_{\mathrm{h}}$ 取 $3\sim4.5d$;ϕ 为连接件的强度安全系数。

5.2.2　双钢板-混凝土组合板受弯承载力

1. 用弹性方法计算横截面的受弯承载力

塑性铰线理论研究分析双钢板-混凝土组合板的抗弯性能如图 5.13 所示,采用以下基本假定:①受弯构件正截面弯曲变形后,截面平均应变保持为平面;②不考虑混凝土的抗拉强度,受拉区的拉应力完全由下部钢板承担;③截面上的应变呈线性分布,即截面上各点应变与该点到中性轴的距离成正比。

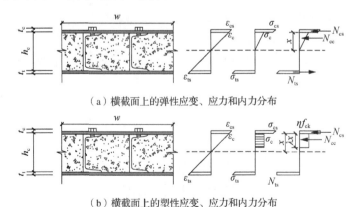

(a)横截面上的弹性应变、应力和内力分布

(b)横截面上的塑性应变、应力和内力分布

图 5.13　塑性铰线理论研究分析双钢板-混凝土组合板的抗弯性能

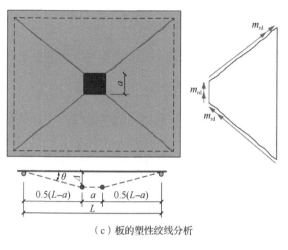

（c）板的塑性铰线分析

图 5.13（续）

图 5.13（a）表示了组合板横截面上的弹性应变、应力和内力分布。中性轴的位置可以根据拉力与压力的合力平衡的位置来确定，即

$$N_t - N_{cs} - N_{cc} = 0 \tag{5.3a}$$

其中

$$N_t = E_s t_t w \varepsilon (h_c - x + t_t/2)/x$$
$$N_{cs} = E_s t_c w \varepsilon (x + t_c/2)/x$$
$$N_{cc} = 0.5 x w E_c \varepsilon$$

$$x = -(t_c + t_t)/k + \sqrt{(t_c + t_t)^2 - k(t_c^2 - 2h_c t_c - t_t^2)}/k \tag{5.3b}$$

式中，ε 为混凝土顶部的压应变；$k = E_c/E_s$。

因此，按弹性计算方法计算的截面的受弯承载力为

$$M_e = \sigma_t w t_t (h_c + t_t/2 - x/3) + \sigma_c w t_c (t_c/2 + x/3) \tag{5.4}$$

式中，σ_t 为底部钢板的拉应力；σ_c 为顶部钢板的压应力，且满足以下关系：

$$\sigma_c = \sigma_t (x + t_c/2)/(h_c - x + t_t/2) \tag{5.5}$$

此时，式（5.6）的计算可根据钢板或混凝土屈服的先后顺序分为以下两种情况。

1）如果底部钢板先屈服，即 $\sigma_t = f_y$，则式（5.5）可表示为

$$\sigma_c = f_y (x + t_c/2)/(h_c - x + t_t/2) \tag{5.6}$$

此时，弹性计算方法下截面的受弯承载力可表示为

$$m_{rd,e} = f_y w t_t \left(h_c + \frac{t_t}{2} - \frac{x}{3} \right) + f_y \frac{x + t_c/2}{h_c - x + t_t/2} w t_c \left(\frac{t_c}{2} + \frac{x}{3} \right) \tag{5.7}$$

2）如果截面顶部的混凝土达到极限抗压强度 f_{ck}，则式（5.5）可表示为

$$\sigma_t = f_{ck}(E_s/E_c)(h_c - x + t_t/2)/(x + t_c/2) \tag{5.8}$$

此时，弹性计算方法下截面的受弯承载力可表示为

$$m_{rd,e} = \frac{f_{ck}}{k} w t_t \frac{h_c - x + t_t/2}{x + t_c/2} \left(h_c + \frac{t_t}{2} - \frac{x}{3} \right) + \frac{f_{ck}}{k} w t_c \left(\frac{t_c}{2} + \frac{x}{3} \right) \tag{5.9}$$

2. 用塑性方法计算横截面的受弯承载力

塑性方法计算下截面的受弯承载力 m_{rd} 可通过对顶部钢板中心位置取合力矩平衡得到，即

$$m_{rd} = N_{ts}(h_c + t_c/2 + t_s/2) + N_{cc}(\lambda x/2) \tag{5.10}$$

式中，N_{ts}、N_{cc} 和 x 分别为作用在单位截面上的钢板拉力、混凝土压力及混凝土受压区高度，如图 5.13（b）所示。

N_{ts}、N_{cc} 和 x 按欧洲规范 Eurocode 2 中的方法进行计算。其中，混凝土受到的合压力 N_{cc} 为

$$N_{cc} = \eta f_{ck} \lambda x w/\gamma_c \tag{5.11}$$

式中，γ_c 为局部安全系数。

当 $f_{ck} \leqslant 50$ MP$_a$ 时，$\lambda = 0.8$；当 $50\text{MPa} < f_{ck} \leqslant 90\text{MPa}$ 时，$\lambda = 0.8-(f_{ck}-50)/400$。当 $f_{ck} \leqslant 50\text{MP}_a$ 时，$\eta = 1.0$；当 $50\text{MPa} < f_{ck} \leqslant 90\text{MP}_a$ 时，$\eta = 1.0-(f_{ck}-50)/200$。

钢板中产生的最大拉（压）力由钢板的屈服强度和钢板与其所有连接的连接件最大受剪承载力之和两者的较小值决定，钢板的最大拉（压）内力为

$$N_{cs} = \min(n_c V_H, f_{ysc} A_{sc}), \quad N_{ts} = \min(n_t V_H, f_{yst} A_{st}) \tag{5.12}$$

式中，n_c 和 n_t 为截面单位宽度内连接在顶部和底部钢板上剪力连接件的数量；V_H 为一个剪力连接件的受剪承载力；f_{ysc} 和 f_{yst} 为顶部和底部钢板的屈服强度；A_{sc} 和 A_{st} 为单位宽度内的受压和受拉钢板的面积。

混凝土受压区高度 x 可由作用在截面上的内力平衡条件得到，即

$$x = (N_{ts} - N_{cs})r_c/(\eta f_{ck} w \lambda x) \tag{5.13}$$

3. 双钢板-混凝土组合板受弯性能

试验结果表明，对于承受局部荷载的组合板，塑性铰线从加载区域的四角延伸至组合板边缘的四角，如图 5.13（c）所示。因此，这里采用塑性铰线理论来计算双钢板-混凝土组合板的受弯承载力。

沿塑性铰线取 1/4 板单元，其受力情况如图 5.13（c）所示。双钢板-混凝土组合板的受弯承载力 P_{YL} 可由塑性铰线理论确定，即

$$P_{YL,e} = 8m_{rd,e}L_s/(L-a)$$
$$P_{YL,p} = 8m_{rd}L_s/(L-a) \tag{5.14}$$

式中，L_s、L 分别为双钢板-混凝土组合板的跨度和宽度；m_{rd}、$m_{rd,e}$ 分别为按塑性和弹性方法计算得到的截面受弯承载力；a 为加载区的宽度。

5.2.3　核心混凝土抗冲切承载力计算

核心混凝土的抗冲切承载力计算采用美国规范 ACI 318-11 中给出的方法，假定破坏面为 45°锥形破坏面。核心混凝土的冲切破坏机理如图 5.14 所示。双钢板-混凝土组合板的抗冲切承载力由核心混凝土（V_c）、剪力连接件（V_s）及钢板（V_{sp}）抗冲切承载力三部分构成，即

$$P_{ps} = V_c + V_s + V_{sp} \tag{5.15}$$

核心混凝土的抗冲切承载力可按美国规范 ACI 318-11 中的计算公式计算为

$$V_c = 0.33\sqrt{f_{ck}}\,b_0 h_c \tag{5.16}$$

式中，b_0 为距离加载区域 $h_c/2$ 处锥形破坏区域的周长。

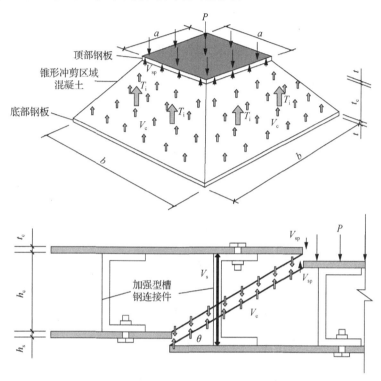

图 5.14　核心混凝土的冲剪破坏机理

顶部钢板的抗冲切承载力 V_{sp} 可按 Narayanan 等[3]提出的方法，等效为钢筋混凝土结构的截面进行计算，即

$$V_{sp} = S(E_s/E_c)t_c v_c \leqslant St_c \frac{f_y}{\sqrt{3}} \tag{5.17}$$

式中，S 为加载区域的周长；v_c 为混凝土的抗冲剪应力，在这里等于 $0.33 f_{ck}$，MPa。

剪力连接件提供的抗冲切承载力的计算公式如下：

$$V_s = \sum_{i=1}^{n_c} T_i \sin \alpha_i \tag{5.18}$$

式中，T_i、n_c 和 α_i 分别为第 i 个剪力连接件的抗拉承载力、冲切锥形破坏面上剪力连接件数量及剪力连接件与混凝土破坏面的夹角，其中单个剪力连接件的抗拉承载力 T 可由式（5.2）确定。

5.2.4　顶部钢板抗冲切承载力计算

在局部荷载下，当双钢板-混凝土组合板的承载力即将达到第二峰值 P_{u2} 时，首先加载区域边缘的钢板出现撕裂，随后顶部钢板发生冲切破坏。此时，在核心混凝土冲切破坏之后，剪力连接件仍然连接着破坏界面两侧的混凝土（图5.14）。因此，第二峰值 P_{u2} 由顶部钢板的抗冲剪承载力和位于冲剪破坏面上剪力连接件受到的拉拔力两部分组成，即

$$P_{\text{PST}} = \frac{f_{\text{u}}}{\sqrt{3}} St_{\text{c}} + \kappa V_{\text{s}} \qquad (5.19)$$

式中，κ 为考虑混凝土破坏影响下剪力连接件抗冲剪承载力的折减系数，此处取0.5。

5.2.5　钢板局部屈曲的影响

在组合板发生弯曲变形时，顶部钢板受压可能发生局部屈曲。焊接在钢板上的剪力连接件会减小钢板受压状态的有效宽度。因此，要合理确定双钢板-混凝土组合板连接件最小间距，防止钢板发生局部屈曲。连接件最小间距可由 Sohel 和 Liew[4]提出的两端固定边界下钢板的临界屈曲荷载计算公式来确定，即

$$\frac{S_{\text{a}}}{t_{\text{c}}} = \sqrt{\frac{\pi^2 E_{\text{s}}}{3(1-\nu^2)f_{\text{y}}}} \qquad (5.20)$$

式中，ν 为泊松比，钢材取0.3。

此外，连接件的间距也应满足以下条件：

$$\frac{S_{\text{a}}}{t_{\text{c}}} \leqslant 1.9\sqrt{\frac{E_{\text{s}}}{f_{\text{y}}}} \qquad (5.21)$$

式中，对于 S275 钢材，$\frac{S_{\text{a}}}{t_{\text{c}}} \leqslant 52$；对于 S355 钢材，$\frac{S_{\text{a}}}{t_{\text{c}}} \leqslant 46$。

为避免钢板发生局部屈曲，剪力连接件的间距应满足式（5.20）和式（5.21）的要求。此外，从材料充分利用的角度来看，有必要通过控制连接件的间距来提高结构的钢-混组合效应。

5.2.6　组合板抗冲切承载力设计公式

从试验结果中观察到，组合板的荷载-位移曲线包括两个主要的峰值，即第一峰值 P_{u1} 和第二峰值 P_{u2}。第一峰值 P_{u1} 为

$$P_{u1} = \min(P_{\text{YL,e}}, P_{\text{PS}}) \qquad (5.22)$$

组合板的第二峰值 P_{u2} 为

$$P_{u2} = \min(P_{\text{YL,p}}, P_{\text{PST}}) \qquad (5.23)$$

在正常使用极限状态下，对双钢板-混凝土组合板施加的局部荷载不宜超过 P_{u1}。对于承载能力极限状态，可按组合板的极限承载力进行设计。组合板的极限承载力 $P_{\max}$ 为

$$P_{\max} = \max(P_{u1}, P_{u2}) \qquad (5.24)$$

双钢板-混凝土组合板的极限承载力设计流程如图5.15所示。

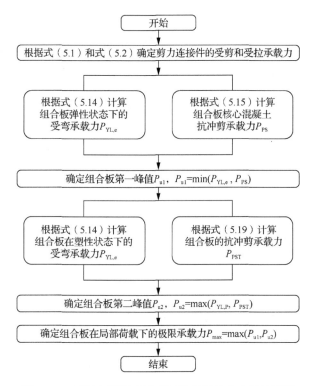

图 5.15　双钢板-混凝土组合板的极限承载力设计流程

5.2.7　理论公式验证

图 5.16 给出了根据理论预测模型计算的组合板第一峰值 P_{u1} 和第二峰值 P_{u2} 与试验结果的对比情况，表 5.3 给出了理论计算结果的详细数据。结果表明，理论计算结果平均低估了第一峰值 P_{u1} 和第二峰值 P_{u2} 的 15% 和 14%，两者的变异系数均为 0.09。如表 5.3 所示，建立的理论预测模型仅对组合板的 P_{u2} 进行了一次不安全预测，试验预测比为 0.98。因此，建立的理论预测模型可用于计算采用加强型槽钢连接件的双钢板-混凝土组合板的抗冲剪承载力。

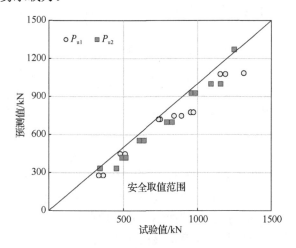

图 5.16　P_{u1} 和 P_{u2} 预测值与试验值对比

表 5.3　理论计算结果

试件编号	δ_1/mm	P_{u1}/kN	$P_{u1,a}$/kN	$P_{u1}/P_{u1,a}$	δ_2/mm	P_{u2}/kN	$P_{u2,a}$/kN	$P_{u2}/P_{u2,a}$
W1-1	6.0	749.3	720.4	1.04	10.5	607.7	554.1	1.10
W1-2	7.2	737.6	720.4	1.02	13.2	638.7	554.1	1.15
W2-1	6.1	841.5	747.6	1.13	14.7	828.1	698.0	1.19
W2-2	6.0	891.7	747.6	1.19	14.7	793.1	698.0	1.14
W3-1	7.0	953.3	775.2	1.23	17.4	958.7	926.5	1.03
W3-2	7.9	971.9	775.2	1.25	18.1	984.9	926.5	1.06
W4-1	5.5	478.2	449.1	1.06	20.6	491.1	418.5	1.17
W4-2	5.5	511.1	449.1	1.14	16.2	515.3	418.5	1.23
W5-1	3.7	364.5	278.6	1.31	35.0	453.0	333.2	1.36
W5-2	3.3	334.9	278.6	1.20	25.8	343.2	333.2	1.03
W6-1	23.4	1189.5	1077.2	1.10	43.7	1156.8	999.6	1.16
W6-2	20.5	1155.4	1077.2	1.07	32.1	1092.0	999.6	1.09
W7	15.8	1311.3	1086.0	1.21	26.1	1248.4	1271.0	0.98
平均值				1.15				1.14
协方差				0.09				0.09

注：P_{u1} 为第一峰值；P_{u2} 为第二峰值；δ_1 为 P_{u1} 的位移；δ_2 为 P_{u2} 的位移；$P_{u1,a}$ 为预测的第一峰值；$P_{u2,a}$ 为预测的第二峰值。

小　　结

本章对加强型槽钢连接件的双钢板-混凝土组合板在面外集中荷载下的受力性能进行了分析，对 13 个采用加强型槽钢连接件的双钢板-混凝土组合板试件进行了在局部荷载下的试验，以检查钢板厚度（t_s）、槽钢间距（S）及加载宽度（W_a）的影响；提出了用于估算采用加强型槽钢连接件的双钢板-混凝土组合板抗冲剪承载力的分析模型。本章主要结论如下。

1）在局部荷载下，采用加强型槽钢连接件的双钢板-混凝土组合板的荷载-位移曲线表现出 2 个峰值承载力（P_{u1} 和 P_{u2}）和 5 个工作阶段，即弹性阶段、非线性阶段（B类荷载-位移曲线没有该阶段）、第一峰值后的衰退阶段、回弹阶段和最终衰退阶段。在第一峰值 P_{u1} 和第二峰值 P_{u2} 处，核心混凝土和顶部钢板分别沿局部加载周边出现了冲剪破坏。

2）在局部荷载作用下，组合板表现出 3 种荷载-位移曲线，即 A 类、B 类、C 类。加载宽度 W_a 为 100mm 的组合板表现为 A 类荷载-位移曲线，荷载-位移曲线在经历第一峰值 P_{u2} 之后出现了一定的下降。加载宽度 W_a 为 200mm 和 300mm 的组合板在经历第一峰值 P_{u1} 后表现出 C 类荷载-位移曲线，其受弯曲控制更多。槽钢间距 S 较大的组合板表现出 B 类荷载-位移曲线，没有明显的非线性阶段。

3）增加钢板厚度 t_s 通常会改善组合板的荷载-位移曲线，尤其是其 P_{u1} 后的曲线。t_s 从 3.0mm 增加到 6.0mm，P_{u1} 和 P_{u2} 分别增加了 31% 和 55%，但对初始刚度 K_e 的影响有限。

4）增加槽钢间距 S 对组合板的荷载-位移曲线表现出非常显著的负面影响，即承载能力和弹性刚度均显著降低。槽钢间距 S 从 100mm 增加到 250mm 时，其 P_{u1}、P_{u2} 和 K_e 分别减少了 53%、36% 和 36%。

5）增加加载宽度 W_a 提高了组合板的延性。当 W_a 从 100mm 增加到 300mm 时，P_{u1}、P_{u2} 和 K_e 分别平均增加了 76%、89% 和 8%。此外，W_a 的增加也使组合板在第一峰值 P_{u1} 处的破坏模式从冲剪破坏变为由弯曲控制的混合破坏模式。

6）提出的理论模型对局部荷载下组合板的 P_{u1} 和 P_{u2} 提供了合理、可靠和保守的估计值。组合板对 P_{u1} 和 P_{u2} 的平均预测误差分别为 15% 和 14%。

参 考 文 献

[1] 全国钢标准化技术委员会（SAC/TC 183）. 金属材料　拉伸试验：第 1 部分：室温试验方法：GB/T 228.1—2010[S]. 北京：中国标准出版社，2010.

[2] CHOI B J, HAN H S. An experiment on compressive profile of the unstiffened steel plate-concrete structures under compression loading[J]. Steel and Composite Structures, 2009, 9(6): 439-454.

[3] NARAYANAN R, ROBERTS T M, NAJI F J. Design guide for steel-concrete-steel sandwich construction Volume 1: General Principlès and Rules for Basic Elements[M]. Berkshire: The Steel Construction Institute, 1994.

[4] SOHEL K M A, RICHARD LIEW J Y. Steel-concrete-steel sandwich slabs with lightweight core-static performance[J]. Engineering Structures, 2011, 33(3): 981-992.

第 6 章 采用加强型槽钢连接件双钢板-混凝土组合墙

本章针对加强型槽钢连接件的双钢板-混凝土组合墙力学性能开展了一系列研究，主要内容包括加强型槽钢连接件的双钢板-混凝土组合墙轴压性能、该型墙抗震性能及该型墙理论分析及数值分析模型，并基于 OpenSees 分析双钢板-混凝土组合墙低周滞回性能。

6.1 采用加强型槽钢连接件双钢板-混凝土组合墙受压试验

本节设计并开展了加强型槽钢连接件的双钢板-混凝土组合墙的受压力学性能试验，列举了组合墙受压破坏过程中的破坏模式、荷载-位移曲线、荷载-应变曲线等试验结果，研究分析包括钢板厚度、槽钢连接件朝向、剪力连接件间距和混凝土类型及强度等级等参数对组合墙受压性能的影响。

6.1.1 采用加强型槽钢连接件组合墙简介

本书提出的加强型槽钢属于直接连接方式的剪力连接件，通过槽钢一端翼缘内侧焊接、一端翼缘外侧螺栓连接的方式与外包钢板形成整体。该连接方式除提供了充足的抗拉拔性能以外，还减少了所需连接件的数量，可用于墙、梁、板等结构构件。本节以组合墙为例，详细叙述采用加强型槽钢连接件双钢板-混凝土组合墙的制作和装配流程，如图 6.1 所示，大致可以分为以下 4 个步骤。

1）准备槽钢、螺栓、螺母和外包钢板，在槽钢一侧翼缘及对应位置钢板上开洞，开洞尺寸与螺栓、螺母尺寸对应，如图 6.1（a）所示。

2）将螺母焊接在槽钢开洞翼缘的内侧，保证槽钢洞口和螺母孔同轴心，再将槽钢未开洞翼缘焊接至钢板上，如图 6.1（b）所示。

3）从钢板外侧拧入螺栓，依次穿过外包钢板、槽钢翼缘和螺母，如图 6.1（c）所示。

4）在两块钢板之间浇筑混凝土，形成完整的双钢板-混凝土组合墙，如图 6.1（d）所示。

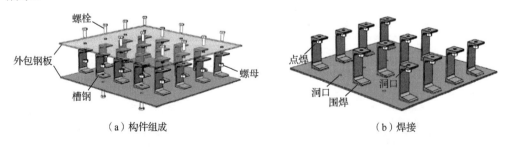

（a）构件组成 （b）焊接

图 6.1 加强型槽钢连接件双钢板-混凝土组合墙的制作和装配流程

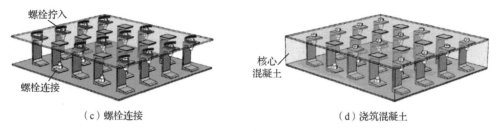

（c）螺栓连接　　　　　　　　（d）浇筑混凝土

图 6.1（续）

同时，为避免加载过程中试件端部发生局部破坏影响试验结果，组合墙上下两端均设置了端板，并采用三角形加劲肋进行加固，构造如图 6.2 所示。

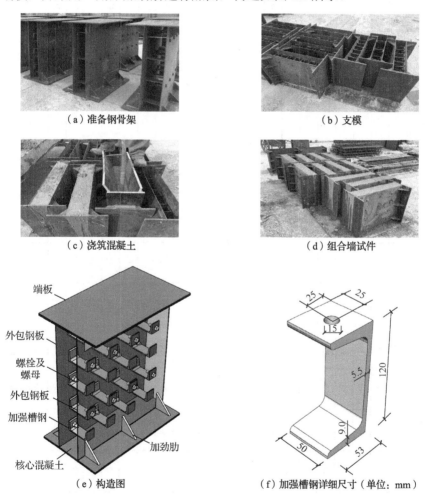

（a）准备钢骨架　　　　　　　　　　（b）支模

（c）浇筑混凝土　　　　　　　　　　（d）组合墙试件

（e）构造图　　　　　　　　　　（f）加强槽钢详细尺寸（单位：mm）

图 6.2　新型双钢板-混凝土组合墙试件

6.1.2　试验构件设计

为研究新型双钢板-混凝土组合墙轴心受压状态下的工作性能，本节开展了 23 片双钢板-混凝土组合墙的轴压试验，试件制作过程如图 6.2（a）～（d）所示。12 片组合墙采用普通混凝土作为核心混凝土，其余 11 片墙均采用 UHPC 作为核心混凝土。如表 6.1 所示，

表6.1　双钢板-混凝土组合墙参数信息

编号	t_c/mm	t_s/mm	S_{x1}/mm	S_{x2}/mm	S_{h1}/mm	S_{h2}/mm	S_{va}/mm	S_{ha}/mm	槽钢开口朝向	f_y/MPa	f_u/MPa	E_{s1}/GPa	σ_y/MPa	σ_u/MPa	E_{s2}/GPa	f_c/MPa
NW1-1	119.5	3.0	37	90	90	140	90	115	向上	332	467	202	310	448	202	54.4
NW1-2	117.3	2.9	37	90	90	140	90	115	向上	332	467	202	310	448	202	54.4
NW1-3	118.8	2.8	37	90	90	140	90	115	向上	235	349	201	235	365	202	54.4
NW2	117.9	3.0	65	115	62	115	90	115	向右	235	349	201	235	365	202	54.4
NW3	119.1	4.5	37	90	90	140	90	115	向上	255	372	203	235	365	202	54.4
NW4	116.7	6.0	37	90	90	140	90	115	向上	324	451	202	310	448	202	54.4
NW5-1	118.7	3.0	37	90	90	140	90	115	向上	332	467	202	310	448	202	45.6
NW5-2	120.3	2.8	37	90	90	140	90	115	向上	332	467	202	310	448	202	45.6
NW6	116.0	2.9	77	130	90	140	130	115	向上	235	349	201	235	365	202	54.4
NW7	116.4	3.1	117	170	90	140	170	115	向上	332	467	202	310	448	202	54.4
NW8	118.2	3.0	37	90	150	200	90	175	向上	235	349	201	235	365	202	54.4
NW9	118.9	3.2	37	90	240	290	90	265	向上	332	467	202	310	448	202	54.4
UW1-1	118.9	3.0	37	90	90	140	90	115	向上	332	467	202	310	448	202	119.7
UW1-2	120.0	3.0	37	90	90	140	90	115	向上	332	467	202	310	448	202	119.7
UW1-3	119.2	3.0	37	90	90	140	90	115	向上	332	467	202	310	448	202	119.7
UW2	119.9	3.1	65	115	62	115	90	115	向右	332	467	202	310	448	202	119.7
UW3	118.5	4.8	37	90	90	140	90	115	向上	317	463	202	310	448	202	119.7
UW4	119.6	5.8	37	90	90	140	90	115	向上	324	451	202	310	448	202	119.7
UW5	118.3	3.0	77	130	90	140	130	115	向上	332	467	202	310	448	202	119.7
UW6	119.0	2.9	117	170	90	140	170	115	向上	332	467	202	310	448	202	119.7
UW7	117.9	3.0	187	240	90	140	240	115	向上	332	467	202	310	448	202	119.7
UW8	119.1	3.2	37	90	150	200	90	175	向上	332	467	202	310	448	202	119.7
UW9	117.5	3.2	37	90	240	290	90	265	向上	332	467	202	310	448	202	119.7

注：t_c为混凝土厚度；t_s为钢板厚度；S_{x1}为相邻槽钢边缘的纵向间距；S_{x2}为相邻槽钢螺栓的纵向间距；S_{h1}为相邻槽钢边缘的横向间距；S_{h2}为相邻槽钢螺栓的横向间距；S_{va}为相邻螺栓的纵向间距；S_{ha}为相邻螺栓的横向间距；E_{s1}为钢板弹性模量；f_y为钢板屈服强度；f_u为钢板极限强度；σ_y为槽钢屈服强度；σ_u为槽钢极限强度；E_{s2}为槽钢弹性模量；f_c为混凝土圆柱体抗压强度。

本试验研究参数包括槽钢连接件开口朝向、钢板厚度 t_s、混凝土强度等级、剪力连接件竖向间距 S_{va}、剪力连接件横向间距 S_{ha} 和混凝土种类。其中，NW1 和 UW1 分别是普通混凝土组合墙和 UHPC 组合墙的控制组（包含 3 个试件），编号分别为 NW1-1、NW1-2、NW1-3 和 UW1-1、UW1-2、UW1-3；NW1 和 NW2（UW1 和 UW2）设计了槽钢的不同开口朝向，NW1（UW1）中的槽钢为水平放置，NW2（UW2）中的槽钢为垂直放置，如图 6.3 所示；NW1、NW3 和 NW4（UW1、UW3 和 UW4）设计钢板厚度 t_s 分别为 3mm、4.5mm 和 6mm，对应的含钢率分别为 4.8%、7.0% 和 9.1%；NW1 和 NW5 设计了不同混凝土强度等级，NW1 对应 C50（f_c=54.4MPa），NW5 对应 C40（f_c=45.6MPa）；NW1、

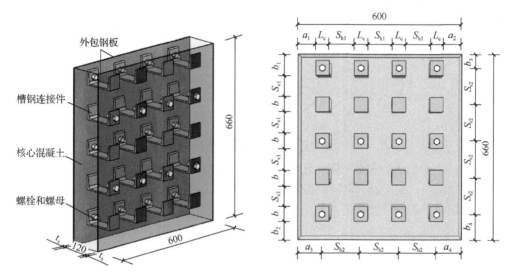

（a）槽钢水平放置（开口向上）布置方案

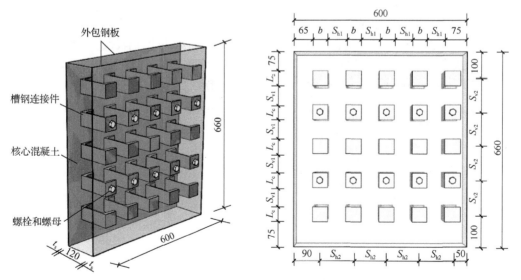

（b）槽钢垂直放置（开口向右）布置方案

图 6.3　加强型槽钢双钢板-混凝土组合墙尺寸（单位：mm）

NW6 和 NW7（UW1、UW5、UW6 和 UW7）设计了不同槽钢连接件竖向间距，对应 S_{va} 分别为 90mm、130mm 和 170mm（90mm、130mm、170mm 和 240mm）；NW1、NW8 和 NW9（UW1、UW8 和 UW9）设计了不同槽钢连接件横向间距，对应 S_{ha} 分别为 115mm、175mm 和 265mm。图 6.2（e）和（f）展示了本试验开展的新型组合墙的构造图及加强型槽钢详细尺寸。

图 6.3 描述了该新型双钢板-混凝土组合墙的尺寸信息。试件采用的槽钢型号为 12，螺栓采用型号为 M14×40（直径×高度=14mm×40mm）的 A 级普通螺栓，开洞大小及儿何尺寸如图 6.2（f）所示。与以往的组合墙有所区别，此类新型组合墙的剪力连接件一端采用焊接工艺，一端采用螺栓连接工艺，并非左右完全对称的结构。因此，在确定剪力连接件的横、纵间距时采用平均间距的概念，对竖向平均间距 S_{va} 和横向平均间距 S_{ha} 定义如下：

$$S_{va} = \begin{cases} S_{v2} & \text{槽钢开口向上} \\ \dfrac{S_{v1} + S_{v2}}{2} & \text{槽钢开口向右} \end{cases} \qquad (6.1)$$

$$S_{ha} = \begin{cases} \dfrac{S_{h1} + S_{h2}}{2} & \text{槽钢开口向上} \\ S_{h2} & \text{槽钢开口向右} \end{cases} \qquad (6.2)$$

式中，S_{va}、S_{ha} 分别为双钢板-混凝土组合墙的平均竖向间距和横向间距；S_{v1} 为相邻槽钢边缘的竖向间距；S_{v2} 为相邻槽钢螺栓的竖向间距；S_{h1} 为相邻槽钢边缘的横向间距；S_{h2} 为相邻槽钢螺栓的横向间距。

6.1.3　材料性能数据

1. 钢材

外包钢板和槽钢剪力连接件均采用 Q235B 型号的钢材。本节根据《金属材料　拉伸试验　第 1 部分：室温试验方法》（GB/T 228.1—2010）中的相关规定制作钢材材料性能试件，并在钢材拉伸机上进行拉伸试验，测得的 3 种不同厚度钢板及 12#槽钢的应力-应变曲线如图 6.4 所示，各钢材的屈服强度、极限强度和弹性模量列于表 6.1。同时，本试验采用 14mm×40mm（直径×高度）的 M8.8 的螺栓，屈服强度为 640MPa。

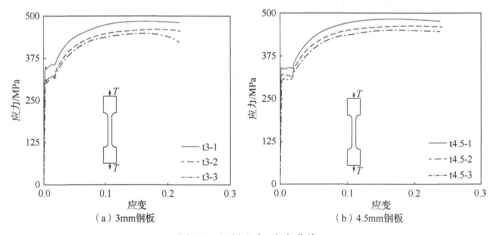

（a）3mm钢板　　　　　　　　　（b）4.5mm钢板

图 6.4　钢材应力-应变曲线

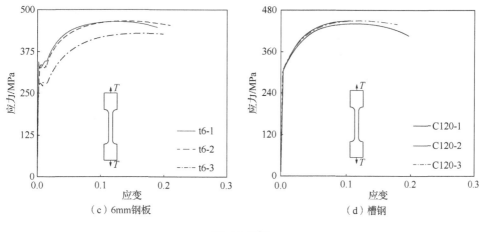

（c）6mm钢板 （d）槽钢

图 6.4（续）

2. 混凝土

本试验的混凝土分为 3 种：C40、C50 普通混凝土和 UHPC。为获得混凝土的材料性能数据，本试验制作了 100mm×100mm×100mm 的立方体试块及 100mm×100mm×300mm 的棱柱体试块，对测得的 28d 立方体抗压强度 f_{cu} 和棱柱体抗压强度 f'_c 进行了换算，最终将得到的混凝土圆柱体抗压强度 f_c 均值列于表 6.1。根据 UHPC 受压实测结果和张哲等[1]的 UHPC 受拉本构模型，本节采用的 UHPC 单轴受压下和受拉下的应力-应变曲线如图 6.5 所示。

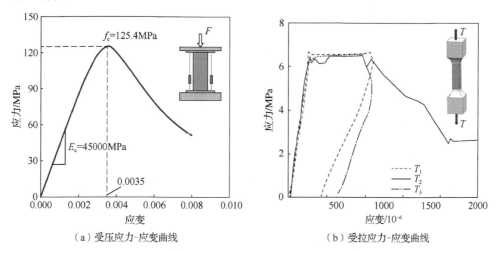

（a）受压应力-应变曲线 （b）受拉应力-应变曲线

图 6.5 混凝土应力-应变曲线

6.1.4 加载制度和量测方案

本试验在天津大学结构试验室 1500t 电液伺服压力试验机上进行，加载装置如图 6.6（a）所示。加载过程分为预加载和正式加载两部分：预加载采用力单步控制，加载上限为极限承载力的 5%～10%；正式加载采用位移单步控制，加载速率为0.05mm/min。为准确量测试件的位移，本试验采用对称布置方案设置了 12 个位移计，分别测量上端板和下端板的变形情况，通过上下位移计的差值得到构件的压缩变形，如图 6.6（b）所示。同时，在试件钢板的表面对称布置应变片，布置位置主要集中于连接件之间易发生局部鼓曲的位置，以此判断双钢板-混凝土组合墙的破坏模式。上述位移和应变信息均通过威恩德静态采集仪进行采集。

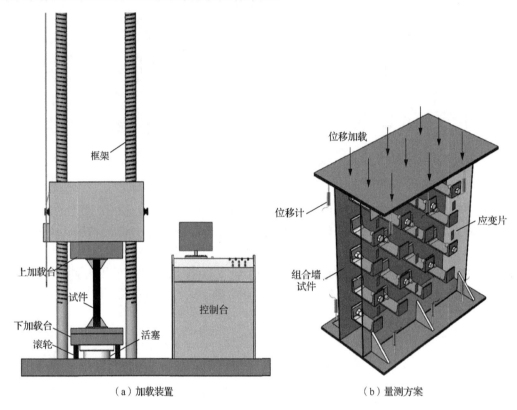

（a）加载装置　　　　　　　　　　　（b）量测方案

图 6.6　组合墙轴压试验加载装置及量测方案

6.1.5 · 试验现象与结果

1. 破坏现象

试件 NW1～NW9 和试件 UW1～UW9 的典型破坏模式如图 6.7 所示，图中标注了钢板和混凝土的破坏位置和出现次序。下面以试件 NW1-1、NW6、NW8、UW1-3、UW5、UW8 为例，具体描述破坏过程。

试件 NW1-1 的破坏模式如图 6.7（a）所示。当荷载达到 1050kN 时，位置（1）钢板最先发生轻微局部鼓曲；荷载为 2855kN 时可观察到位置（1）鼓曲变大，钢板与混凝土出现分离；加载至 3845kN 时，位置（2）（3）钢板接连出现鼓曲现象，同时位置（1）处混凝土表面出现第一条裂缝；当荷载达到 4200kN 时，位置（4）钢板出现鼓曲；加载至 4600kN 时，可观察到位置（5）钢板与混凝土发生分离，同时位置（6）钢板也出现明显的鼓曲；最后，当荷载达到 4824kN 时，试件达到最大承载力，（2）、（3）位置混凝土出现裂缝，代表混凝土已被压溃。

试件 NW6 的破坏模式如图 6.7（b）所示。当荷载为 493kN 时，位置（1）、（2）钢板发生轻微鼓曲；当荷载为 2106kN 时，位置（3）、（4）出现鼓曲现象，靠近端板位置（5）紧接着出现鼓曲；加载至 2472kN 时，靠近试件上方的角部混凝土 Ⅰ、Ⅱ 发生开裂并伴随粉末掉落，同时 Ⅲ、Ⅳ 位置混凝土表面也出现裂缝；当荷载达到 2940kN 时，Ⅳ 处混凝土开始脱落，同时能观察到（6）位置处的钢板局部鼓曲；最后，当荷载为 4183kN 时，试件达到极限荷载，承载力开始下降。

试件 NW8 的破坏模式如图 6.7（c）所示。荷载为 1000kN 时，位置（1）钢板最先发生鼓曲；紧接着当荷载增加至 1200kN 时，位置（2）出现鼓曲现象；加载至 2190kN 时，位置（3）、（4）钢板出现局部鼓曲，同时位置 Ⅰ 处混凝土开裂；当荷载达到 3900kN 时，各位置的鼓曲加大，逐渐沿着宽度方向形成贯通鼓曲，位置 Ⅱ、Ⅲ 处混凝土出现水平和斜向裂缝；最后，当荷载达到 4409kN 时构件破坏，可以观察到连接件之间的钢板鼓曲明显，混凝土被压溃。

试件 UW1-3 的破坏模式如图 6.7（d）所示。当荷载为 1725kN 时，位置（1）（2）钢板最先发生轻微鼓曲；当荷载达到 2750kN 时，位置（3）钢板发生鼓曲；加载至 3730kN 时，混凝土表面产生细小裂缝并伴随声响，同时能观察到位置（4）钢板发生轻微鼓曲，（2）、（3）位置钢板鼓曲加大；荷载达到 7160kN 时，位置（4）钢板鼓曲加大，位置（1）钢板沿着宽度方向形成贯通鼓曲带，同时裂缝逐步开展；当荷载为 9280kN 时，位置（5）钢板也发生鼓曲，同时位置（2）也形成贯通鼓曲；最后，试件在峰值荷载 9818kN 时达到极限承载力。与普通混凝土较为不同的是，在加载至峰值荷载之前，混凝土表面开裂现象不明显，但是一旦试件达到极限荷载，试件发出"砰"的巨大声响，承载力瞬间丧失。再次观察试件，混凝土表面能看到明显的局部裂缝，钢板鼓曲加剧。

试件 UW5 的破坏模式如图 6.7（e）所示。当荷载为 850kN 时，位置（1）、（2）、（3）钢板均发生轻微鼓曲；当荷载为 2450kN 时，可以观察到位置（1）、（2）、（3）钢板鼓曲略微加大，并逐渐与混凝土发生分离；加载至 4850kN 时，各鼓曲位置钢板变形继续加大，但未出现新的局部鼓曲；当荷载达到 5660kN 时，位置（4）钢板出现轻微鼓曲；加载至 6400kN 时，位置（4）钢板鼓曲加大；当荷载为 7640kN 时，钢板在位置（5）出现新的鼓曲，同时可以观察到混凝土表面 Ⅰ 位置出现了裂缝，走近观察时可以听到试件发出"滋滋"的声响，初步断定是核心混凝土中的钢纤维相互挤压造成的；加载至 8809kN 时，试件达到极限荷载。与 W4 类似，试件在达到极限荷载以后，承载力迅速降低，同时钢板的变形加剧并出现新的鼓曲现象，靠近下端板的角部混凝土 Ⅱ 被压碎。

试件 UW8 的破坏模式如图 6.7（f）所示。在荷载从 720kN 加载至 3140kN 过程中，位置（1）、（2）、（3）钢板相继与混凝土发生轻微分离；加载至 3680kN 时，（1）、（2）、（3）处钢板出现鼓曲现象；当荷载达到 5000kN 时，上述 3 个位置钢板鼓曲加大，与混凝土形成较大空隙；当荷载上升至 6190kN 时，位置（4）、（5）钢板发生轻微分离；加载至 6660kN 时，顶部位置 Ⅰ 处混凝土表面产生裂痕，同时位置（6）钢板和混凝土发生分离；当荷载为 8740kN 时，观察到位置（4）、（6）钢板的鼓曲加大，同时位置 Ⅰ 处混凝土表面有粉末掉落；加载至 9730kN 时，试件临近破坏，角部 Ⅱ 混凝土开裂形成竖向裂缝；最后，当荷载达极限承载力 9813kN 后，观察到（1）处位置钢板鼓曲明显，同时位置（2）、（5）及位置（3）、（4）钢板上下贯通。

（a）NW1-1

（b）NW6

（c）NW8

图 6.7　采用 UHPC 的剪力墙典型破坏模式

（d）UW1-3

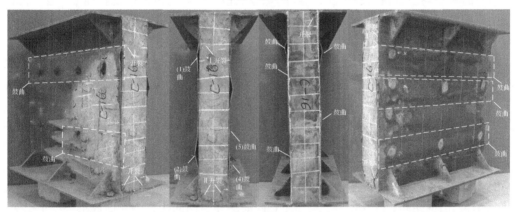

（e）UW5

（f）UW8

图 6.7（续）

2. 荷载-位移曲线

图 6.8（a）～（e）绘制了双钢板-普通混凝土组合墙的荷载-位移曲线。对于此类组合墙，荷载与位移的关系均满足一般规律，如图 6.8（f）所示。曲线可以划分为三个阶段：线性阶段Ⅰ（OA 阶段）、非线性阶段Ⅱ（AB 阶段）和下降阶段Ⅲ（BC 阶段）。

在线性阶段，试件的竖向位移随着荷载的增长而增大，曲线近似为一条直线。从试验现象可知，部分位置钢板发生了轻微鼓曲，说明钢板发生轻微的局部鼓曲对试件的初始刚度影响很小。当线性阶段即将结束时，可以观察到轻微鼓曲的位置变形逐渐加大。进入非线性阶段后，可以观察到钢板鼓曲的速率明显加快，并伴随混凝土开裂现象，这说明曲线的非线性是由钢板的鼓曲及混凝土的开裂造成的。非线性阶段和下降阶段的交点 B即为峰值点，此时试件达到最大承载力，位于剪力连接件之间的钢板沿着宽度方向鼓曲贯通，混凝土被压溃并伴随响声。最后，曲线进入下降阶段并预示着试件发生破坏，曲线的下降速率与槽钢摆放方向、钢板厚度、混凝土强度、槽钢竖向间距和横向间距均有关。对于不同的参数设置，组合墙的荷载-位移关系有所区别，从图 6.8（a）～（e）中可以看出，槽钢开口由右转上、钢板厚度增长、混凝土强度提高、剪力连接件竖向和横向间距的减小均会使得荷载-位移曲线的峰值上移，但只有钢板厚度和混凝土强度的改变会影响曲线 I 阶段的斜率，这是由于构件的初始刚度仅与截面材料性能和截面面积有关。

　　图 6.8（g）～（j）绘制了双钢板-UHPC 组合墙的荷载-位移曲线。同样，对于此类组合墙，荷载与位移的关系均满足一般规律，如图 6.8（k）所示。荷载-位移曲线同样可以分为线性阶段 I（OA 阶段）、非线性阶段 II（AB 阶段）和下降阶段 III（BC 阶段），其中 A 点作为线性阶段和非线性阶段的分界点，参考依据是外包钢板的鼓曲程度；B 为非线性阶段和下降阶段的分界点，组合墙的核心混凝土发生压碎，并伴随有 UHPC 溃裂的巨大声响，钢板的贯通鼓曲也集中在 B 点附近。相比于采用普通混凝土的组合墙，双钢板-UHPC 组合墙的下降阶段非常陡峭，说明 UHPC 的使用会造成构件的延性大大降低。同样，槽钢朝向、钢板厚度、连接件竖向间距和横向间距均会对曲线形态产生影响。

　　图 6.8（l）对比了两种类型组合墙对应标准件的荷载-位移曲线。从图 6.8（l）中可以直观看出，UHPC 的使用可以显著提高构件的初始刚度及整体的抗压承载力，但是会导致构件的延性降低。因此，在设计双钢板-混凝土组合墙时，应该充分考虑各种材料强度等级之间的匹配及外包钢板对核心混凝土的约束效应，保证构件在满足承载力要求的同时也保证必要的延性性能。

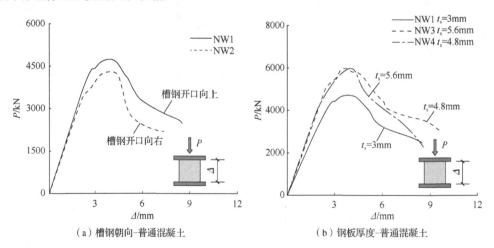

（a）槽钢朝向-普通混凝土　　　　　　　　　　（b）钢板厚度-普通混凝土

图 6.8　双钢板-混凝土组合墙的荷载-位移曲线

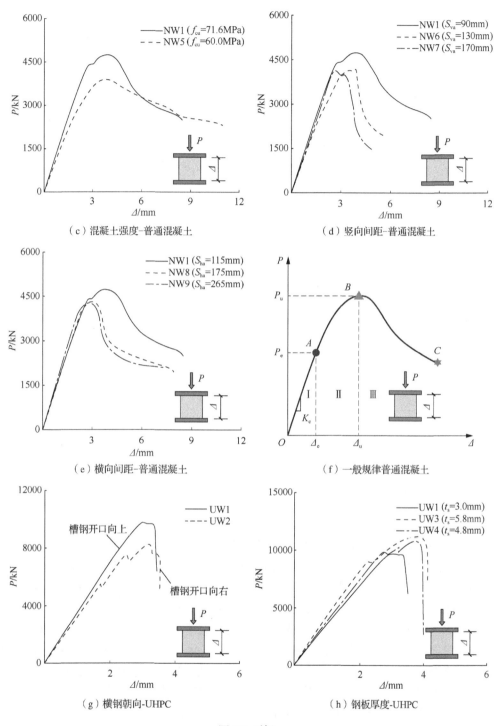

（c）混凝土强度-普通混凝土

（d）竖向间距-普通混凝土

（e）横向间距-普通混凝土

（f）一般规律普通混凝土

（g）横钢朝向-UHPC

（h）钢板厚度-UHPC

图 6.8（续）

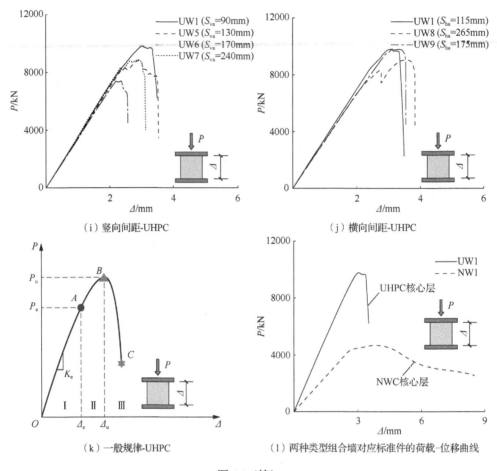

（i）竖向间距-UHPC   （j）横向间距-UHPC

（k）一般规律-UHPC   （l）两种类型组合墙对应标准件的荷载-位移曲线

图 6.8（续）

3. 荷载-应变曲线

图 6.9 绘制了双钢板-混凝土组合墙的荷载-应变曲线，每个组合墙选择两个典型应变片用于判断破坏模式。加载过程中钢板所受压力逐渐增大，并在某一时刻出现一个拐点，此时钢板受压应变开始减小并逐渐过渡为受拉，说明在该位置发生局部屈曲现象，拐点对应的应变即为钢板的屈曲应变 ε_{cr}[2]。在双钢板-混凝土组合墙轴压试验中，随着荷载的增加，由于钢板厚度、栓钉间距和材料强度的不同，其破坏模式有所不同。总结归纳共有以下三种破坏模式[3]：第一种为钢板屈服先于屈曲的塑性屈曲破坏，即 $\varepsilon_{cr} > \varepsilon_{y}$；第二种为钢板屈曲先于屈服的弹性屈曲破坏，即 $\varepsilon_{cr} < \varepsilon_{y}$；第三种为钢板屈曲与屈服近似同时发生的临界破坏，即 $\varepsilon_{cr} = \varepsilon_{y}$。根据荷载-应变曲线中拐点与钢板屈服线之间的相对关系，可以判断出不同类型组合墙对应的破坏模式，如 NW1、NW3 和 UW4 属于第一种破坏，NW6、NW7、UW7、UW8 和 UW9 属于第二种破坏，NW2、NW5、UW1、UW2 属于第三种破坏。

从图 6.9 中可以发现，荷载-应变曲线同样也可以分为三个工作阶段：Ⅰ阶段、Ⅱ阶段和Ⅲ阶段。在加载初期，钢板的压缩变形和外荷载呈现线性增长关系，并且在线性阶段结束时（Ⅰ、Ⅱ阶段交点），组合墙的外包钢板发生屈服或者弹性屈曲。在非线性阶段，可以观察到钢板的鼓曲逐渐增大，荷载-应变曲线上出现明显的拐点，说明组合墙在该阶段发生塑性屈曲。在下降阶段，对于双钢板-普通混凝土组合墙，钢板的主要鼓曲发生在极限承载力 P_u，因此组合墙荷载-应变曲线的Ⅲ阶段为下降段；但是对于双钢板-UHPC 组合墙，由于 UHPC 的峰值压应变（$\varepsilon \approx 0.0035$）要远大于普通混凝土的峰值压应变（$\varepsilon \approx 0.0025$），因此钢板的破坏发生在构件的极限承载力 P_u 之前，因此组合墙的Ⅲ阶段为下降段。

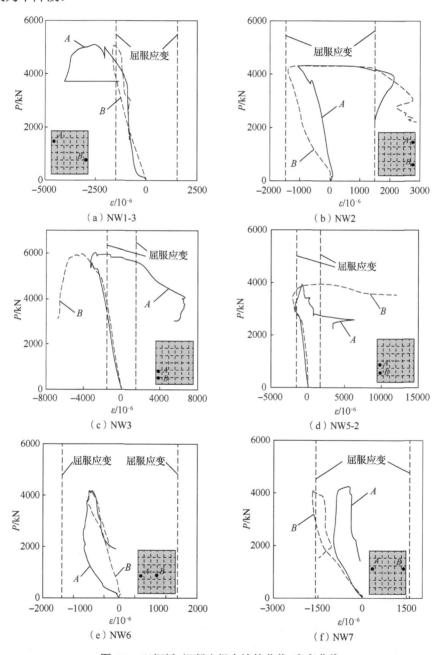

图 6.9　双钢板-混凝土组合墙的荷载-应变曲线

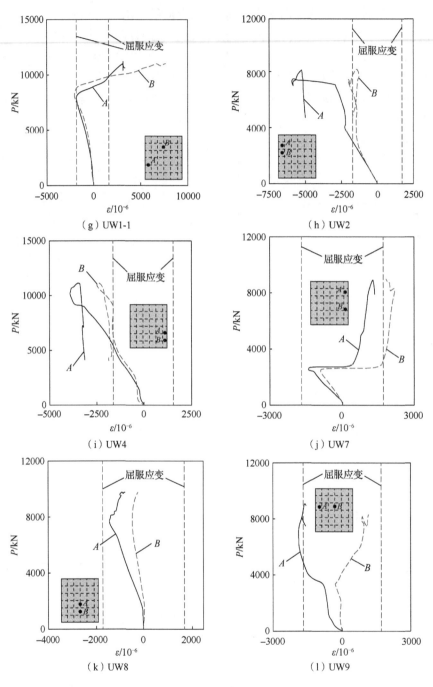

图 6.9（续）

4. 初始刚度

从荷载-位移曲线的线性阶段可以看出，荷载和位移是呈线性增长模式，即试件的刚度近似保持不变。本章采用 Choi 和 Han[4]提出的计算方法确定双钢板-混凝土组合墙的初始刚度，如下所示：

$$K_e = \frac{P_{0.3}}{\Delta_{0.3}} \tag{6.3}$$

式中，$P_{0.3}$ 为极限荷载的 30%；$\Delta_{0.3}$ 为 $P_{0.3}$ 对应的位移大小。

5. 延性系数

延性系数能反映试件塑性变形的能力，采用能量等值法计算构件的位移延性系数[5]，即

$$DI = \frac{\Delta_u}{\Delta_y} \tag{6.4}$$

式中，Δ_u 为当荷载处于极限荷载的 85%（曲线的下降段）时对应的极限位移；Δ_y 为根据能量法确定的屈服位移。

所有组合墙的极限承载力、初始刚度和延性系数如表 6.2 所示。

表 6.2　组合墙受压性能

编号	P_u/kN	K_e/(kN/mm)	Δ_u/mm	$\Delta_{85\%}$/mm	Δ_y/mm	DI
NW1-1	4824	1723	3.82	5.25	2.79	1.88
NW1-2	4489	1750	4.27	5.28	2.97	1.78
NW1-3	5090	1760	3.53	4.51	3.03	1.49
NW2	4312	1662	3.99	4.76	2.91	1.63
NW3	6016	1939	3.58	5.22	2.91	1.79
NW4	5971	2158	3.99	4.68	3.01	1.55
NW5-1	3991	1460	3.25	5.29	3.14	1.68
NW5-2	3926	1591	3.84	6.87	3.55	1.94
NW6	4183	1653	3.46	4.02	2.92	1.38
NW7	4226	1605	2.89	3.52	2.74	1.28
NW8	4409	1740	3.08	3.61	2.59	1.39
NW9	4283	1783	2.79	3.53	2.45	1.44
UW1-1	11207	3511	3.14	3.49	3.08	1.13
UW1-2	8935	3386	3.62	3.95	2.77	1.43
UW1-3	9818	3503	2.99	3.69	2.91	1.27
UW2	8297	3321	3.23	3.53	2.77	1.28
UW3	10822	3817	3.69	3.98	3.00	1.33
UW4	11248	4097	3.85	4.14	2.92	1.42
UW5	8809	3542	3.00	3.54	2.68	1.32
UW6	7501	3516	2.39	2.58	2.23	1.16
UW7	8914	3343	2.99	3.14	2.63	1.19
UW8	9813	3413	3.17	3.52	2.94	1.20
UW9	9106	3543	3.57	3.83	2.83	1.35

注：P_u 为组合墙的极限承载力；K_e 为组合墙的初始刚度；Δ_u 为组合墙极限承载力对应的位移；$\Delta_{85\%}$ 为组合墙极限承载力 85%（曲线下降阶段）时对应的位移；Δ_y 为组合墙的屈服位移；DI 为组合墙的延性系数。

6.1.6　参数分析

本节分析槽钢开口朝向、钢板厚度、混凝土种类和强度、剪力连接件竖向间距、剪力连接件横向间距对双钢板-混凝土组合墙极限承载力 P_u、初始刚度 K_e、极限位移 Δ_u 及延性系数 DI 的影响规律，如图 6.10 所示。

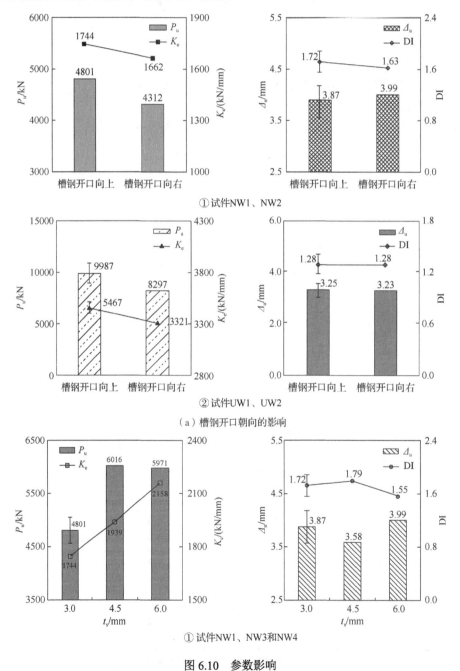

① 试件 NW1、NW2

② 试件 UW1、UW2

（a）槽钢开口朝向的影响

① 试件 NW1、NW3和 NW4

图 6.10　参数影响

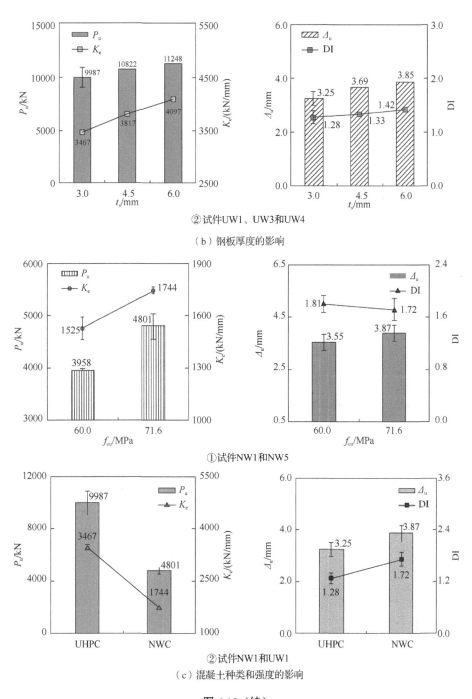

②试件UW1、UW3和UW4

（b）钢板厚度的影响

①试件NW1和NW5

②试件NW1和UW1

（c）混凝土种类和强度的影响

图 6.10（续）

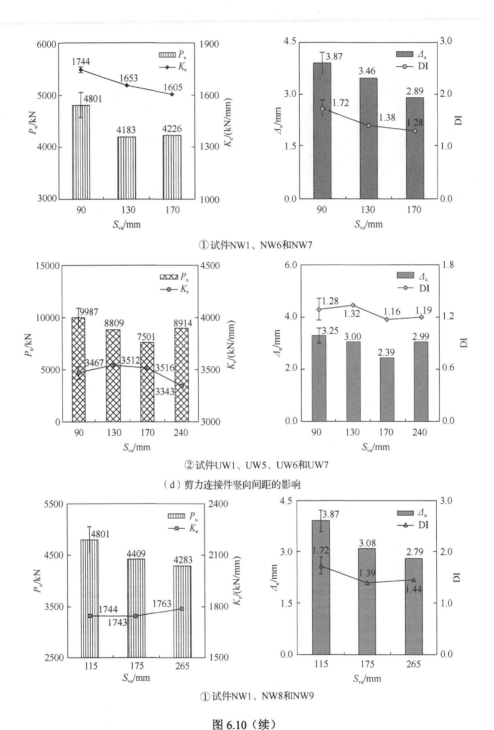

① 试件NW1、NW6和NW7

② 试件UW1、UW5、UW6和UW7

（d）剪力连接件竖向间距的影响

① 试件NW1、NW8和NW9

图 6.10（续）

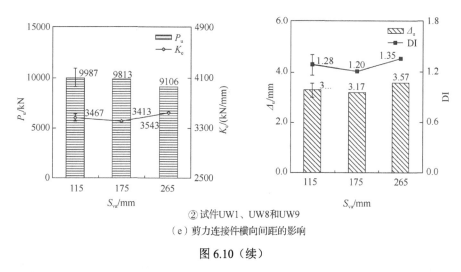

②试件UW1、UW8和UW9

（e）剪力连接件横向间距的影响

图 6.10（续）

1. 槽钢开口朝向的影响

试件 NW1、NW2 和 UW1、UW2 是用于研究槽钢开口朝向影响的组合墙构件，如图 6.10（a）所示。当槽钢开口从向上变为水平方向后：对于普通混凝土组合墙，极限承载力下降了 10.2%，初始刚度下降了 4.7%，极限位移增长了 3.1%，延性系数下降了 5.2%；对于 UHPC 组合墙，极限承载力降幅为 16.9%，初始刚度下降了 4.2%，极限位移和位移延性系数变化很小。

开口向上布置方案的组合墙承载力要优于开口水平布置方案的组合墙。从试验现象发现，在组合墙受压时槽钢开口水平设置会导致沿着加载方向混凝土与腹板之间的接触面积减小而出现应力集中现象，混凝土极易发生劈裂破坏。对于普通混凝土，这样的布置方案也会加快试件的破坏速度，造成试件延性减弱；但对于 UHPC 材料，材料的脆性是影响组合墙变形性能的主要因素，因此连接件布置方案对其延性影响不大。组合墙的初始刚度受截面面积和材料性质影响，槽钢开口朝向不影响构件的初始刚度。因此，在实际结构中推荐使用槽钢开口向上的布置方案。

2. 钢板厚度的影响

试件 NW1、NW3、NW4 和 UW1、UW3、UW4 是用于比较钢板厚度影响的组合墙，如图 6.10（b）所示。钢板厚度从 3mm 增长至 4.5mm 和 6mm 时，对于普通混凝土组合墙，极限承载力分别增长了 25.3% 和 24.4%，初始刚度分别增长了 11.2% 和 23.7%，极限位移分别增长了 -7.5% 和 3.1%，延性系数分别增长了 4.1% 和 -9.9%；对于 UHPC 组合墙，承载力涨幅分别为 8.4% 和 12.6%，初始刚度涨幅分别为 10.1% 和 18.2%，极限位移涨幅分别为 13.5% 和 18.5%，延性系数涨幅分别为 3.9% 和 10.9%。

随着钢板厚度的增加，直接导致了截面面积的增加，因此组合墙的承载力和刚度都有明显增强。同时，厚度增大会加大组合墙的含钢率，距厚比也随着减小，钢板对核心混凝土约束效应增大，使得组合墙的延性增强。

3. 混凝土种类和强度的影响

试件 NW1、NW5 是用于比较混凝土强度影响的组合墙，试件 NW1、UW1 是用于比较混凝土种类影响的组合墙，如图 6.10（c）所示。当使用普通混凝土时，混凝土强度由 60.0MPa 提升到 71.6MPa 后，极限荷载增长了 21.3%，初始刚度增加了 14.4%，极限位移变化了 9.0%，位移延性系数减小了 5.0%；当核心混凝土材料由普通混凝土转变为 UHPC 后，极限承载力增加了 108.0%，初始刚度增加了 98.8%，极限位移减小了 16.0%，位移延性系数减小了 25.6%。

可以看出，随着混凝土强度的增加，组合墙的承载力有着明显提升，UHPC 的使用对组合墙的抗压承载力影响更加显著。但是，强度越高的混凝土会降低组合墙的整体延性，因此在使用高强混凝土作为填充材料时，应该考虑使用延性更高的高强度钢，充分发挥两种材料的组合效应。

4. 剪力连接件竖向间距的影响

试件 NW1、NW6、NW7 和 UW1、UW5、UW6、UW7 是用于比较加强型槽钢剪力连接件竖向间距影响的组合墙，如图 6.10（d）所示。对于 NWC 组合墙，槽钢平均竖向间距从 90mm 增长至 130mm 和 170mm 后，极限承载力分别降低了 12.9% 和 12.0%，初始刚度分别降低了 5.2% 和 8.0%，极限位移分别减少了 10.6% 和 25.3%，延性系数分别降低了 19.8% 和 25.6%；对于 UHPC 组合墙，竖向间距在由 90mm 加大至 130mm、170mm 和 240mm 的过程中，承载力降幅分别为 11.8%、24.9% 和 10.7%，初始刚度分别变化了 2.2%、1.4% 和 -3.6%，极限位移降幅分别为 7.7%、26.5% 和 8.0%，延性系数降幅分别为 -3.1%、9.3% 和 7.0%。

从数据可以看出，不论是采用普通混凝土还是 UHPC，竖向间距的改变均对组合墙的承载力和延性有较大影响，而对试件的初始刚度影响较小。从受力的角度分析，由于槽钢竖向间距的增大直接导致钢板与混凝土之间的连接减弱，降低了钢板和混凝土之间的协同作用，导致钢板过早地在上下两排槽钢之间发生局部鼓曲，使得钢板在没有达到屈服时已经发生屈曲破坏。当钢板退出工作后，施加的外荷载主要由混凝土来承担，直至混凝土被压溃，构件达到极限承载力。当构件进入下降阶段后，试件的延性主要依靠外钢板对核心混凝土的约束作用，缺少足够的剪力连接件将削弱外钢板对混凝土的约束效应，加快试件的破坏速度。初始刚度主要取决于试件的截面面积和材料性质，因此剪力连接件的竖向间距对组合墙的初始刚度影响不明显。

5. 剪力连接件横向间距的影响

试件 NW1、NW8、NW9 和 UW1、UW8、UW9 是用于比较加强型槽钢剪力连接件横向间距影响的组合墙，如图 6.10（e）所示。加强型槽钢的横向间距有 115mm、175mm 和 265mm 三种。当采用普通混凝土时，极限承载力降幅分别为 8.2% 和 10.8%，初始刚度数值上近似相等，极限位移分别下降了 20.4% 和 27.9%，延性系数分别降低了 19.2% 和 16.3%；当采用 UHPC 时，极限承载力降幅分别为 1.7% 和 8.8%，初始刚度数值上近似相等，极限位移分别下降了 2.5% 和 -9.8%，延性系数分别降低了 6.2% 和 -5.5%。

上述试件的竖向间距 S_V 均为 90mm，距厚比相同，但是从破坏模式中可以看出，钢板鼓曲板带的宽度大于槽钢间距，这是由于剪力连接件在水平方向布置得过少，钢板缺乏足够的约束，造成相邻的两个鼓曲板带上下贯通，使得位于两条鼓曲板带之间的连接件丧失了对钢板的约束作用。因此，采用竖向间距作为计算距厚比依据的前提是剪力连接件的横向间距不能过大。同样，横向间距不会对材料和截面尺寸造成影响，初始刚度不会有太大变化。

6.2　采用加强型槽钢连接件双钢板-混凝土组合墙受压承载力理论分析

本节建立了该新型双钢板-混凝土组合墙的受压力学模型，提出了适用于加强型槽钢连接件双钢板-混凝土组合墙的承载力设计公式，并引用美国规范、欧洲规范和中国标准的理论模型进行对比验证，结果发现本节提出的理论模型在预测组合墙极限承载力时最准确。

6.2.1　理论模型

双钢板-混凝土组合墙的轴压极限承载力由两部分组成：钢板受压承载力 N_s 和核心混凝土受压承载力 N_c，即

$$N_u = N_s + N_c \tag{6.5}$$

1. 钢板承载力

由于钢板在不同位置受槽钢连接件约束强弱不同，因此将钢板划分为三种带类型，分别为强约束区、弱约束区和边缘区，如图 6.11 所示。强约束区是宽度为 100mm、以槽钢中心线为对称轴的一个竖向板带，该区域受槽钢剪力连接件约束最强；弱约束区为强约束区之间的板带，受约束相对较弱；边缘区是位于试件两端的区域，受约束最弱。

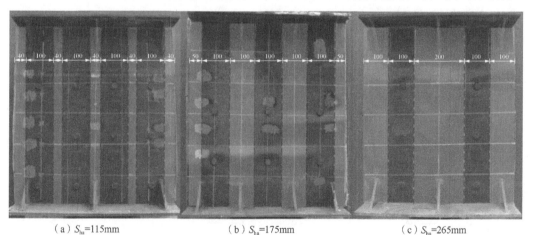

（a）S_{ha}=115mm　　　（b）S_{ha}=175mm　　　（c）S_{ha}=265mm

　▨ 强约束区　　　▨ 弱约束区　　　▫ 边缘区

图 6.11　钢板区域划分（单位：mm）

钢板的计算模型采用压杆临界力的欧拉公式，钢板屈曲应力为

$$\sigma_{cr} = \frac{\pi^2 E_s I}{(Kl)^2 A} = \frac{\pi^2 E_s}{12K^2(S/t_s)^2} = \frac{\pi^2 E_s}{12K^2(\eta_i S_{va}/t_s)^2} \qquad (6.6)$$

式中，E_s 为钢板弹性模量；K 为长度系数，与支撑条件有关，本节取 $0.825^{[6]}$；S 为距厚比的计算间距；S_{va} 为剪力连接件的平均竖向间距；t_s 为钢板厚度；η_i 为考虑槽钢约束强弱的钢板屈曲长度影响系数，强约束区 $\eta_i=1$，弱约束区和边缘区 $\eta_i=S_{ha}/S_{va} \geqslant 1$。

根据不同区域钢板的破坏应力，可以确定此类新型双钢板-混凝土组合墙中双钢板的极限承载力 N_s 为

$$\sigma_{s,i} = \min(\sigma_{cr}, f_y) \qquad (6.7)$$

$$N_s = 2\left(\sum_{i=1}^{x} \sigma_{s,i} W_{s,i} t_s + \sum_{j=1}^{y} \sigma_{s,j} W_{s,j} t_s + \sum_{k=1}^{z} \sigma_{s,k} W_{s,k} t_s\right) \qquad (6.8)$$

式中，$\sigma_{s,i}$、$\sigma_{s,j}$、$\sigma_{s,k}$ 分别为强约束区、弱约束区和边缘区的钢板破坏应力；$W_{s,i}$、$W_{s,j}$、$W_{s,k}$ 分别为强约束区、弱约束区和边缘区的钢板宽度；x、y、z 分别为强约束区、弱约束区和边缘区个数。

2. 混凝土承载力

（1）普通混凝土

核心混凝土的受压承载力应考虑双钢板的约束作用，但是在不同板带，钢板对混凝土的约束强弱不同，近似认为在槽钢所在的竖向板带区域，混凝土处于双轴受压状态，在剩余竖向板带不受钢板约束，处于单轴受压状态，如图 6.12 所示，故混凝土受压承载力 N_c 如式（6.9）和式（6.10）所示。根据《混凝土结构设计规范（2015 年版）》（GB 50010—2010），考虑双轴受压状态下混凝土的竖向压应力和约束应力的关系满足式（6.11）和式（6.12）。

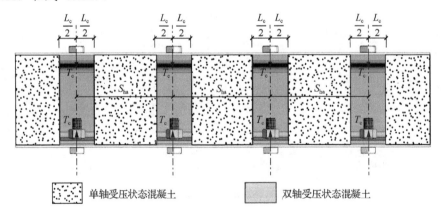

图 6.12　混凝土区域划分

$$N_c = \bar{\sigma}_c A_c \qquad (6.9)$$

$$\bar{\sigma}_c = \frac{L_c}{S_{ha}} \sigma_{cc} + \frac{S_{ha} - L_c}{S_{ha}} f_c \qquad (6.10)$$

$$\sigma_{cc} = \frac{\gamma + \sqrt{\gamma^2 - 4(1-\alpha_s^2)\{\sigma_{cf}^2 - [(1-\alpha_s)f_c + \alpha_s\sigma_{cf}]^2\}}}{2(1-\alpha_s^2)} \qquad (6.11)$$

$$\gamma = (1+2\alpha_s^2)\sigma_{cf} + 2(1-\alpha_s)\alpha_s f_c \qquad (6.12)$$

式中，$\bar\sigma_c$ 为考虑钢板约束强弱的混凝土等效抗压强度；A_c 为混凝土截面面积；σ_{cc} 为受钢板约束的混凝土竖向压应力；f_c 为混凝土轴心抗压强度；α_s 为剪切屈服系数，本节取 0.19；σ_{cf} 为混凝土约束应力；L_c 为槽钢翼缘宽度；S_{ha} 为组合墙剪力连接件的平均横向间距。

由 Yan 等[6]对约束应力的假定可知，剪力连接件抗拉力均匀分布在剪力连接件围成的区域内。同时考虑到槽钢属于"直接连接"剪力连接件，剪力连接件受拉破坏形态如图 6.13 所示，故约束应力

$$\sigma_{cf} = \frac{T_c}{S_{va}S_{ha}} \qquad (6.13)$$

$$T_c = \min \begin{cases} T_{cs} = \sigma_{uc}A_{sc} \\ T_{cb} = \sigma_{ub}A_{sb} \end{cases} \qquad (6.14)$$

式中，T_c 为槽钢提供的抗拉力；S_{va}、S_{ha} 分别为槽钢竖向和横向的平均间距；T_{cs} 为槽钢腹板的抗拉力；T_{cb} 为栓钉的抗拉力；σ_{uc}、σ_{ub} 分别为槽钢和栓钉的屈服强度；A_{sc} 和 A_{sb} 分别为槽钢腹板和栓钉的截面尺寸。

（2）UHPC

考虑到 UHPC 的变形性能较差，而且在混凝土压碎之前钢板便发生了鼓曲现象，丧失了对核心混凝土的约束效应，因此在计算双钢板-UHPC 组合墙中的混凝土承载力时认为极限应力为混凝土抗压强度 f_c，承载力为

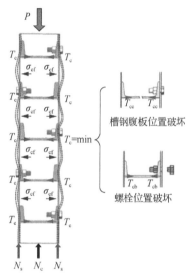

图 6.13　加强槽钢剪力连接件受拉破坏形态

$$N_c = f_c A_c \qquad (6.15)$$

式中，N_c 为混凝土极限承载力；f_c 为混凝土轴心抗压强度；A_c 为混凝土截面面积。

6.2.2　规范验证

本小节引入美国规范 AISC 360-10、欧洲规范 Eurocode 4 和中国标准 CECS 546—2018，分别对该新型双钢板-混凝土组合墙的抗压承载力进行计算和对比验证。

1. 美国规范 AISC 360-10

美国规范里没有直接给出双钢板-混凝土组合墙的承载力计算方法，仅提供了钢骨混凝土组合构件和钢管混凝土组合构件的承载力设计公式。因此，本小节采用美国规范中钢骨混凝土组合构件的理论公式计算本章的新型组合墙在理论上是偏于保守的。

$$N_{u,A} = \begin{cases} 0.658^{N_0/N_{cr}} N_0 & N_0 \le 2.25N_{cr} \\ 0.877N_{cr} & N_0 > 2.25N_{cr} \end{cases} \qquad (6.16)$$

$$N_0 = f_y A_s + 0.85 f_c A_c \qquad (6.17)$$

$$N_{cr} = \frac{\pi^2}{(KL)^2} EI_{eff} \tag{6.18}$$

式中，$N_{u,A}$ 为基于美国规范计算的组合墙承载力；N_0 为不考虑构件长度、荷载偏心等影响时的组合墙截面承载力；N_{cr} 为临界状态下的弹性屈曲力；EI_{eff} 为有效刚度，$EI_{eff}=E_sI_s+\gamma E_cI_c$，$E_s$、$E_c$ 分别为组合墙中钢板和混凝土的弹性模量，I_s、I_c 分别为组合墙中钢板和混凝土的截面惯性矩，$\gamma=0.1+2A_s/(A_s+A_c) \leqslant 0.3$；$f_y$ 为钢材的屈服强度；f_c 为混凝土的轴心抗压强度；A_s、A_c 分别为组合墙中钢板和混凝土的截面面积；KL 为构件的有效高度。

2. 欧洲规范 Eurocode 4

欧洲规范 Eurocode 4 同样基于叠加原理和钢骨混凝土构件的受压理论模型，并考虑初始缺陷和初始偏心对组合墙承载力的削弱来计算双钢板-混凝土组合墙轴压状态下的极限承载力，计算公式如下所示：

$$N_{u,E} = \chi N_0 \tag{6.19}$$

$$N_0 = f_y A_s + 0.85 f_c A_c \tag{6.20}$$

$$\chi = \frac{1}{\Phi + \sqrt{\Phi^2 - \lambda^2}} \leqslant 1.0 \tag{6.21}$$

$$\Phi = 0.5[1 + \alpha(\lambda - 0.2) + \lambda^2] \tag{6.22}$$

$$\lambda = \sqrt{\frac{N_0}{N_{cr}}} \tag{6.23}$$

$$N_{cr} = \frac{\pi^2}{(KL)^2} EI_{eff} \tag{6.24}$$

式中，$N_{u,E}$ 为基于欧洲规范 Eurocode 4 的组合墙极限承载力；N_0 为不考虑折减的试件承载力；χ 为考虑钢板屈曲的折减系数；f_y 为钢板的屈服强度；f_c 为混凝土的轴心抗压强度；A_s 为钢板的截面面积；A_c 为混凝土的截面面积；α 为初始缺陷系数；λ 为长细比；N_{cr} 为临界状态下的弹性屈曲力；EI_{eff} 为有效抗弯刚度，$EI_{eff}=E_sI_s+K_eE_cI_c$，其中 $K_e=0.6$；KL 为构件的有效高度。

3. 中国标准 CECS 546—2018

中国标准 CECS 546—2018 假定组合结构的钢板和混凝土分别达到屈服强度 f_y 和轴心抗压强度 f_c，引入稳定系数 φ，以考虑整体屈曲对组合墙承载力的折减，计算方法如下：

$$N_{u,CN} = \varphi N_0 \tag{6.25}$$

$$N_0 = f_y A_s + f_c A_c \tag{6.26}$$

$$\varphi = \begin{cases} 1 - 0.65\lambda_0^2 & \lambda_0 \leqslant 0.215 \\ \dfrac{1}{2\lambda_0^2}\left[(0.965 + 0.3\lambda_0 + \lambda_0^2) - \sqrt{(0.965 + 0.3\lambda_0 + \lambda_0^2)^2 - 4\lambda_0^2}\right] & \lambda_0 > 0.215 \end{cases} \tag{6.27}$$

$$\lambda_0 = \frac{l_0}{\pi \sqrt{\dfrac{I_s + I_c E_c / E_s}{A_s + A_c f_c / f_y}}} \sqrt{\frac{f_y}{E_s}} \tag{6.28}$$

式中，$N_{u,CN}$ 为基于中国标准的组合墙极限承载力；N_0 为不考虑折减的组合墙承载力；A_s 为钢板的截面面积；A_c 为混凝土的截面面积；f_y 为钢板的屈服强度；f_c 为混凝土的轴心抗压强度；φ 为稳定系数；λ_0 为计算方向上的正则化长细比；E_s 为钢板的弹性模量；E_c 为混凝土的弹性模量；I_s 为钢板对组合墙形心轴的惯性矩；I_c 为混凝土对组合墙形心轴的惯性矩；l_0 为计算方向上支承点之间的距离。

根据理论和标准规范，将计算得到的各双钢板-混凝土组合墙承载力预测值、试验值与理论值之比、平均值和标准差列于表 6.3 和表 6.4。

表 6.3　双钢板-混凝土组合墙承载力理论计算结果（一）

编号	P_u/kN	$N_{u,T}$/kN	$P_u/N_{u,T}$	$N_{u,A}$/kN	$P_u/N_{u,A}$	$N_{u,E}$/kN	$P_u/N_{u,E}$	$N_{u,CN}$/kN	$P_u/N_{u,CN}$
NW1-1	4824	4846	1.00	4168	1.16	4405	1.10	4797	1.01
NW1-2	4489	4802	0.93	4118	1.09	4356	1.03	4735	0.95
NW1-3	5090	4781	1.06	3841	1.33	4078	1.25	4458	1.14
NW2	4312	4867	0.89	3873	1.11	4108	1.05	4479	0.96
NW3	6016	5573	1.08	4526	1.33	4752	1.27	5089	1.18
NW4	5971	6193	0.96	5107	1.17	5344	1.12	5636	1.06
NW5-1	3991	4266	0.94	3695	1.08	3892	1.03	4217	0.95
NW5-2	3926	4226	0.93	3692	1.06	3889	1.01	4224	0.93
NW6	4183	4357	0.96	3788	1.10	4024	1.04	4387	0.95
NW7	4226	4214	1.00	4169	1.01	4406	0.96	4775	0.89
NW8	4409	4506	0.98	3882	1.14	4116	1.07	4489	0.98
NW9	4283	4403	0.97	4282	1.00	4518	0.95	4898	0.87
平均值			0.98		1.13		1.07		0.99
标准差			0.06		0.10		0.10		0.09

注：P_u 为承载力的试验值；$N_{u,T}$ 为理论模型计算的承载力预测值；$N_{u,A}$ 为美国规范计算的承载力预测值；$N_{u,E}$ 为欧洲规范计算的承载力预测值；$N_{u,CN}$ 为中国标准计算的承载力预测值。

表 6.4　双钢板-混凝土组合墙承载力理论计算结果（二）

编号	P_u/kN	$N_{u,T}$/kN	$P_u/N_{u,T}$	$N_{u,A}$/kN	$P_u/N_{u,A}$	$N_{u,E}$/kN	$P_u/N_{u,E}$	$N_{u,CN}$/kN	$P_u/N_{u,CN}$
UW1-1	11207	9388	1.19	7763	1.44	8361	1.34	9143	1.23
UW1-2	8935	9429	0.95	7815	1.14	8415	1.06	9212	0.97
UW1-3	9818	9444	1.04	7801	1.26	8396	1.17	9180	1.07
UW2	8297	9574	0.87	7852	1.06	8447	0.98	9238	0.90
UW3	10822	10325	1.05	8425	1.28	8954	1.21	9665	1.12
UW4	11248	10851	1.04	8956	1.26	9457	1.19	10147	1.11
UW5	8809	8982	0.98	7741	1.14	8338	1.06	9112	0.97
UW6	7501	8795	0.85	7726	0.97	8330	0.90	9117	0.82
UW7	8914	8607	1.04	7703	1.16	8301	1.07	9071	0.98

续表

编号	P_u/kN	$N_{u,T}$/kN	$P_u/N_{u,T}$	$N_{u,A}$/kN	$P_u/N_{u,A}$	$N_{u,F}$/kN	$P_u/N_{u,E}$	$N_{u,CN}$/kN	$P_u/N_{u,CN}$
UW8	9813	9300	1.06	7864	1.25	8452	1.16	9230	1.06
UW9	9106	8941	1.02	7776	1.17	8363	1.09	9121	1.00
平均值			1.01		1.19		1.11		1.02
标准差			0.09		0.13		0.12		0.11

注：P_u 为承载力的试验值；$N_{u,T}$ 为理论模型计算的承载力预测值；$N_{u,A}$ 为美国规范计算的承载力预测值；$N_{u,E}$ 为欧洲规范计算的承载力预测值；$N_{u,CN}$ 为中国标准计算的承载力预测值。

6.2.3 验证对比

根据表 6.3 和表 6.4 中各组合墙承载力试验值与理论值的比值，绘制得到双钢板-混凝土组合墙承载力试验值/理论值散点图，以更加直观地比较四种理论模型的计算精度，如图 6.14 所示。

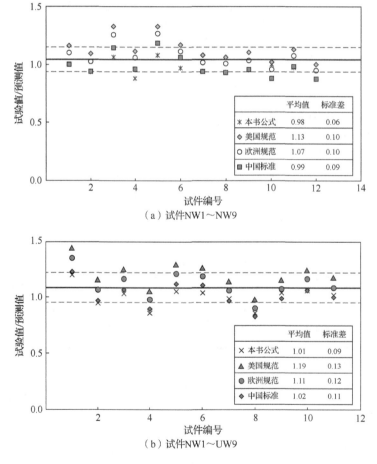

（a）试件NW1～NW9

（b）试件NW1～UW9

图 6.14 组合墙试验值/预测值散点图

对于 NW1～NW9 组合墙，本节的理论模型、美国规范 AISC 360-10、欧洲规范 Eurocode 4 和中国标准 CECS 546—2018 计算的试验值/预测值的平均值分别为 0.98、1.13、1.07 和 0.99，标准差分别为 0.06、0.10、0.10 和 0.09；对于试件 UW1～UW9 组合墙,以上四种方式计算的试验值/预测值的平均值分别为 1.01、1.19、1.11 和 1.02,标准差分别为 0.09、0.13、0.12 和 0.11。可以直观看出,基于美国规范和欧洲规范的承载力计算值普遍低于试验值,而基于理论模型和中国标准的承载力计算值与真实试验值均较为接近。

由上可知,针对本章提出的采用加强槽钢作为剪力连接件的新型双钢板-混凝土组合墙,采用本节的理论模型和中国标准预测抗压承载力更为准确,使用美国规范和欧洲规范计算的极限承载力偏于保守。

6.3　采用加强型槽钢连接件的双钢板-混凝土组合墙抗震性能试验研究

本章进行了 6 个无边柱和 7 个有边柱的设置加强型槽钢连接件的双钢板-混凝土组合墙的拟静力试验,研究了设置不同参数的组合剪力墙在水平低周往复荷载下的破坏模式和受力机理,分析了其承载能力、变形能力、承载力退化、刚度退化及耗能能力。对于无边柱试件,主要研究连接件间距、墙体钢板厚度、剪跨比、连接件中槽钢朝向及底部连接件是否加密等参数对组合墙抗震性能的作用影响规律;对于有边柱试件,主要研究了连接件间距、轴压比、边柱沿墙肢长度、边柱钢板厚度及边柱中是否设置圆钢管等参数对试件抗震性能的影响,并将相同参数的有无边柱的试件进行对比,从而得到设置边柱对此类组合墙抗震性能的影响。

6.3.1　试验概况

本章共设计了 6 个无边柱和 7 个有边柱的设置加强型槽钢连接件的双钢板-混凝土组合墙试件,其中无边柱试件编号为 CW1~CW6,有边柱试件编号为 CWB1~CWB7。

无边柱试件设计参数见表 6.5。无边柱试件设计时考虑的设计参数包括连接件间距 S_1、钢板厚度 t、剪跨比、连接件中槽钢朝向(腹板水平设置 H-Web、腹板竖直设置 V-Web)及墙体底部连接件是否加密。有边柱试件的剪跨比均为 2.0,内部槽钢连接件均为腹板水平设置。有边柱试件设计参数见表 6.6。有边柱试件设计时考虑的设计参数包括连接件间距 S_1、轴压比、边柱钢板厚度、边柱沿墙肢长度及边柱中是否设置圆钢管。

表 6.5　无边柱试件设计参数

试件编号	截面尺寸				S_1/mm	S_2/mm	H/W	n_d	槽钢朝向	底部连接件是否加密
	H/mm	W/mm	t_c/mm	t_s/mm						
CW1	2000	1000	100	3.0	120	100	2.0	0.45	H-Web	加密
CW2	2000	1000	100	3.0	180	100	2.0	0.45	H-Web	加密
CW3	2000	1000	100	6.0	120	100	2.0	0.45	H-Web	加密
CW4	1500	1000	100	3.0	120	100	1.5	0.45	H-Web	加密
CW5	2000	1000	100	3.0	120	100	2.0	0.45	V-Web	加密
CW6	2000	1000	100	3.0	120	120	2.0	0.45	H-Web	不加密

注:H 为试件高度;W 为试件宽度;t_c 为混凝土厚度;t_s 为钢板厚度;S_1 为上部连接件间距;S_2 为底部连接件间距;H/W 为剪跨比;H-Web 为槽钢腹板水平设置;V-Web 为槽钢腹板竖直设置。

表 6.6　有边柱试件设计参数

试件编号	截面尺寸						S_1/mm	n_d	边柱中是否设置圆钢管
	H/mm	W/mm	W_c/mm	t_c/mm	t_s/mm	t_b/mm			
CWB1	2000	1000	200	100	3.0	3.0	120	0.45	是
CWB2	2000	1000	200	100	3.0	3.0	180	0.45	是
CWB3	2000	1000	200	100	3.0	3.0	120	0.35	是
CWB4	2000	1000	200	100	3.0	3.0	120	0.55	是
CWB5	2000	1000	200	100	3.0	4.5	120	0.45	是
CWB6	2000	1000	100	100	3.0	4.5	120	0.45	是
CWB7	2000	1000	200	100	3.0	3.0	120	0.45	否

注：H 为试件高度；W 为试件宽度；W_c 为边柱沿墙肢长度；t_c 为混凝土厚度；t_s 为墙体钢板厚度；t_b 为边柱钢板厚度；S_1 为上部连接件间距；n_d 为轴压比设计值。

　　试件 CW1～CW3、CW5 和 CW6 及 CWB1～CWB7 的水平荷载加载点到基础梁顶面的距离为 2000mm，试件 CW4 的水平荷载加载点到基础梁顶面的距离为 1500mm。组合墙的截面高度为 1000mm，核心混凝土厚度为 100mm。无边柱试件 CW1～CW6 及有边柱试件 CWB1～CWB7 的墙体钢板均采用 Q235，混凝土强度均采用 C40，所采用的加强型槽钢连接件中的槽钢型号均为 10#槽钢。无边柱试件及典型截面如图 6.15 所示，有边柱试件及典型截面如图 6.16 所示。

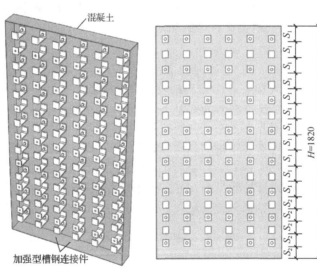

（a）无边柱试件

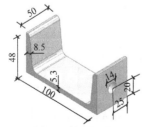

（b）所用10#槽钢连接件尺寸

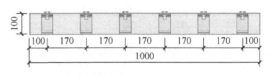

（c）无边柱试件典型截面尺寸

图 6.15　无边柱试件及典型截面（单位：mm）

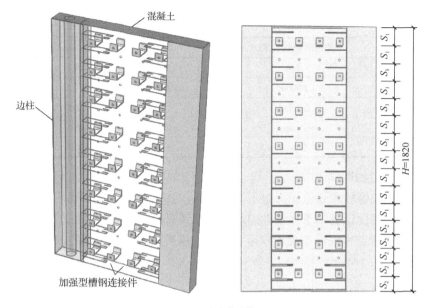

（a）有边柱试件

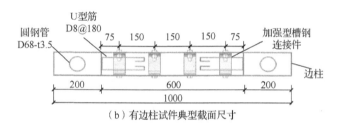

（b）有边柱试件典型截面尺寸

图 6.16　有边柱试件及典型截面（单位：mm）

组合剪力墙顶部与 20mm 厚的上端板进行焊接相连，底部与 25mm 厚的下端板进行焊接相连。为防止试验过程中焊缝发生破坏，在制作试件时特地对剪力墙部分与上、下端板连接的焊缝位置进行加强，在焊缝位置周围焊一圈加强钢板以增强墙体与端板的连接。

本章中的组合墙试件核心混凝土设计强度等级为 C40。在浇筑试件的同时，浇筑边长 100mm×100mm×100mm 混凝土标准立方体试块和边长 100mm×100mm×300mm 的混凝土棱柱体试块，并与试件在相同的环境条件下进行养护。在试件加载前，对混凝土试块进行材料性能试验，按照标准试验方法测得核心混凝土轴心抗压强度 f_c，C40 混凝土的轴心抗压强度平均值为 45.6MPa。

组合墙试件的钢板及所用槽钢设计强度等级为 Q235B，墙体钢板厚度分别为 3mm 和 6mm，有边柱试件的边柱钢板厚度分别为 3mm 和 4.5mm，边柱中设置的圆钢管厚度为 3.5mm。钢板及槽钢材料性能试验试件参照《金属材料　拉伸试验　第 1 部分：室温试验方法》（GB/T 228.1—2010）相关规定进行取样加工，测量其屈服强度 f_y、极限强度 f_u 和弹性模量 E_s。试验结果如表 6.7 所示。

表 6.7　材料性能试验结果

槽钢/钢板	槽钢型号/钢板厚度	f_y/MPa	f_u/MPa	E_s/GPa
槽钢	10#	324.3	430.3	201
钢板	3.00mm	332.0	467.2	203
	3.50mm	321.1	432.4	202
	4.50mm	317.1	463.0	201
	6.00mm	312.9	450.3	201

　　试验加载装置如图 6.17 所示，组合墙的上下端板通过螺栓与加载梁和基础梁相连接，基础梁由地锚螺栓和限位梁固定于试验基座，加载梁通过丝杠和两侧限制端板与水平作动器相连。为保证竖向千斤顶轴力均匀地传到墙体，在加载梁的顶部放置刚性分配梁。在竖向千斤顶与横梁连接处设置滑移装置，以实现竖向千斤顶的水平移动。

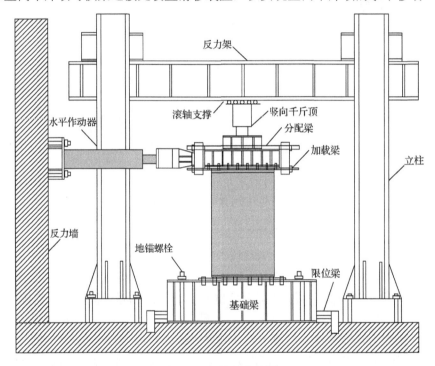

图 6.17　试验加载装置

　　试验时，在对试件施加竖向轴压后，保持轴向压力不变，按照《建筑抗震试验规程》（JGJ/T 101—2015），试件水平加载程序采用荷载-变形双控制的方法。在试件达到屈服前采用荷载控制并分三级加载，每级荷载循环一次；试件屈服后采用变形控制方法，每级位移增量为 $0.5\Delta_y$，且每级位移加载循环两次，直至荷载下降到最大水平荷载的 85%时，试验停止加载。加载制度图如图 6.18 所示。

　　试验测量的内容主要包括试验中的轴向压力和水平作动器施加的水平荷载，试件沿高度方向各点的水平位移，试件整体的剪切变形，试件的面外位移、基础梁的平动、转动位移和钢板关键点应变等。试验测点布置如图 6.19 所示。

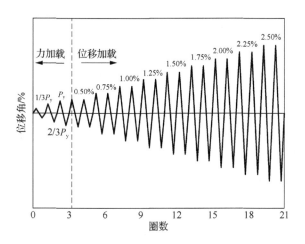

图 6.18　加载制度图

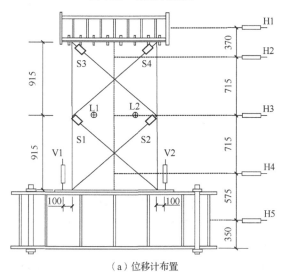

（a）位移计布置

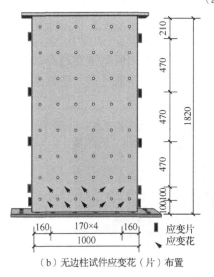

（b）无边柱试件应变花（片）布置

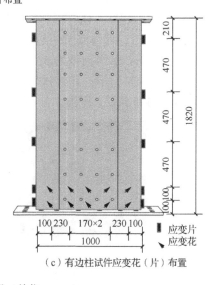

（c）有边柱试件应变花（片）布置

图 6.19　试验测点布置（单位：mm）

试验沿试件的高度方向布置 4 个位移计，测量墙体的水平位移，其中位移计 H1 测量试件在水平作动器施加荷载所在高度的位移，H2、H3、H4 分别测量墙体不同的高度位置上的位移；在试件墙体表面布置两对交叉位移计 S1、S2、S3、S4，测量墙体的剪切变形；在试件面外两侧各布置 2 个位移计（如 L1、L2），测量墙体的面外位移，以监测墙体是否发生偏转；在基础梁的侧面和上表面分别布置 1 个水平位移计 H5 和 2 个竖向位移计 V1、V2，观察基础梁是否发生平动、转动。此外，在构件墙体两侧钢板位置沿高度方向共布置 5 排应变片，以监测构件在加载过程中墙体侧钢板应变的变化情况。在墙体距底部 100mm 和 200mm 处的两侧钢板表面分别布置 4 排应变花。

6.3.2　试验现象

无边柱试件 CW1～CW6 和有边柱试件 CWB1～CWB7 的破坏形态均表现出压弯破坏，但其破坏过程有所区别，因此本小节对无边柱试件和有边柱试件的破坏过程及破坏现象分别进行描述。

1. 无边柱试件

以 CW1 为例描述无边柱试件的破坏过程。CW1 采用腹板水平设置的加强型槽钢连接件，连接件间距为 120mm，并在墙体底部 500mm 范围内进行连接件加密（加密部分连接件间距为 100mm），墙体钢板厚度为 3mm，剪跨比为 2.0。

试件 CW1 的试验过程如下：在施加轴向压力过程中，试件未发生明显变形，未出现任何声音。在施加水平荷载初期，试件也未出现任何声音。在位移角为 0.50%，水平荷载为 390.3kN 时，试件发出轻微声响，其原因为试件在水平荷载作用下，钢板内表面与混凝土界面发生轻微错动，产生局部黏结破坏；在位移角为 0.75%、水平荷载为 500.6kN 时，墙体底部的一、二排连接件之间的钢板出现轻微的局部屈曲，如图 6.20（a）所示；在位移角为 1.00%、水平荷载为 585.1kN 时，墙体侧钢板底部出现局部屈曲，墙体底部未受到加强型槽钢连接件约束的钢板屈曲范围扩大且屈曲程度增加，如图 6.20（b）所示；随着加载的进行，试件墙体底部钢板的屈曲继续加重，在位移角为 1.50%、水平荷载为 607.3kN 时，墙体底部侧边焊缝开裂，内部混凝土压溃，如图 6.20（c）所示；在位移角为 1.75%、水平荷载为 508.7kN 时，墙体底部钢板屈曲范围贯通到试件整个底部，如图 6.20（d）所示；最终试件的破坏形态为墙体底部鼓曲贯通，墙体底部侧边钢板焊缝开裂，内部混凝土压溃，如图 6.20（e）所示。

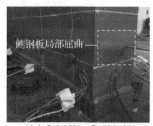

(a) θ=0.75%, P=500.6kN　　　　　(b) θ=1.00%, P=585.1kN

图 6.20　试件 CW1 破坏过程及形态

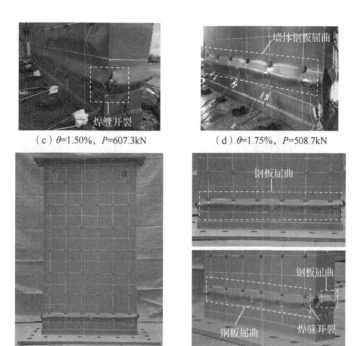

（c）θ=1.50%，P=607.3kN　　　　　　（d）θ=1.75%，P=508.7kN

（e）最终破坏形态

图 6.20（续）

　　无边柱试件 CW1～CW6 的破坏过程及最终破坏形态大致相同，其余试件的不同破坏过程的位移角如表 6.8 所示。

表 6.8　无边柱试件的不同破坏过程的位移角

试件编号	加载方向	位移角/%					
		侧钢板屈服	墙体钢板屈服	侧钢板屈曲	墙体钢板屈曲	焊缝开裂	墙体钢板屈曲贯通
CW1	(+)	0.56	0.72	1.00	0.75	1.50	1.75
	(−)	0.51	0.73	1.02	0.74	1.51	1.75
CW2	(+)	0.53	0.69	0.98	0.76	1.52	1.50
	(−)	0.50	0.68	1.03	0.75	1.51	1.51
CW3	(+)	0.42	0.71	1.25	1.00	1.50	1.74
	(−)	0.44	0.70	1.24	1.01	1.51	1.76
CW4	(+)	0.39	0.49	1.00	0.80	1.40	1.82
	(−)	0.40	0.52	1.01	0.81	1.39	1.81
CW5	(+)	0.42	0.54	1.01	0.60	1.40	1.40
	(−)	0.43	0.52	1.03	0.61	1.38	1.38
CW6	(+)	0.46	0.55	1.12	0.67	1.35	1.50
	(−)	0.44	0.56	1.16	0.68	1.31	1.49

根据试验现象分析，可将各试件破坏过程分为三个阶段。

1）弹性阶段：在开始施加水平荷载时，试件无明显的屈曲现象，并未出现任何响声。随着加载的进行，试件出现轻微响声，各试件的荷载-位移曲线在此阶段基本呈线性变化。

2）屈服阶段：在弹性阶段之后，在位移角为0.50%～1.00%时，墙体底部加强型槽钢连接件之间的钢板和侧边钢板均发生局部屈曲。随着水平荷载的增加，屈曲现象发生的范围不断扩大，屈曲程度也不断增加。当试件达到峰值荷载时，墙体底部钢板屈曲现象已较为明显。试件的荷载-位移曲线在此阶段会出现明显的刚度减小。

3）破坏阶段：试件在到达峰值荷载之后，随着加载位移的增加，其荷载开始下降。随着墙体钢板的屈曲程度愈发严重，致使墙体底部侧边焊缝开裂，内部混凝土压溃，并且墙体底部连接件之间的钢板屈曲横向贯通，呈现出带状凸起现象，最终试件丧失承载力，试验停止。

最终各试件的破坏形态均为墙体底部屈曲现象明显，鼓曲横向贯通，呈现出带状凸起现象，墙体底部侧边钢板焊缝开裂，内部混凝土压溃。

2. 有边柱试件

以试件CWB1为例描述有边柱试件的破坏过程，试件CWB1的墙体钢板厚度为3mm，连接件间距为120mm，边柱沿墙肢长度为200mm，边柱钢板厚度为3mm，边柱中设置圆钢管，轴压比为0.45。

试件CWB1的试验过程如下：在施加水平荷载之后，在位移角为0.75%、水平荷载为594.4kN时，试件底部的受压端边柱钢管出现局部屈曲，如图6.21（a）所示；在位移角为1.00%、水平荷载为718.2kN时，边柱钢管侧钢板底部出现局部屈曲，如图6.21（b）所示；随着加载位移角的增大，边柱钢管的鼓曲进一步发展，在位移角为1.25%、水平荷载为736.4kN时，墙体底部钢板出现鼓曲现象，如图6.21（c）所示；在位移角为1.50%、水平荷载为776.8kN时，边柱的矩形钢管鼓曲严重，导致边柱的焊缝开裂，内部混凝土压溃，如图6.21（d）所示；最终试件的破坏形态为边柱底部钢管和墙体钢板鼓曲严重，边柱钢管焊缝开裂，混凝土压溃，如图6.21（e）所示。

 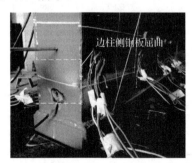

（a）θ=0.75%，P=594.4kN　　　　　　（b）θ=1.00%，P=718.2kN

图6.21　试件CWB1破坏过程及形态

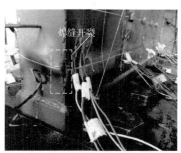

（c）$\theta=1.25\%$，$P=736.4kN$　　　　　（d）$\theta=1.50\%$，$P=776.8kN$

（e）最终破坏形态

图 6.21（续）

　　有边柱试件 CWB1～CWB7 的破坏过程及最终破坏形态大致相同，其余试件的不同破坏过程的位移角如表 6.9 所示。

表 6.9　有边柱试件的不同破坏过程的位移角

试件编号	加载方向	位移角/%					
		边柱屈服	墙体钢板屈服	边柱墙肢长度方向屈曲	边柱侧边屈曲	墙体钢板屈曲	边柱焊缝开裂
CWB1	(+)	0.41	0.56	0.75	0.98	1.23	1.50
	(−)	0.44	0.60	0.73	1.01	1.22	1.51
CWB2	(+)	0.43	0.67	0.55	0.77	1.03	1.24
	(−)	0.47	0.68	0.56	0.79	0.95	1.24
CWB3	(+)	0.42	0.61	0.79	1.00	1.49	1.24
	(−)	0.44	0.60	0.76	1.01	1.48	1.28
CWB4	(+)	0.40	0.52	0.73	0.76	1.21	1.00
	(−)	0.40	0.51	0.74	0.79	1.23	0.95
CWB5	(+)	0.42	0.49	1.21	1.47	2.03	1.76
	(−)	0.44	0.56	1.23	1.48	1.99	1.75
CWB6	(+)	0.39	0.48	0.74	0.76	1.01	1.20
	(−)	0.42	0.50	0.75	0.75	1.01	1.21
CWB7	(+)	0.49	0.64	0.76	0.99	1.26	1.25
	(−)	0.44	0.61	0.75	0.98	1.28	1.26

　　根据试验现象分析，可将各试件破坏过程分为三个阶段。

1）弹性阶段：在施加水平荷载初期，试件无明显的屈曲现象，也并未出现任何响声，各试件的荷载-位移曲线在此阶段基本上呈线性变化。

2）屈服阶段：在位移角为 0.50%～1.25% 时，试件边柱沿墙肢方向的钢板底部发生局部屈曲。随着水平荷载的增加，屈曲现象发生的范围不断扩大，边柱侧钢板也发生屈曲现象。

3）破坏阶段：随着加载位移的增加，边柱钢板的屈曲程度愈发严重，致使边柱角部焊缝开裂，内部混凝土压溃，且屈曲现象扩散到墙体钢板，使墙体底部连接件之间的钢板发生屈曲，直至屈曲贯通，呈现出带状凸起现象，最终试件丧失承载力，试验停止。

最终各试件的破坏形态均为边柱和墙体底部钢板屈曲现象明显，鼓曲横向贯通，呈现出带状凸起现象，边柱底部钢板焊缝开裂，内部混凝土压溃。

6.3.3　试验结果分析

1. 滞回曲线

图 6.22 和图 6.23 分别为无边柱试件和有边柱试件的滞回曲线。

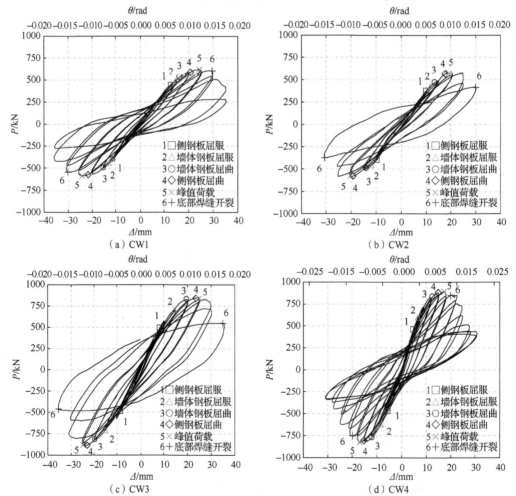

（a）CW1　　　（b）CW2　　　（c）CW3　　　（d）CW4

图 6.22　无边柱试件的滞回曲线

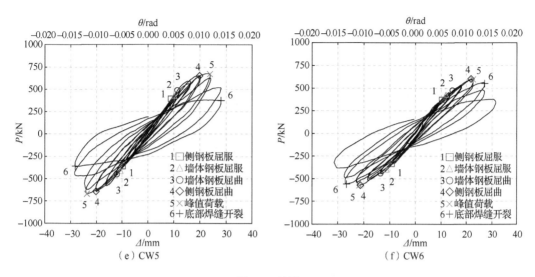

（e）CW5　　　　　　　　　　　　（f）CW6

图 6.22（续）

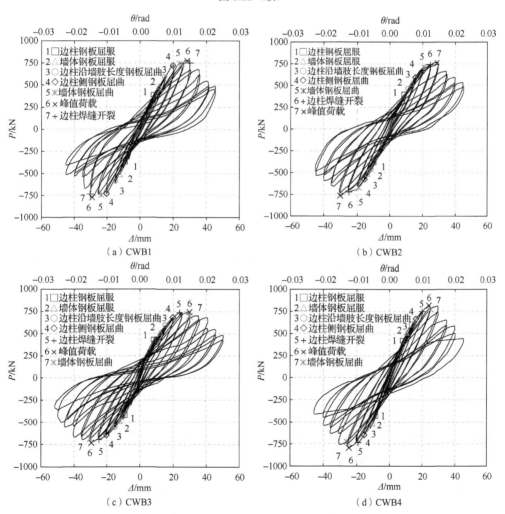

（a）CWB1　　　　　　　　　　　　（b）CWB2

（c）CWB3　　　　　　　　　　　　（d）CWB4

图 6.23　有边柱试件的滞回曲线

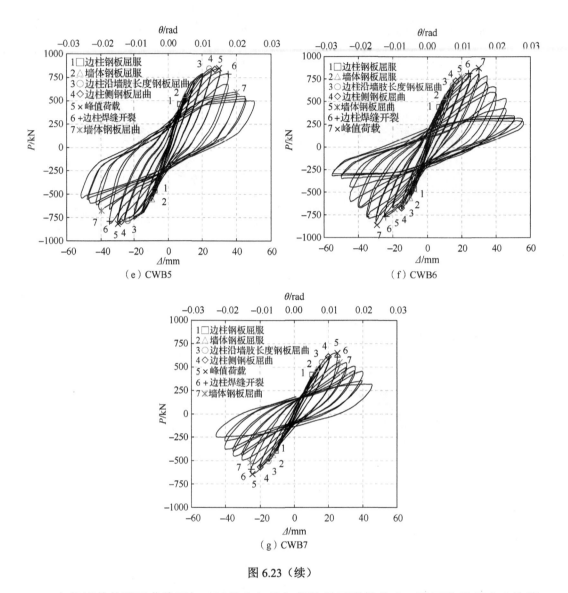

图 6.23（续）

　　由各试件的滞回曲线可知，试件在加载初期均处于弹性状态，滞回曲线基本上为线性关系；随后试件进入屈服阶段，滞回曲线呈现出明显的非线性，卸载后残余变形较小，同级加载的曲线基本重合。

　　随着位移角的增大，试件的承载力不断增大，滞回环包围的面积也逐渐增大，无边柱试件和有边柱试件分别在位移角为1.00%~1.25%和1.25%~1.50%达到峰值荷载。在试件达到峰值荷载后，随着加载位移的增加，荷载开始下降，卸载后残余变形逐渐增大，且滞回曲线斜率逐渐减小，说明试件在水平低周往复荷载作用下出现了刚度退化。总体而言，滞回曲线较为饱满，滞回性能良好。

2. 骨架曲线

　　试件的骨架曲线取滞回曲线上的各级加载第一次循环的峰值点所连成的包络线，无边柱试件和有边柱试件的骨架曲线如图 6.24 所示。

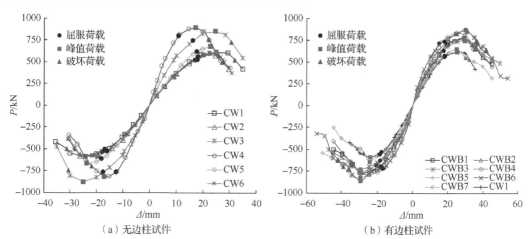

（a）无边柱试件　　　　　　　　　　（b）有边柱试件

图 6.24　无边柱试件和有边柱试件的骨架曲线

各试件的骨架曲线均为倒 S 形，可将试件的受力过程分为弹性、屈服和破坏三个阶段。从各试件骨架曲线对比（图 6.25）可以看出，对于无边柱试件：

1）试件 CW1 和 CW2 的初始刚度基本相同，与试件 CW1 相比，试件 CW2 的承载力和变形能力均有所下降，两者承载力下降均较为缓慢，其中试件 CW1 承载力下降更为平缓。这说明连接件间距的增大对试件的承载能力及变形能力产生不利影响。

2）通过对比试件 CW1 和 CW3 的骨架曲线可以看出，试件 CW3 与试件 CW1 相比，钢板厚度的增加使试件的初始刚度有所提高，承载力也有所提高。

3）试件 CW4 与试件 CW1 相比，试件的承载力有所提高，达到峰值荷载后曲线下降变陡，变形能力变差。这说明随着墙体剪跨比的降低，承载力相应有所提高，刚度明显增加，但对试件的变形能力产生不利影响。

4）通过对比试件 CW1 和 CW5 的骨架曲线可以看出，试件 CW5 与 CW1 的骨架曲线前期较为接近，但试件 CW5 的承载力与试件 CW1 相比有小幅提高，达到峰值荷载后曲线下降较陡。这说明采用腹板竖直设置的加强型槽钢连接件使组合墙试件的承载力有所提高，但使试件变形能力变差。

5）试件 CW6 与 CW1 相比，骨架曲线在峰值荷载之前较为接近，承载力相差不大，达到峰值荷载之后曲线下降变陡，延性变差。这说明底部连接件加密可使试件的延性有所提高。

对于有边柱试件：

1）试件 CWB1 和 CWB2 的骨架曲线基本重合，说明连接件间距的改变对有边柱试件的承载能力和变形能力影响不大，两者承载力下降均较为缓慢。

2）通过对比试件 CWB1、CWB3 和 CWB4 的骨架曲线可以发现，试件 CWB3 与 CWB1 相比，峰值荷载较小，骨架曲线下降段较缓；试件 CWB4 与 CWB1 相比，峰值荷载较大，骨架曲线承载力下降更快，说明轴压比的减小使有边柱试件的承载能力减小，变形能力有所提高。

3）通过对比试件 CWB1、CWB3 和 CWB4 的骨架曲线可以发现，试件 CWB3 与 CWB1 相比，峰值荷载较小，骨架曲线下降段较缓；试件 CWB4 与 CWB1 相比，峰值荷载较大，骨架曲线承载力下降更快，说明轴压比的减小使有边柱试件的承载能力减小，变形能力有所提高。

4）通过对比试件 CWB1、CWB5 的骨架曲线可以发现，试件 CWB5 骨架曲线的初始刚度更大，峰值点更高，骨架曲线承载力下降有小幅度放缓。这说明边柱刚度对有边柱试件的刚度和承载能力都有所提高，对变形能力的影响较小。

5）对比试件 CWB6 与 CWB5 的骨架曲线发现，两试件骨架曲线的初始刚度和峰值点大致相同，试件 CWB6 因边柱沿墙肢长度较短，水平荷载下降较陡，其延性受到一定的影响。

6）试件 CWB7 与 CWB1 相比，设置内圆钢管的试件 CWB7 试件的初始刚度和峰值荷载明显提高，说明设置内圆钢管对试件的承载能力有所提高。

7）与试件 CW1 相比，可以发现试件 CWB1 骨架曲线中的初始刚度、峰值荷载和破坏位移都有着明显的提高，这说明设置边柱对试件的承载能力和变形能力都有着明显提高。

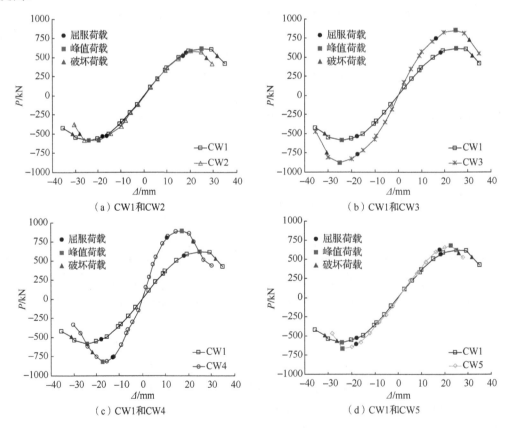

图 6.25　各试件骨架曲线对比

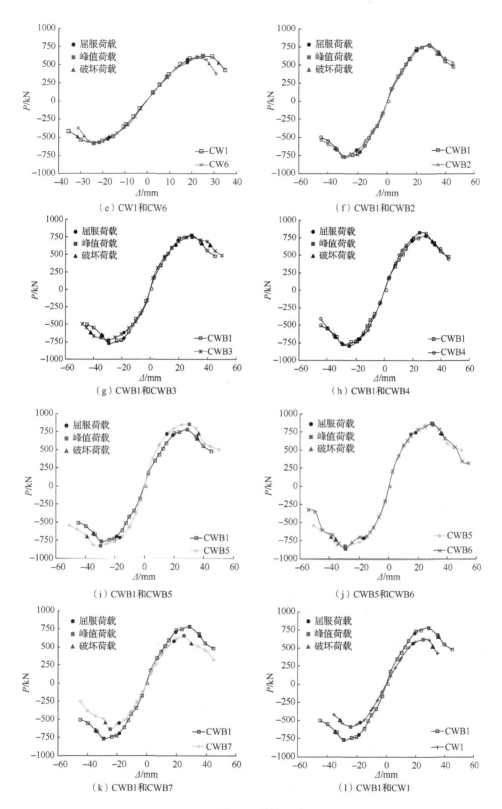

图 6.25（续）

3. 承载能力、变形能力及延性

由于试件的滞回曲线没有明显的屈服点，为确定试件屈服时的位移，常用的有 Park 法[7]、能量等值法[8]等方法。本章采用能量等值法来确定试件的屈服点，即作二折线使曲线中面积 $A_1=A_2$，由此确定屈服位移，如图 6.26 所示。

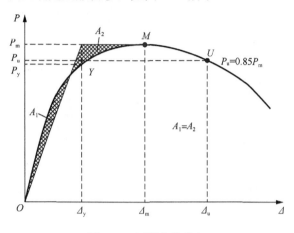

图 6.26　屈服点的确定

按照《建筑抗震试验规程》（JGJ/T 101—2015），把水平荷载下降至峰值荷载 P_m 的 85%时的荷载确定为试件的破坏荷载 P_u，破坏荷载 P_u（$P_u=0.85 P_m$）相对应的位移定义为破坏位移 Δ_u，并将各试件的屈服位移、峰值位移、破坏位移与试件高度的比值分别定义为屈服位移角 θ_y、峰值位移角 θ_m、破坏位移角 θ_u，如表 6.10 所示。

表 6.10　试件主要参数

试件编号	加载方向	P_y/kN	Δ_y/mm	θ_y/rad	P_m/kN	Δ_m/mm	θ_m/rad	位移延性系数 $\mu=\Delta_u/\Delta_y$	K_0/(kN/mm)
CW1	正向	562.3	18.2	0.91%	615.0	25.1	1.25%	1.75	39.9
	负向	530.5	17.8	0.89%	586.3	24.1	1.20%	1.76	39.8
CW2	正向	522.9	17.1	0.85%	579.1	20.4	1.02%	1.60	39.0
	负向	523.6	16.0	0.80%	584.6	19.5	0.98%	1.76	39.1
CW3	正向	745.4	16.3	0.82%	851.1	24.8	1.24%	1.88	68.8
	负向	769.0	17.5	0.88%	879.7	24.9	1.25%	1.73	65.8
CW4	正向	801.2	10.9	0.73%	892.7	17.2	1.15%	2.04	98.1
	负向	765.5	12.6	0.84%	820.4	17.1	1.14%	1.72	84.1
CW5	正向	622.1	17.8	0.89%	677.6	22.9	1.14%	1.47	44.2
	负向	612.5	18.1	0.90%	668.3	23.8	1.19%	1.44	46.7
CW6	正向	529.6	17.9	0.90%	603.5	22.4	1.12%	1.55	38.8
	负向	500.0	17.0	0.85%	574.7	21.7	1.09%	1.66	39.4
CWB1	正向	705.9	19.2	0.96%	776.8	28.9	1.44%	1.87	60.7
	负向	694.6	18.6	0.93%	770.0	29.1	1.46%	1.85	59.7

续表

试件编号	加载方向	P_y/kN	Δ_y/mm	θ_y/rad	P_m/kN	Δ_m/mm	θ_m/rad	位移延性系数 $\mu=\Delta_u/\Delta_y$	K_0/(kN/mm)
CWB2	正向	705.8	20.0	1.00%	767.8	29.0	1.45%	1.79	51.5
	负向	678.5	20.9	1.04%	763.7	30.1	1.51%	1.67	50.6
CWB3	正向	637.6	17.6	0.88%	747.1	29.2	1.46%	2.36	56.3
	负向	620.0	18.6	0.93%	728.4	29.6	1.48%	2.25	57.6
CWB4	正向	722.5	18.7	0.93%	825.9	24.4	1.22%	1.80	65.1
	负向	697.6	17.6	0.88%	791.2	24.7	1.23%	1.91	64.1
CWB5	正向	740.0	16.4	0.82%	850.8	30.3	1.52%	2.24	77.2
	负向	716.7	16.5	0.83%	825.0	29.6	1.48%	2.34	75.6
CWB6	正向	747.3	18.0	0.90%	873.2	29.7	1.48%	2.00	85.2
	负向	714.2	17.3	0.87%	860.6	29.4	1.47%	2.06	85.2
CWB7	正向	578.1	18.2	0.91%	650.9	25.0	1.25%	1.64	46.8
	负向	554.9	18.6	0.93%	640.2	24.5	1.22%	1.58	48.5

延性是衡量试件抗震性能的重要指标，通常用位移延性系数 μ 来衡量，其值为破坏位移与屈服位移之比[9-10]，其表达式如下：

$$\mu = \frac{\Delta_u}{\Delta_y} \tag{6.29}$$

从试验结果来看，无边柱试件的破坏位移角平均值在 1.30%～1.60%，有边柱试件的破坏位移角平均值在 1.40%～2.10%，各试件的破坏位移角 θ_u 均超过了《建筑抗震设计规范（2016 年版）》（GB 50011—2010）规定的框架-核心筒结构位移角限值 1.00%，表明该类试件具有良好的变形能力，即结构在达到破坏荷载后，在保证承载能力不显著降低的情况下，结构仍有较好的变形能力。

无边柱试件的位移延性系数在 1.44～2.04，有边柱试件的位移延性系数在 1.58～2.36，表明试件的延性较为良好。由于对于屈服点和破坏点的定值方法还有很多，不同的定值方法对同一试件的位移延性系数也有所不同，因此对于比较不同学者试验中的位移延性系数应予以区别对待。

对于无边柱试件有以下结论。

1）上部连接件的间距改变对试件承载力有一定影响，随着上部连接件间距的增加，试件的承载力和初始刚度随之下降，变形能力也有所下降。当上部连接件间距从 120mm 变为 180mm 时，屈服荷载 P_y 减小了 4.2%，峰值荷载 P_m 减小了 3.1%，初始刚度 K_0 降低了 3.1%，破坏位移减小了 12.5%。其原因为连接件的间距从 120mm 增加为 180mm，连接件间距的增加会削弱试件钢板的抗屈曲能力，从而影响试件承载力。

2）增加试件的钢板厚度提高了试件的承载力和初始刚度，但降低了试件变形能力。试件钢板厚度从 3mm 增加为 6mm，屈服荷载 P_y 和峰值荷载 P_m 分别提高了 38.6% 和 44.1%，初始刚度 K_0 提高了 68.9%，破坏位移减小了 3.2%。增加钢板厚度增加了试件的截面含钢率，从而提高了试件的承载力和初始刚度。

3）剪跨比的减小显著提高了试件的承载力和初始刚度。试件的剪跨比从 2.0 减小为

1.5，试件屈服荷载 P_y、峰值荷载 P_m 和初始刚度 K_0 分别提高了 43.3%、42.6% 和 128.7%，破坏位移减小了 30.4%。这是因为试件截面尺寸相同，即截面抗弯承载力相同，而较小剪跨比的试件墙体高度较小，使试件的承载力及初始刚度提高，变形能力较差。

4）采用连接件腹板竖直设置的试件比连接件腹板水平设置的试件承载力更高，初始刚度更大，但变形能力有所下降。连接件腹板水平设置的试件的屈服荷载 P_y、峰值荷载 P_m 和初始刚度 K_0 比连接件腹板竖直设置的试件分别提高了 13.0%、12.0% 和 14.2%，破坏位移降低了 17.4%。这是由于腹板竖直设置的加强型槽钢连接件在水平荷载方向上具有更大的混凝土承载面积，从而使试件具有更高的承载力，但连接件腹板竖直设置的试件在轴向压力下容易导致核心混凝土开裂，从而降低其变形能力。

5）底部连接件不加密的试件比底部连接件加密的试件承载力、初始刚度及变形能力都有所下降。底部连接件不加密的试件的屈服荷载 P_y、峰值荷载 P_m 和初始刚度 K_0 比底部连接件加密的试件分别下降了 5.8%、1.9% 和 1.9%，破坏位移降低了 11.3%。这是因为试件的破坏位置主要集中在试件底部，底部连接件加密能有效提高试件底部抗屈曲能力，从而提高试件的承载力、初始刚度和变形能力。

对于有边柱试件结论如下。

1）当上部连接件间距从 120mm 增加到 180mm 时，屈服荷载 P_y、峰值荷载 P_m 和初始刚度 K_0 分别降低了 1.2%、1.0% 和 15.2%，Δ_y、Δ_m 和 Δ_u 分别提高了 8.2%、2.0% 和 0.6%，延性系数 μ 值减小了 6.9%，即上部连接件间距从 120mm 增加到 180mm 对强度、变形及延性的影响较为有限。这是因为试件采用了边柱钢管混凝土柱，从而降低了中间的钢板部分对截面抗弯承载力的贡献；也是因为两种情况下的钢板均发生了塑性局部屈曲破坏。

2）当轴压比 n_d 从 0.35 增加到 0.45、0.55 时，会提高试件的强度和刚度，但会降低其变形能力。当 n_d 从 0.35 增加到 0.55 时，屈服荷载 P_y、峰值荷载 P_m 和初始刚度 K_0 分别提高了 12.9%、9.6% 和 13.4%；同时，Δ_y、Δ_m 和 Δ_u 和延性系数 μ 分别减少了 -0.1%、16.5%、19.5% 和 19.6%。这是因为施加的轴力提高了混凝土受压区的抗力，但降低了混凝土的延性。

3）增加边柱钢管的厚度提高了试件的强度和变形能力。当 t_b 从 3.0 增加到 4.5mm 时，屈服荷载 P_y、峰值荷载 P_m 和初始刚度 K_0 分别提高了 4.0%、8.3% 和 26.9%，Δ_m、Δ_u 和延性系数 μ 值提高了 3.3%、7.4% 和 23.5%，其对延性的改善效果优于其他指标。因此，提高边柱钢管厚度是提高试件延性的有效途径。

4）将边柱沿墙肢长度从 200mm 减小到 100mm，略微增加了试件的强度，也一定程度上提高了试件的延性。将边柱沿墙肢长度从 200mm 减小到 100mm，屈服荷载 P_y、峰值荷载 P_m 和初始刚度 K_0 分别提高了 0.3%、3.5% 和 11.5%，但 Δ_m、Δ_u 和延性系数分别减少了 1.4%、4.8% 和 21.8%。这是因为减小边柱沿墙肢长度会增加边柱距截面中心的距离，从而提高了试件的截面抗弯性能。减小边柱沿墙肢长度会使边柱钢管的距厚比减小，从而延缓钢管局部屈曲，提高试件延性。

5）在边柱中设置圆钢管可提高试件的强度和变形能力。结果表明，在边柱中引入 ϕ68mm（壁厚为 3.5mm）圆钢管，使屈服荷载 P_y、峰值荷载 P_m 和初始刚度 K_0 分别提高了 24%、20% 和 26%，Δ_y、Δ_m、Δ_u 和延性系数 μ 分别提高了 2%、17%、18% 和 25%。

这是因为将圆钢管设置在距截面中心较远的位置对提高截面抗弯承载力更为有效。

6) 采用边柱提高了试件的强度和变形能力。结果表明, 采用边柱可使屈服荷载 P_y、峰值荷载 P_m 和初始刚度 K_0 分别提高 28%、29% 和 51%, Δ_y、Δ_m 和 Δ_u 和延性系数 μ 分别提高 5%、18%、11% 和 17%。这也是由于在距截面中心较远的位置设置边柱能更有效地提高截面的抗弯承载力。

4. 承载力退化和刚度退化

承载力退化是指试件的承载力随加载循环次数的增加而逐渐降低的特性, 用承载力退化系数 η 来衡量。其计算值为同一级加载下最后一次循环与第一次循环的峰值点的荷载值之比[9-10], 计算公式如下:

$$\eta_i = \frac{P_n^i}{P_n^1} \tag{6.30}$$

式中, P_n^i 和 P_n^1 为第 n 级循环下第 i 圈峰值点和第一圈峰值点的荷载值。

图 6.27 为无边柱试件的承载力退化曲线。由图 6.27 分析可知, 无边柱试件的承载力退化系数 η 基本随着位移角的增加而减小, 在位移角不超过 1.25% 时, 各试件的承载力退化系数在 0.9~1.0 变化; 在位移角大于 1.25% 之后, 承载力退化系数开始迅速下降。这是当试件达到峰值位移角之后, 由于试件底部钢板的屈曲范围增大, 侧边钢板焊缝开裂及混凝土的压溃, 导致试件承载力退化迅速。

图 6.28 为有边柱试件的承载力退化曲线。结果表明, 当位移角小于 1.0% 时, 承载力退化系数 η 在 0.95~1.0。当位移角大于 1.0% 时, 各试件的承载力表现出三种退化方式。试件 CWB1~CWB4 为第一种退化方式, 当位移从 20mm 增加到 40mm 时, 试件 CWB1~CWB4 的承载力退化系数 η 从 0.95~1.0 迅速下降到 0.8 左右, 这说明边柱、墙体钢板的局部屈曲和混凝土的压碎导致试件的强度降低。试件 CWB5 和 CWB6 表现出第二种退化方式, 承载力退化曲线的下降速度较慢。试件 CWB5 的承载力退化系数仅从 1.0 降低到 0.9, CWB6 的承载力退化系数随着位移值从 20mm 增加到 50mm 而从 1.0 下降到 0.7。这是因为 CWB5 和 CWB6 的边柱采用较厚的钢板厚度, 从而改善了试件的承载力退化。CWB7 由于采用无圆钢管, 其截面含钢量较少, 承载力退化速度比其他试件快, 属于第三种退化方式。

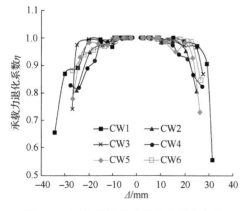

图 6.27　无边柱试件的承载力退化曲线

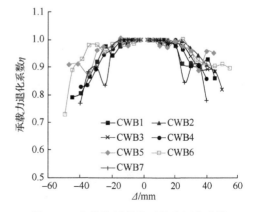

图 6.28　有边柱试件的承载力退化曲线

刚度退化是指在一定位移下结构的刚度随循环加载次数增加而降低的特性。本节采用环线刚度来表示试件的刚度退化，环线刚度下降率越小，试件的滞回耗能越稳定。环线刚度 K_i 为

$$K_i = \frac{\sum\limits_{j=1}^{n} P_i^j}{\sum\limits_{j=1}^{n} u_i^j} \qquad (6.31)$$

式中，K_i 为在第 i 级位移幅值下的环线刚度；P_i^j 为第 i 级位移幅值下第 j 圈峰值荷载；u_i^j 为第 i 级位移幅值下第 j 圈的峰值位移；n 为第 i 级位移幅值加载次数。

图 6.29 为无边柱试件环线刚度退化曲线，由图可知以下结论。

1）试件 CW1、CW2、CW5 和 CW6 表现出相似的刚度退化规律，随着位移从 0mm 增加到 30mm，试件的刚度从约 40kN/mm 逐渐降低到约 10kN/m。

2）剪跨比为 1.5 的试件 CW4 刚度退化较快，当位移从 0mm 增加到 30mm 时，刚度降低约 80kN/mm。

3）由于墙体钢板局部屈曲对试件刚度的影响增加，钢板厚度为 6mm 的试件表现出较大的刚度退化率。

图 6.30 为有边柱试件环线刚度退化曲线，由图可知：

1）试件 CWB1～CWB4 表现出相似的刚度退化规律。随着位移从 0mm 增加到 40mm，其刚度从约 60kN/mm 减小到 15kN/mm。

2）试件 CWB5～CWB6 的边柱采用 4.5mm 厚的钢管，表现出最大的刚度退化规律。当位移从 0mm 增加到 20mm 时，由于边柱钢板的屈服，试件的刚度从 80kN/mm 快速下降到 35kN/mm。当位移从 20mm 增加到 40mm 时，试件的刚度以相对缓慢的速度从 35kN/mm 减小到 15kN/mm。

3）试件 CWB7 和 CWB8 表现出较为接近的刚度退化规律。随着位移从 0mm 增加到 40mm，试件的刚度从约 50kN/mm 减小到约 10kN/mm。

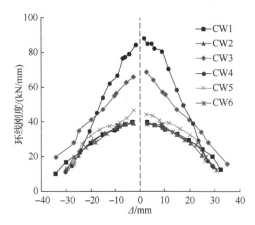
图 6.29　无边柱试件环线刚度退化曲线

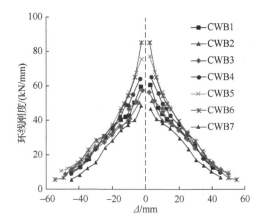
图 6.30　有边柱试件环线刚度退化曲线

5. 耗能能力

结构的耗能能力一般用滞回曲线包围的图形面积来衡量,滞回环越饱满,结构的耗能能力越好[9-10]。其通常用等效黏滞阻尼系数 ζ_{eq} 来评价,即

$$\zeta_{eq} = \frac{1}{2\pi} \cdot \frac{S_{(FAC+CDF)}}{S_{(OAB+ODE)}} \qquad (6.32)$$

式中,$S_{(FAC+CDF)}$ 为图 6.31 中滞回曲线包围的面积;$S_{(OAB+ODE)}$ 为图 6.31 中三角形 OAB 与 ODE 的面积之和。

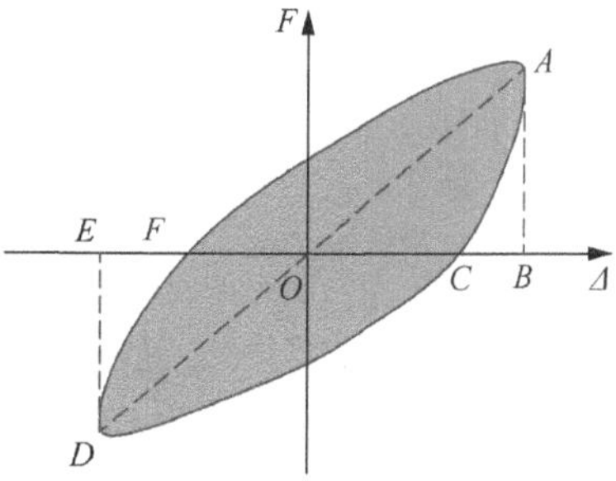

图 6.31　等效黏滞阻尼系数计算图

图 6.32(a)和(b)分别为无边柱和有边柱试件的每圈耗能-位移角曲线,图 6.33(a)和(b)分别为无边柱和有边柱试件的累积耗能-位移角曲线,图 6.34(a)和(b)分别为无边柱和有边柱试件的等效黏滞阻尼系数-圈数曲线。

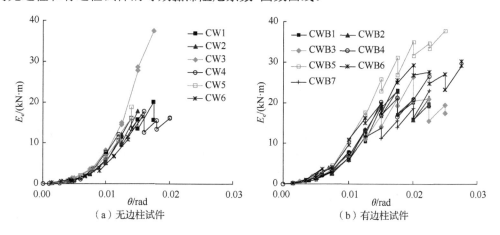

(a)无边柱试件　　　　　　　　　(b)有边柱试件

图 6.32　试件每圈耗能-位移角曲线

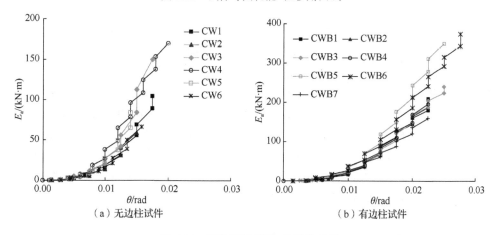

(a)无边柱试件　　　　　　　　　(b)有边柱试件

图 6.33　试件累积耗能-位移角曲线

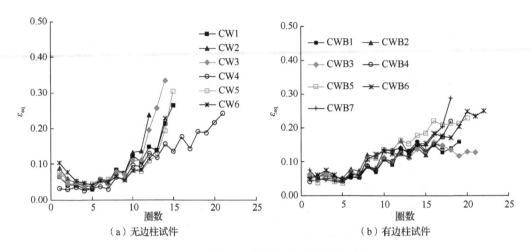

（a）无边柱试件　　　　　　　　　　（b）有边柱试件

图 6.34　试件等效黏滞阻尼系数-圈数曲线

由图 6.32～图 6.34 分析可得以下结论。

1）试件的等效黏滞阻尼系数随着加载位移角的增加呈线性增长（在加载初期，由于试验的加载位移角较小，等效黏滞阻尼系数计算图中三角形 OAB 与 ODE 的面积较小，由试验加载设备及试验测量仪器引起的相对误差较大，导致等效黏滞阻尼系数失真）。在试件未屈服前，等效黏滞阻尼系数普遍很低，保持在 0.05 以下；在试件达到峰值位移角时，无边柱试件的等效黏滞阻尼系数增加到 0.10～0.20，有边柱试件的等效黏滞阻尼系数增加到 0.20～0.30；在峰值位移角后，等效黏滞阻尼系数增长速度加快，无边柱试件在破坏状态下最终等效黏滞阻尼系数可到达 0.25～0.35，有边柱试件的等效黏滞阻尼系数可达到 0.35～0.60，证明试件具有良好的耗能能力。

2）随着加载位移角的增加，试件的单圈耗能和累积耗能不断增大；进入塑性阶段后，耗能能力增长迅速。同一加载位移角，加载第二圈时试件的耗能能力比第一圈的耗能能力有所下降。

3）对于无边柱试件，试件 CW1～CW6（CW3 除外）表现出接近的耗能性能。当位移角小于 1.0%时，试件 CW1～CW6 的 E_e 和 E_a 值都处于低水平，分别小于 8kN·m 和 30kN·m，这说明尚未发生大的塑性变形；当位移角大于 1.0%时，E_e 和 E_a 迅速增加，尤其是对于钢板厚度为 6mm 的试件 CW3。这说明钢板厚度的增加对试件的耗能能力有所提高，而剪跨比较小的试件由于其较大的承载力而表现出较强的累积耗能能力。

4）对于有边柱试件，当位移角小于 0.75%时，E_e 和 E_a 值分别小于 3kN·m 和 10kN·m，说明试件仍处于弹性工作阶段，没有发生塑性变形。当位移角大于 0.75%时，由于钢管和面板的屈服和局部屈曲，塑性变形迅速发展。试件 CWB1～CWB4 表现出相近的耗能性能，而低轴力比为 0.35 的试件比 CWB1 表现出更大的耗能能力。边柱钢板厚度为 4.5mm 的试件 CWB5～CWB6 在相同的位移角上表现出更大的 E_e 和 E_a 值，这说明使用钢板厚度更大的钢管是提高试件耗能能力的最有效的方法。试件 CWB7～CWB8 表现出较低的耗能能力，说明边柱及其内部的圆钢管对提高试件耗能能力也起着实质性的作用。

6. 剪切变形分析

剪力墙的变形由弯曲变形和剪切变形共同组成，因此试件的顶点位移为这两部分的位移之和。剪切变形计算图如图 6.35 所示。剪切变形产生的位移为[11]

$$\Delta_{\mathrm{s}} = \frac{d}{2b}(\delta_2 - \delta_1) \tag{6.33}$$

式中，d 表示两个测量点的对角线距离；b 表示剪力墙的宽度；δ_1 和 δ_2 分别表示相应的位移计测量的对角线位移。

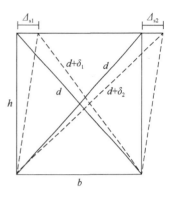

分析试验测量数据，以试件 CW3、CW5 和 CWB1、CWB7 为例绘制剪切变形产生的位移和总顶点位移对比图，如图 6.36 所示。由图 6.36 可见，各试件剪切变形产生的顶点位移不超过总位移的 15%，可知各试件在水平低周往复荷载作用下的破坏模式都是弯曲破坏，满足文献[12]中建议将剪力墙设计成弯曲破坏的延性剪力墙，从而可避免脆性的剪切破坏。

图 6.35　剪切变形计算图

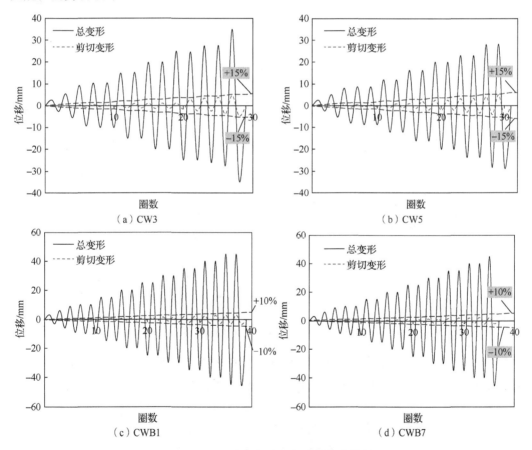

图 6.36　试件剪切变形与总变形曲线

7. 应变分析

试验过程中通过在墙体底部钢板和侧边钢板关键位置布置应变片和应变花，测量试件在试验过程中的应变发展。以试件 CW3、CW4 为例，无边柱试件侧边钢板底部的荷载-应变曲线如图 6.37 所示，有边柱试件边柱底部侧钢板的荷载-应变曲线如图 6.38 所示。

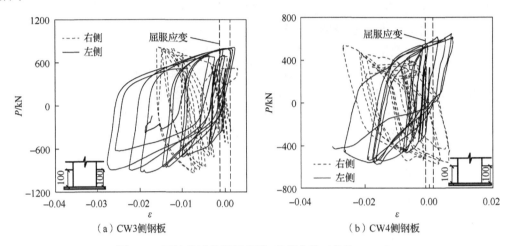

（a）CW3侧钢板　　　　　　（b）CW4侧钢板

图 6.37　无边柱试件钢板荷载-应变曲线（单位：mm）

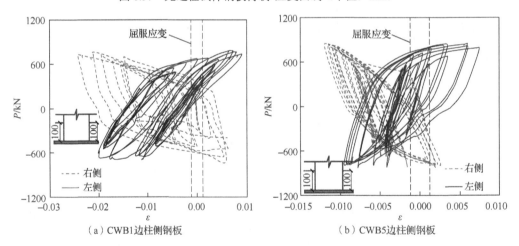

（a）CWB1边柱侧钢板　　　　　　（b）CWB5边柱侧钢板

图 6.38　有边柱试件钢板荷载-应变曲线（单位：mm）

由图 6.37 和图 6.38 分析可知，在加载初期应变呈线性增长，说明试件处于弹性阶段。当钢板应变大于其屈服应变时，表明试件进入屈服阶段。侧钢板（无边柱试件）和边柱底部侧钢板（有边柱试件）均在峰值荷载之前达到屈服。试件进入屈服阶段后，侧边钢板应变迅速增大，说明钢板进入塑性变形。当承载力进入下降阶段，钢板受压时钢板的应变急剧增大，墙体侧边钢板的压应变显著大于拉应变。这是由于墙体底部钢板的屈曲和核心混凝土的压溃，受压侧的塑性应变较大，发展速度快于受拉侧。

6.4　采用加强型槽钢连接件的双钢板-混凝土组合墙水平受剪性能理论分析

本节进行了设置加强型槽钢的双钢板-混凝土组合墙的恢复力模型研究。在第 3 章对其进行的拟静力试验的基础上，通过给出三折线骨架曲线关键点的计算公式，建立了设置加强型槽钢的双钢板-混凝土组合墙的恢复力模型骨架曲线。通过确定合适的滞回规律，在三折线骨架曲线的基础上建立设置加强槽钢的双钢板-混凝土组合墙的恢复力模型滞回曲线。

6.4.1　恢复力模型骨架曲线的建立

设置加强型槽钢连接件的双钢板-混凝土组合墙的骨架曲线采用三折线骨架曲线模型，如图 6.39 所示。由于试件下端板与混凝土核心之间没有采取黏结措施，墙体在侧向荷载作用下的荷载-位移曲线不存在混凝土开裂的初始弹性工作阶段，因此 3 个关键点选取为双钢板-混凝土组合墙的屈服点、峰值点和破坏点（荷载下降至峰值荷载的 85%）。本节通过 3 个关键点的刚度和强度的计算公式来确定三折线骨架曲线。

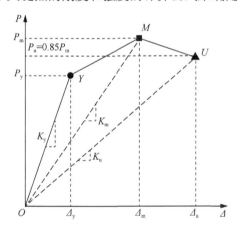

图 6.39　三折线骨架曲线

设置加强型槽钢连接件的双钢板-混凝土组合墙的三折线骨架曲线的提出基于以下假定。

1）在峰值荷载之前，应变沿截面高度方向呈线性分布。

2）不考虑混凝土的受拉作用。

3）计算峰值点强度时，受压区混凝土按等效矩形应力图计算，墙体钢板和边柱的应力分布采取全截面塑性假定。

为了验证平截面假定，对墙体底部钢板沿截面高度的应变分布情况进行分析。以试件 CW1、CW5 和 CWB1、CWB5 为例，对墙体距底部 100mm 高度处沿墙体截面高度布置的竖向应变进行分析，如图 6.40 所示。

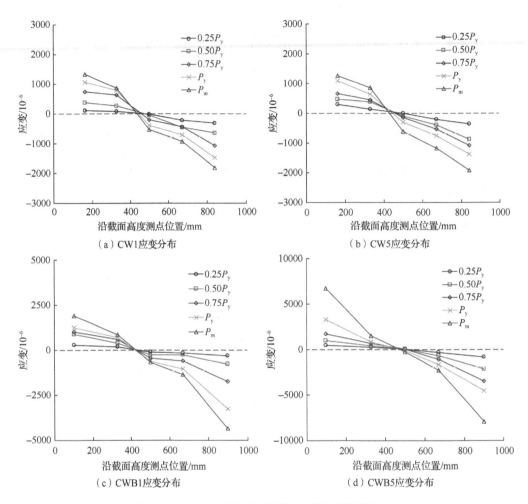

图 6.40　试件墙底沿截面高度方向的测点应变分布

结果表明，在试件的峰值荷载之前，应变沿截面高度方向呈线性分布，这意味着对于以弯曲为主要破坏模式的双钢板-混凝土组合墙，平截面假定仍然有效。

1. 刚度计算公式

在屈服点之前，钢材可视为一种各向同性的弹性材料；而混凝土在开裂后由于塑性变形和损伤累积，其杨氏模量下降。屈服点刚度可按 Zhao 等[13]提出的公式进行计算：

$$K_y = \cfrac{1}{\cfrac{H^3}{3(E_{cy}I_c + E_sI_s)} + \cfrac{\kappa_s H}{G_{cy}A_c + G_sA_s}} \tag{6.34}$$

$$E_{cy} = \alpha_{yc}E_c, \quad G_{cy} = \alpha_{yc}G_c \tag{6.35}$$

$$\alpha_{yc} = \frac{(1+v_c)\eta_{yc}}{2+(1-v_c)\eta_{yc}/(\alpha_E\rho_s)} \tag{6.36}$$

式中，H 为试件高度；κ_s 为剪切修正系数，取 1.2；α_{yc} 为屈服点处的混凝土刚度折减系数；v_c 为混凝土的泊松比；η_{yc} 为混凝土弹性模量的折减系数，取 0.7；$\alpha_E = E_s/E_c$；ρ_s 为配筋率（A_{sw}/A_{cw}）。

由于峰值点的钢板屈曲，钢板面板只能承受对角方向的拉伸载荷。钢材的杨氏模量也有所降低，峰值点刚度可按 Zhao 等[13]提出的公式进行计算：

$$K_m = \cfrac{1}{\cfrac{H^3}{3(E_{cm}I_c + E_{sm}I_s)} + \cfrac{\kappa_s H}{G_{cm}A_c + G_{sm}A_s}} \tag{6.37}$$

$$E_{cm} = \alpha_{mc}E_c, \quad E_{sm} = \alpha_{ms}E_s \tag{6.38}$$

$$G_{cm} = \alpha_{mc}G_c, \quad G_{sm} = \alpha_{ms}G_s \tag{6.39}$$

$$\alpha_{mc} = \frac{(1+v_c)\eta_{mc}}{1+\eta_{mc}/(\eta_{mc}\alpha_E\rho_s)} \tag{6.40}$$

$$\alpha_{ms} = \frac{(1+v_s)\eta_{ms}}{1+\eta_{ms}\alpha_E\rho_s/\eta_{ms}} \tag{6.41}$$

式中，α_{mc} 为峰值点处的混凝土刚度折减系数；α_{ms} 为峰值点处的钢材刚度折减系数；v_c 为混凝土的泊松比；v_s 为钢材的泊松比；η_{mc} 为峰值点处混凝土弹性模量的折减系数，取 0.4；η_{ms} 为峰值点处钢材弹性模量的折减系数，取 0.6；$\alpha_E = E_s/E_c$；ρ_s 为配筋率（A_{sw}/A_{cw}）。

破坏点刚度（K_u）受多种参数因素的影响。由于初始状态下的试件刚度 K_y 是一个比较稳定的指标，因此本章采用回归的方法来分析 K_u 与 K_y 之间的关系。该回归分析涵盖了本章的 13 个试件和 Yan 等[14]、Yan 等[15]、Ji 等[16]中的 20 个试件。

回归分析中选取的关键参数为抗弯配筋率（$\rho_s = A_s f_y/A_c f_c$）、剪跨比（H/W）、轴压比（$n_d = N/N_u$）和钢材分布指数 ω，即把截面沿其高度方向离散成若干纤维，通过每个钢板纤维截面到截面中心的面积矩与截面高度和总钢材面积乘积的比值来定义，即

$$\omega = \frac{\sum_{i=1}^{n} d_i A_{si}}{W A_s} \tag{6.42}$$

式中，W 为截面高度；A_{si} 为每个钢板纤维截面面积；d_i 为每个钢板纤维截面到截面中心的距离；A_s 为截面总钢材面积。

根据 Yan 等[17]的研究，回归分析采用最优子集法，在 33 个试验结果的基础上，对上述的 4 个影响破坏点刚度与屈服刚度关系的因素进行回归分析，提出了如下四参数方程：

$$K_u = 0.68\rho_s^{0.11}(H/W)^{0.2}n_d^{1.35}\omega^{-1.15}K_y \tag{6.43}$$

2. 强度计算公式

（1）屈服点强度

对于无边柱试件，当试件受拉一侧的侧钢板边缘钢纤维截面达到屈服强度 f_y 时，被认为试件达到屈服点强度。无边柱试件屈服点强度计算模型如图 6.41 所示。

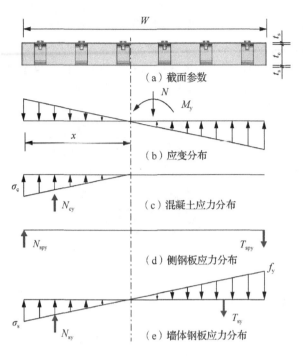

（a）截面参数

（b）应变分布

（c）混凝土应力分布

（d）侧钢板应力分布

（e）墙体钢板应力分布

图 6.41　无边柱试件屈服点强度计算模型

由竖向力平衡可得

$$N = N_{cy} + N_{spy} + N_{sy} - T_{spy} - T_{sy} \qquad (6.44)$$

对截面中心取矩可得

$$M_y = N_{cy}\left(\frac{W}{2}-\frac{x}{3}\right) + \frac{1}{2}N_{spy}W + N_{sy}\left(\frac{W}{2}-\frac{x}{3}\right) + \frac{1}{2}T_{spy}W + T_{sy}\left(\frac{W}{2}-\frac{W-x}{3}\right) \qquad (6.45)$$

$$N_{cy} = \frac{1}{2}\sigma_c t_c x \qquad (6.46)$$

$$N_{spy} = \min(\sigma_{cr},\sigma_s)(t_c + 2t_s)t_s \qquad (6.47)$$

$$N_{sy} = \min(\sigma_{cr},\sigma_s)x t_s \qquad (6.48)$$

$$T_{spy} = f_y(t_c + 2t_s)t_s \qquad (6.49)$$

$$\sigma_c = \frac{f_y E_c x}{E_s(W-x)} \qquad (6.50)$$

$$\sigma_s = \frac{x}{W-x}f_y \qquad (6.51)$$

$$\sigma_{cr} = \min\left(\frac{\pi^2 E_s}{12K^2(S/t)^2}, f_y\right) \qquad (6.52)$$

式中，N_{cy}、N_{spy} 和 N_{sy} 分别为受压区混凝土、侧钢板和墙体钢板承担的竖向荷载；T_{spy} 和 T_{sy} 分别为受拉区侧钢板和墙体钢板承担的竖向荷载；x 为中性轴位置；σ_{cr} 为临界屈曲应力；σ_c 和 σ_s 为受压混凝土和墙体钢板在截面受压端部处的应力。

计算试件的屈服点强度时，需考虑二阶效应的影响，如图 6.42 所示。

屈服点强度可计算为

$$P_y = \frac{M_y - N\Delta_y}{H} \tag{6.53}$$

式中，M_y 为屈服点的截面弯矩；N 为轴向荷载；Δ_y 为屈服点的位移，即 $\Delta_y = P_y / K_y$。

屈服点强度可表示为

$$P_y = \frac{M_y}{H\left(1 + \dfrac{N}{HK_y}\right)} \tag{6.54}$$

对于有边柱试件，当试件受拉一侧的边柱外侧边缘钢纤维截面达到屈服强度 f_y 时，即视为试件达到屈服点。有边柱试件屈服点强度计算模型如图 6.43 所示。

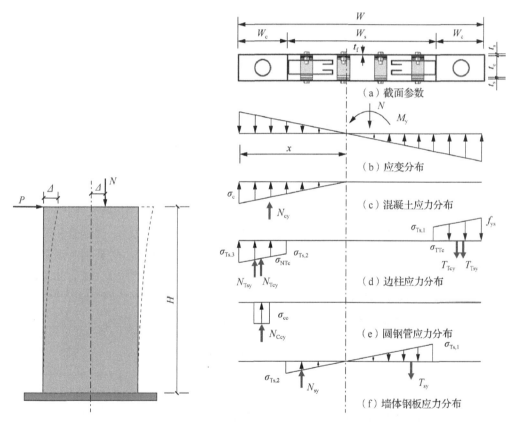

图 6.42　考虑二阶效应图示　　　　　图 6.43　有边柱试件屈服点强度计算模型

由竖向力平衡可得

$$N = N_{cy} + N_{Tsy} + N_{Tcy} + N_{Ccy} + N_{sy} - N_{Tsy} - N_{Tcy} - T_{sy} \tag{6.55}$$

对截面中心取矩可得

$$M_y = N_{cy}\left(\frac{W}{2} - \frac{x}{3}\right) + N_{Tsy}\left[\frac{W}{2} - \frac{W_c(2\sigma_{Ts,2} + \sigma_{Ts,3})}{3(\sigma_{Ts,2} + \sigma_{Ts,3})}\right]$$

$$+ (N_{Tcy} + N_{Ccy} + T_{Tcy})\left(\frac{W - W_c}{2}\right) + N_{sy}\left(\frac{W}{2} - W_c - \frac{x - W_c}{3}\right)$$

$$+ T_{Tsy}\left[\frac{W}{2} - \frac{W_c(2\sigma_{Ts,1} + f_{ys})}{3(\sigma_{Ts,1} + f_{ys})}\right] + T_{sy}\left(\frac{W}{2} - W_c - \frac{W - x - W_c}{3}\right) \quad (6.56)$$

$$N_{cy} = 0.5\sigma_c t_c x \quad (6.57)$$

$$N_{Tsy} = (\sigma_{Ts,2} + \sigma_{Ts,3})(W_c + t_s)t_s + \sigma_{Ts,2}t_c t_s + \sigma_{Ts,3}t_c t_s \quad (6.58)$$

$$N_{Tcy} = 2\sigma_{NTc}\pi r t_{tb} \quad (6.59)$$

$$N_{Ccy} = \sigma_{cc}(1 + 1.8\xi)\pi r^2 \quad (6.60)$$

$$N_{sy} = \sigma_{Ts,2}(x - W_c - 0.5t_s)t_f \quad (6.61)$$

$$T_{Tsy} = (f_{ys} + \sigma_{Ts,1})(W_c + t_s)t_s + f_{ys}t_c t_s + +\sigma_{Ts,1}t_c t_s \quad (6.62)$$

$$T_{Tcy} = 2\sigma_{TTc}\pi r t_{tb} \quad (6.63)$$

$$T_{sy} = \sigma_{Ts,1}(W - x - W_c - 0.5t_s)t_f \quad (6.64)$$

$$\sigma_c = \frac{f_{ys}E_c x}{E_s(W - x)}, \quad \sigma_{Ts,1} = \frac{W - x - W_c}{W - x}f_{ys}, \quad \sigma_{Ts,2} = \frac{x - W_c}{W - x}f_{ys}, \quad \sigma_{Ts,3} = \frac{x}{W - x}f_{ys},$$

$$\sigma_{TTc} = \frac{W - x - W_c/2}{W - x}f_{ys}, \quad \sigma_{NTc} = \frac{x - W_c/2}{W - x}f_{ys}, \quad \sigma_{cc} = \frac{E_c(x - W_c/2)}{E_s(W - x)}f_{ys} \quad (6.65)$$

式中，N_{cy}、N_{Tsy}、N_{Tcy}、N_{Ccy} 和 N_{sy} 分别为受压区混凝土、边柱、圆钢管、圆钢管内混凝土和墙体钢板承担的竖向荷载；T_{Tsy}、T_{Tcy} 和 T_{sy} 分别为受拉区边柱、圆钢管和墙体钢板承担的竖向荷载；x 为中性轴位置；σ_{cr} 为临界屈曲压应力；σ_c 和 σ_{cc} 分别为混凝土和圆钢管内混凝土的压应力；$\sigma_{Ts,1}$、$\sigma_{Ts,2}$、$\sigma_{Ts,3}$ 为图 6.43 中不同部分的应力；σ_{NTc} 和 σ_{TTc} 分别为圆钢管的压应力和拉应力。

与无边柱试件类似，考虑二阶效应，有边柱试件的屈服点强度为

$$P_y = \frac{M_y}{H\left(1 + \dfrac{N}{HK_y}\right)} \quad (6.66)$$

式中，M_y 为屈服点的截面弯矩；N 为轴向荷载。

（2）峰值点强度

计算峰值点强度时，采用平截面假定，不考虑受拉混凝土的作用，受压区混凝土按等效矩形应力图计算，钢管和钢板的应力分布采取全截面塑性假定。

对于无边柱试件，峰值点强度计算模型如图 6.44 所示。

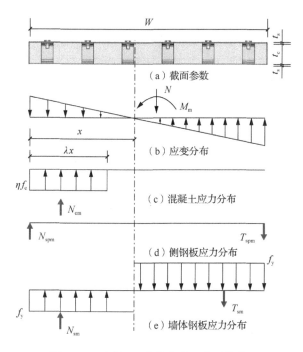

图 6.44 无边柱试件峰值点强度计算模型

由竖向力平衡可得

$$N = N_{cm} + N_{spm} + N_{sm} - T_{spm} - T_{sm} \tag{6.67}$$

对截面中心取矩可得

$$M_m = N_{cm}\frac{W - \lambda x}{2} + \frac{1}{2}N_{spm}W + N_{sm}\frac{W - x}{2} + \frac{1}{2}T_{spm}W + \frac{1}{2}T_{sm}x \tag{6.68}$$

$$N_{cm} = (\eta f_c)(\lambda x)t_c \tag{6.69}$$

$$N_{spm} = \min(\sigma_{cr}, f_y)(t_c + 2t_s)t_s \tag{6.70}$$

$$N_{sm} = 2\min(\sigma_{cr}, f_y)xt_s \tag{6.71}$$

$$T_{spm} = f_y(t_c + 2t_s)t_s \tag{6.72}$$

式中，N_{cm}、N_{spm} 和 N_{sm} 分别为受压区混凝土、侧钢板和墙体钢板承担的竖向荷载；T_{spm} 和 T_{sm} 分别为受拉区侧钢板和墙体钢板承担的竖向荷载；λ 和 η 分别为受压混凝土区高度和混凝土抗压强度的折减系数；σ_{cr} 为临界屈曲压应力。

考虑二阶效应，无边柱试件的峰值点强度为

$$P_m = \frac{M_m}{H\left(1 + \dfrac{N}{HK_m}\right)} \tag{6.73}$$

对于有边柱试件，峰值点强度计算模型如图 6.45 所示。

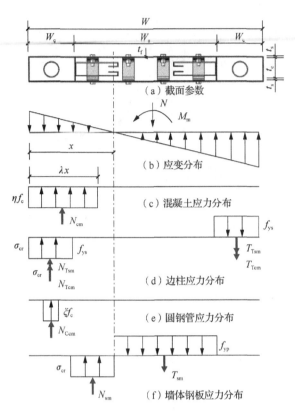

图 6.45　有边柱试件峰值点强度计算模型

由竖向力平衡可得

$$N = N_{cm} + N_{Tsm} + N_{Tcm} + N_{Ccm} + N_{sm} - T_{Tsm} - T_{Tcm} - T_{sm} \tag{6.74}$$

对截面中心取矩可得

$$M_m = N_{cm}(W - 0.5W_c - 0.5\lambda x) + (N_{Tsm} + N_{Tcm} + N_{Ccm})(W - W_c)$$
$$+ N_{sm}(W - 0.5x - W_c) - 0.5T_{sm}(W - x) \tag{6.75}$$

$$N_{cm} = (\eta f_c)(\lambda x t_c - \pi r^2) \tag{6.76}$$

$$N_{Tsm} = \min(\sigma_{cr}, f_{ys})[t_s t_c + 2(W_c + t_c)t_s] + f_{ys}t_c t_s \tag{6.77}$$

$$N_{Tcm} = T_{Tcm} = 2f_{yc}\pi r t_{tb} \tag{6.78}$$

$$N_{Ccm} = f_c(1 + 1.8\xi)\pi r^2 \tag{6.79}$$

$$N_{sm} = 2\min(\sigma_{cr}, f_{yp})(x - W_c - 0.5t_s)t_f \tag{6.80}$$

$$T_{Tsm} = 2(t_c + t_s + W_c)t_s f_{ys} \tag{6.81}$$

$$T_{sm} = 2t_f(W - x - W_c - 0.5t_s)f_{yp} \tag{6.82}$$

$$\sigma_{cr} = \min\left(\frac{\pi^2 E_s}{12K^2(S/t)^2}, f_y\right) \tag{6.83}$$

式中，N_{cm}、N_{Tsm}、N_{Tcm}、N_{Ccm} 和 N_{sm} 分别为受压区混凝土、边柱、圆钢管、圆钢管内混凝土和墙体钢板承担的竖向荷载；T_{Tsm}、T_{Tcm} 和 T_{sm} 分别为受拉区边柱、圆钢管和墙体钢板承担的竖向荷载；t_c、t_s 和 t_f 分别为混凝土、边柱和墙体钢板的厚度；λ 和 η 分别为受压混凝土区高度和混凝土抗压强度的折减系数；σ_{cr} 为临界屈曲压应力。

考虑二阶效应后的有边柱试件峰值点强度为

$$P_m = \frac{M_m}{H\left(1 + \dfrac{N}{HK_m}\right)} \tag{6.84}$$

（3）破坏点强度

破坏点强度即为曲线在荷载下降至峰值荷载的 85% 时的荷载，即

$$P_u = 0.85P_m \tag{6.85}$$

3. 骨架曲线的拟合

将理论计算出的刚度和强度与试验值进行对比，用提出的计算公式得到预测的骨架曲线并与试验曲线进行比较，如图 6.46 所示。总体而言，所建立的理论模型能较好地预测组合墙在低周往复荷载下的骨架曲线。表 6.11 将计算的强度和刚度指标与试验结果进行了比较。结果表明，K_y、K_m、K_u、P_y 和 P_m 的试验值与理论值的平均比值分别为 0.69、1.17、1.13、1.27 和 1.09，平均变异系数分别为 0.10、0.11、0.09、0.16 和 0.05。由于对墙体与基础连接的问题考虑不足，所建立的理论模型高估了 31% 的初始刚度 K_y。由于混凝土和钢材的材料离散性、试件的初始缺陷及焊接产生的残余强度，计算出的 P_m 与试验值的差异约为 9%。

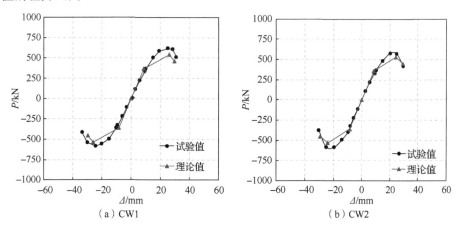

图 6.46　各试件骨架曲线对比

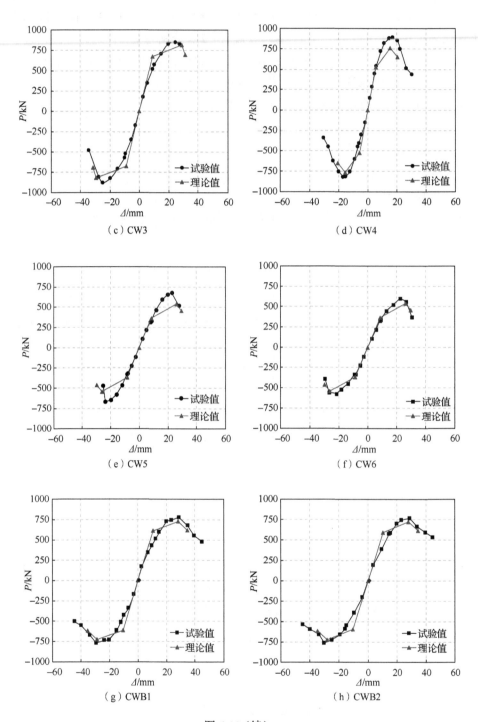

（c）CW3 　　　　　　　（d）CW4

（e）CW5 　　　　　　　（f）CW6

（g）CWB1 　　　　　　　（h）CWB2

图 6.46（续）

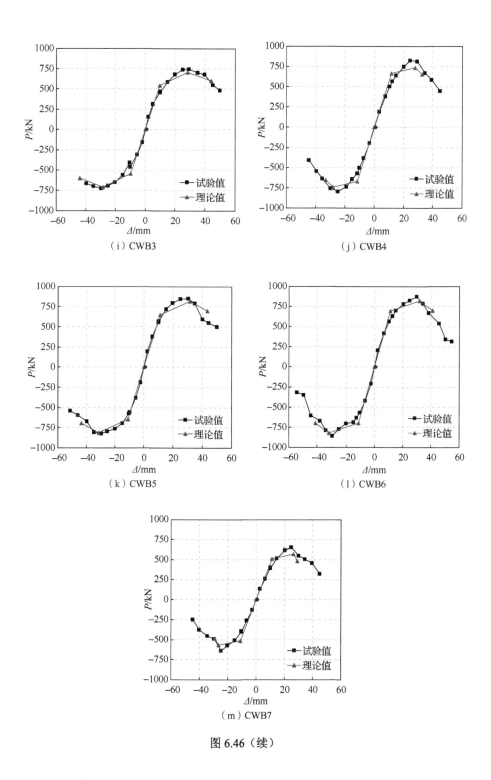

（i）CWB3　　　　　　　　　　　（j）CWB4

（k）CWB5　　　　　　　　　　　（l）CWB6

（m）CWB7

图 6.46（续）

表 6.11 试件刚度、强度计算值与试验值对比

试件	加载方向	K_y/(kN/mm)	K_{ya}/(kN/mm)	K_y/K_{ya}	K_m/(kN/mm)	K_{ma}/(kN/mm)	K_m/K_{ma}	K_u/(kN/mm)	K_{ua}/(kN/mm)	K_u/K_{ua}	P_y/kN	P_{ya}/kN	P_y/P_{ya}	P_m/kN	P_{ma}/kN	P_m/P_{ma}
CW1	正向	30.8	42.5	0.73	24.5	20.7	1.19	16.3	15.5	1.05	562.3	365.4	1.54	615.0	539.7	1.14
	负向	29.9	42.5	0.70	24.3	20.7	1.18	16.0	15.5	1.03	530.5	365.4	1.45	586.3	539.7	1.09
CW2	正向	30.7	42.4	0.72	28.4	22.1	1.29	18.0	15.4	1.17	522.9	358.9	1.46	579.1	531.4	1.09
	负向	32.8	42.4	0.77	29.9	22.1	1.36	17.7	15.4	1.15	523.6	358.9	1.46	584.6	531.4	1.10
CW3	正向	45.6	74.7	0.61	34.3	28.0	1.23	23.5	22.2	1.06	745.4	675.2	1.10	851.1	817.4	1.04
	负向	43.8	74.7	0.59	35.3	28.0	1.26	24.6	22.2	1.11	769.0	675.2	1.14	879.7	817.4	1.08
CW4	正向	73.4	92.5	0.79	51.9	49.8	1.04	34.0	31.8	1.07	801.2	525.2	1.53	892.7	763.8	1.17
	负向	60.8	92.5	0.66	48.1	49.8	0.97	32.1	31.8	1.01	765.5	525.2	1.46	820.4	763.8	1.07
CW5	正向	35.0	42.5	0.82	29.6	20.7	1.43	22.0	15.5	1.42	622.1	365.5	1.70	677.6	540.7	1.25
	负向	33.9	42.5	0.80	28.1	20.7	1.36	21.8	15.5	1.40	612.5	365.5	1.68	568.3	540.7	1.24
CW6	正向	29.5	42.5	0.69	27.0	20.7	1.30	18.5	15.5	1.19	529.6	366.5	1.45	603.5	541.7	1.11
	负向	29.4	42.5	0.69	26.5	20.7	1.28	17.3	15.5	1.11	500.0	366.5	1.36	574.7	541.7	1.06
CWB1	正向	36.8	57.0	0.65	26.9	25.7	1.05	18.5	17.7	1.04	705.9	610.9	1.16	776.8	729.3	1.07
	负向	37.3	57.0	0.65	26.4	25.7	1.03	19.0	17.7	1.07	694.6	610.9	1.14	770.0	729.3	1.06
CWB2	正向	35.3	57.0	0.62	26.5	25.8	1.03	18.3	17.7	1.03	705.8	592.5	1.19	767.8	722.9	1.06
	负向	32.5	57.0	0.57	25.4	25.8	0.98	18.6	17.7	1.05	678.5	592.5	1.15	763.7	722.9	1.06

续表

试件	加载方向	K_y (kN/mm)	K_{ya} (kN/mm)	K_y/K_{ya}	K_m (kN/mm)	K_{ma} (kN/mm)	K_m/K_{ma}	K_u (kN/mm)	K_{ua} (kN/mm)	K_u/K_{ua}	P_y (kN)	P_{ya} (kN)	P_y/P_{ya}	P_m (kN)	P_{ma} (kN)	P_m/P_{ma}
CWB3	正向	36.2	56.5	0.64	25.5	24.9	1.03	15.2	13.7	1.12	637.6	546.0	1.17	747.1	708.4	1.05
	负向	33.4	56.5	0.59	24.6	24.9	0.99	14.8	13.7	1.08	620.0	546.0	1.14	728.4	708.4	1.03
CWB4	正向	38.6	57.6	0.67	33.8	26.5	1.28	20.9	19.2	1.09	722.5	670.3	1.08	825.9	740.4	1.12
	负向	39.7	57.6	0.69	32.0	26.5	1.21	20.0	19.2	1.04	697.6	670.3	1.04	791.2	740.4	1.07
CWB5	正向	45.3	59.4	0.76	28.1	26.0	1.08	19.7	16.0	1.24	740.0	647.6	1.14	850.8	816.4	1.04
	负向	43.4	59.4	0.73	27.9	26.0	1.07	18.1	16.0	1.13	716.7	647.6	1.11	825.0	816.4	1.01
CWB6	正向	41.5	62.1	0.67	29.4	25.8	1.14	20.7	16.9	1.22	747.3	694.5	1.08	873.2	821.3	1.06
	负向	41.2	62.1	0.66	29.3	25.8	1.13	20.4	16.9	1.21	714.2	694.5	1.03	860.6	821.3	1.05
CWB7	正向	31.7	45.7	0.69	26.0	21.6	1.21	18.5	16.7	1.11	578.1	511.3	1.13	650.9	569.0	1.14
	负向	29.8	45.7	0.65	26.2	21.6	1.21	18.5	16.7	1.11	554.9	511.3	1.09	640.2	569.0	1.13
平均值				0.69			1.17			1.13			1.27			1.09
变异系数				0.10			0.11			0.09			0.16			0.05

注：K_y、K_m、K_u 分别为屈服点刚度、峰值点刚度和破坏点刚度；K_{ya}、K_{ma}、K_{ua} 分别为预测的屈服点刚度、预测的峰值点刚度、预测的破坏点刚度；P_y、P_m 分别为屈服荷载和峰值荷载；P_{ya}、P_{ma} 分别为预测的屈服荷载和预测的峰值荷载。

6.4.2 恢复力模型滞回曲线的建立

本小节通过提出恢复力模型的滞回规律，对采用加强型槽钢连接件的双钢板-混凝土组合墙的滞回曲线进行拟合。

1. 滞回规律

由于设置加强型槽钢连接件的双钢板-混凝土组合墙的滞回曲线呈梭形，其滞回规律采用 Clough 等[18]提出的修正 Clough 模型的基本滞回规则，并按 Park 等[19]提出的建议考虑刚度退化的影响。滞回规律如图 6.47 所示。

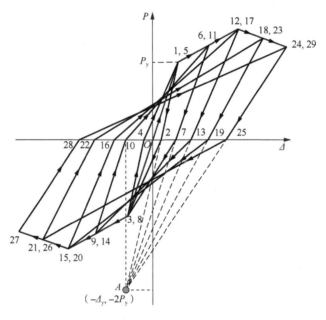

图 6.47　滞回规律

1）试件达到屈服点前，不考虑刚度退化和残余变形，正、反向加载及卸载均沿骨架曲线进行，即 1、3 线段。

2）在达到屈服点后，通过设置一个公共点［即（Δ_y，αP_y）］来引入刚度退化规则，卸载路径都指向这一点，取 Park 等[19]提出的三参数模型中的 $\alpha=2$，如曲线 6-7、12-13；之后加载曲线，按 Clough 恢复力模型最大位移指向规则指向相反的先前最大位移荷载，滞回曲线如曲线 7-8、13-14；然后，曲线在相反方向增加到当前位移荷载水平，如曲线 8-9、9-15；随后的卸载曲线也指向公共点 A，直至水平轴，滞回曲线如曲线 9-10、15-16；最后，加载曲线回到当前的位移荷载水平，滞回曲线如曲线 10-11、16-17。

3）从峰值点到破坏点，加载和卸载曲线遵循步骤 2）中的滞回规律。

2. 滞回曲线的拟合

在提出的三折线骨架曲线基础上，依照上述的滞回规律，建立设置槽钢连接件的双钢板-混凝土组合墙的恢复力模型滞回曲线。将理论预测的滞回曲线与试验滞回曲线进行比较，如图 6.48 所示。结果表明，滞回曲线理论模型能良好预测设置槽钢连接件的双钢板-混凝土组合墙在水平低周往复荷载下的滞回性能。

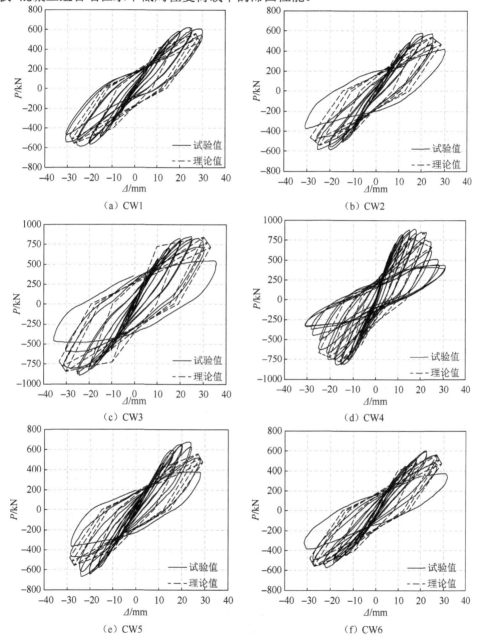

（a）CW1　　　　　　　　　　　　　（b）CW2

（c）CW3　　　　　　　　　　　　　（d）CW4

（e）CW5　　　　　　　　　　　　　（f）CW6

图 6.48　理论预测的滞回曲线与试验滞回曲线对比

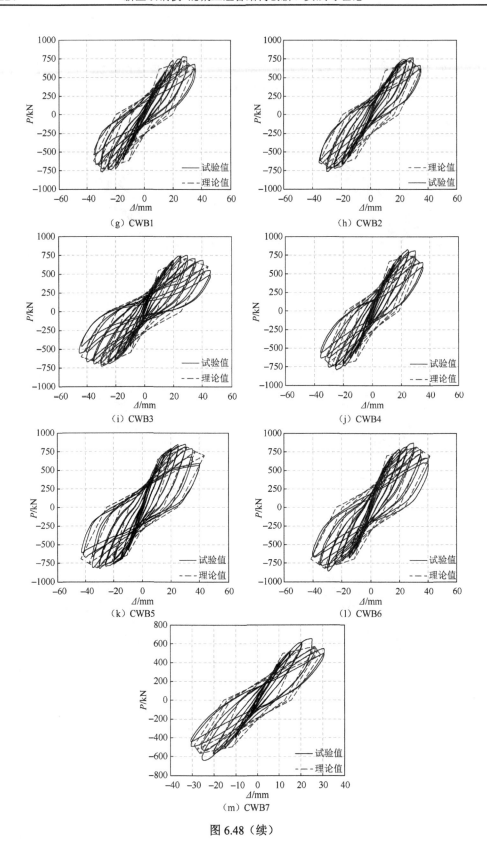

图 6.48（续）

6.5　采用加强型槽钢连接件的双钢板-混凝土组合墙有限元分析

本节利用 ABAQUS 有限元软件对设置加强型槽钢连接件的双钢板-混凝土组合墙进行数值模拟，在已有试验的基础上对组合墙进行精细化建模，对其进行单调加载，分析其破坏模式及承载力、变形能力等指标。通过与试验结果的对比验证有限元模型的可靠性，从而进行参数分析，为设置加强型槽钢连接件的双钢板-混凝土组合墙的抗震设计提供依据。

6.5.1　有限元模型的建立

本节采用有限元软件 ABAQUS 对设置加强型槽钢连接件的双钢板-混凝土组合墙进行有限元建模。模型建立采用 ABAQUS/CAE，数值求解选用 ABAQUS/Explicit 显式求解器。

1. 材料本构关系模型

（1）钢材本构关系模型

本节中模型中采用的钢板、加强型槽钢连接件等钢材均采用非线性各向同性/运动硬化模型。采用 von Mises 屈服准则描述不同钢构件的各向同性屈服。在该材料模型中，单轴应力-应变关系曲线采用何政等[20]提出的三折线应力-应变模型，如式（6.86）所示，其应力-应变关系如图 6.49 所示。

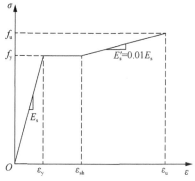

图 6.49　钢板的应力-应变关系

$$\sigma_s=\begin{cases}E_s\varepsilon_s & \varepsilon_s\leqslant\varepsilon_y \\ f_y & \varepsilon_y<\varepsilon_s\leqslant\varepsilon_{sh} \\ f_y+E_s'(\varepsilon_s-\varepsilon_y) & \varepsilon_{sh}<\varepsilon_s\leqslant\varepsilon_u \\ f_u & \varepsilon_s>\varepsilon_u\end{cases}\qquad(6.86)$$

式中，ε_s 和 σ_s 为钢材的应变和应力；ε_y 和 f_y 为钢材的屈服应变和屈服应力；ε_{sh} 为钢板屈服阶段结束时对应的应变；ε_u 和 f_u 为钢材的极限应变和极限应力；E_s 为钢板弹性阶段的弹性模量；E_s' 为钢板的强化应变刚度，取 $E_s'=0.01E_s$。

（2）混凝土本构关系模型

Yan 等[21]在双钢板-混凝土组合结构分析中已使用混凝土损伤塑性模型（concrete damage plasticity model，CDPM），结果表明可有效模拟混凝土损伤。本节对混凝土的模拟也采用混凝土损伤塑性模型，模型中的流动势偏心率、膨胀角、双轴抗压强度比分别取 0.1、26 和 1.16。在混凝土损伤塑性模型中，还需输入单轴受拉及受压应力-应变的关系。在大量研究分析的基础上，《混凝土结构设计规范（2015 年版）》（GB 50010—2010）给出了在一定限制条件下混凝土的应力-应变关系，如图 6.50 所示。

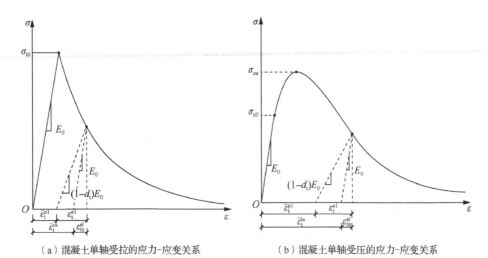

（a）混凝土单轴受拉的应力-应变关系　　　　（b）混凝土单轴受压的应力-应变关系

图 6.50　混凝土单轴应力-应变关系

纪晓东等[22]提出双钢板-混凝土组合剪力墙的钢板和边柱对混凝土约束作用较小，相较于单轴受压情况下的混凝土差别不大，因此本节采用单轴受压情况下的混凝土本构模型。通过对混凝土材料性能试验拉压试验曲线进行拟合，可得混凝土的受压应力-应变曲线，基本公式为

$$\begin{cases} y = \alpha_a x + (3 - 2\alpha_a)x^2 + (\alpha_a - 2)x^3 & x \leqslant 1 \\ y = \dfrac{x}{\alpha_d (x-1)^2 + x} & x > 1 \end{cases} \qquad (6.87)$$

式中

$$y = \frac{\sigma}{f_c}$$

$$x = \frac{\varepsilon}{\varepsilon_c x} = \frac{\varepsilon}{\varepsilon_c}$$

上升段与下降段的曲线参数可分别按式（6.88）和式（6.89）进行计算：

$$a_a = 2.4 - 0.0125 f_c \qquad (6.88)$$

$$\alpha_d = 0.157 f_c^{0.785} - 0.905 \qquad (6.89)$$

混凝土单轴的受拉应力-应变曲线可表示为

$$\begin{cases} y = 1.2 + 0.2x^6 & x \leqslant 1 \\ y = \dfrac{x}{\alpha_t (x-1)^{1.7} + x} & x > 1 \end{cases} \qquad (6.90)$$

式中，$y = \dfrac{\sigma}{f_c}$；$x = \dfrac{\varepsilon}{\varepsilon_c x} = \dfrac{\varepsilon}{\varepsilon_c}$。

下降段的曲线参数为

$$\alpha_t = 0.312 f_c^2 \qquad (6.91)$$

假定混凝土在产生拉伸裂缝之前为线弹性拉伸行为。裂缝发生后，本有限元模型对普通混凝土采用断裂能开裂模型。CEB-FIP 定义的断裂能参数 G_f 为

$$G_{\mathrm{f}} = G_{\mathrm{f0}}\left(\frac{f_{\mathrm{c}}}{10}\right)^{0.7} \tag{6.92}$$

式中, f_{c} 为混凝土的轴心抗压强度; G_{f0} 随粗骨料粒径的变化而变化, 对于直径为 8mm、16mm 和 32mm 的普通混凝土, G_{f0} 分别取 0.025N·mm/mm²、0.030N·mm/mm² 和 0.058N·mm/mm²。

2. 单元类型、相互作用与网格划分

（1）单元类型

由于对设置加强型槽钢连接件的双钢板-混凝土组合墙进行精细化模拟分析, 因此对于墙体的钢板、混凝土及加强型槽钢连接件都采用实体单元建模。齐威[23]提出对于弹塑性分析, 减缩积分的实体单元仅在较少的积分点上需满足不可压缩约束, 不会发生约束, 所以单元类型选择 8 节点减缩积分单元, 即 C3D8R 单元。

（2）相互作用

通过 Interaction 菜单定义组合剪力墙的钢板和混凝土、墙体与加载梁、基础梁等之间的接触和相互作用。上述各部件之间的接触被定义为"面面接触", 接触的力学属性包括法向和切向属性。法向属性被定义为硬接触（hard contact）, 即在 ABAQUS/Explicit 中采用罚函数方法来加强接触约束; 切向属性通过定义罚函数来设置。Rabbat 等[24]提出定义设置摩擦方向为各向同性, 并设置摩擦系数 $\mu=0.6$; 加强型槽钢连接件通过建立槽钢连接件进行模拟。

（3）网格划分

试件模型的网格划分是决定模型分析精度的重要环节, 要在保证计算结果的精确性的同时, 最大限度地减小网格密度, 从而减少计算时间, 节约计算资源。所以, 本节将加载梁、基础梁和大地的网格宽度设定为 30mm, 双钢板-混凝土组合墙体与加强型槽钢连接件的网格宽度为 15mm。试件有限元模型网格划分如图 6.51 所示。

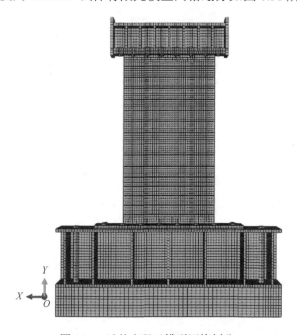

图 6.51 试件有限元模型网格划分

3. 边界条件和加载方式

有限元模型中的边界条件参照试验中的边界情况设定，地面底部采用固接，基础梁通过地锚螺栓与地面连接，墙体与基础梁和加载梁也采用螺栓连接。通过实体建模建立槽钢连接件，模拟加强型槽钢连接件，并将内部混凝土中的相应部分进行切割处理。

在有限元模型中施加荷载与试验时施加荷载的顺序保持一致。首先对墙体模型施加轴向荷载，即在加载梁上表面施加竖向的均布荷载，其值与试验时施加的荷载值保持一致；之后在加载梁一侧的中心位置定义的参考点上施加水平方向的荷载，如图 6.52 所示。

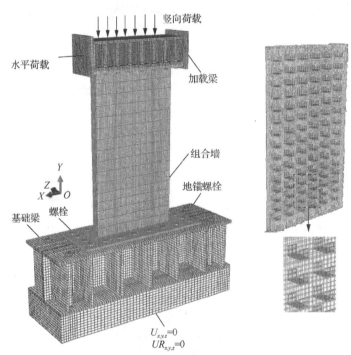

图 6.52　试件有限元模型

6.5.2　有限元模型的计算结果

为了验证有限元模型的准确性，将模型得到的设置加强型槽钢的双钢板-混凝土组合墙的骨架曲线、破坏模式分别与试验结果进行对比。

1. 骨架曲线比较

基于上述建立有限元模型的过程与方法，建立设置加强型槽钢连接件的双钢板-混凝土组合墙有限元模型，得到有限元模拟的无边柱试件骨架曲线，并把模拟得到的骨架曲线与试验得到的骨架曲线进行对比，如图 6.53 所示。各试件的试验峰值荷载与有限元峰值荷载的对比如表 6.12 所示。

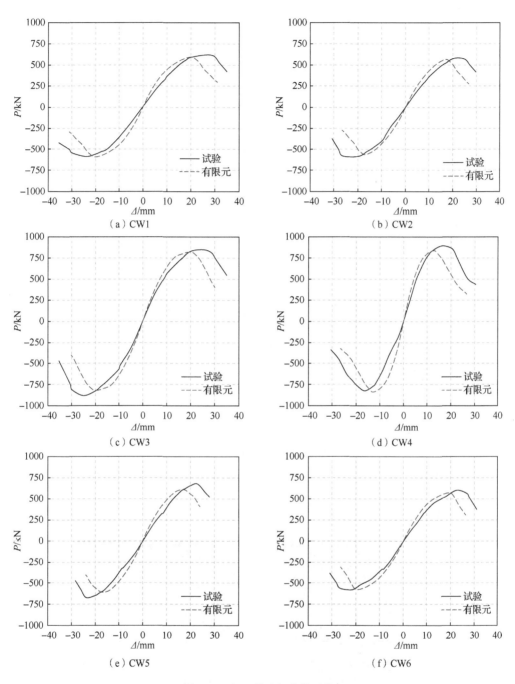

图 6.53　各试件骨架曲线对比

表 6.12　试验和数值模拟峰值荷载对比

试件编号	加载方向	试验峰值荷载 P_{m} / kN	有限元峰值荷载 $P_{\mathrm{m,e}}$ / kN	$P_{\mathrm{m}}/P_{\mathrm{m,e}}$
CW1	正向	615.0	594.2	1.04
	负向	586.3	594.2	0.99

试件编号	加载方向	试验峰值荷载 P_m/ kN	有限元峰值荷载 $P_{m,e}$/ kN	$P_m/P_{m,e}$
CW2	正向	579.1	563.5	1.03
	负向	584.6	563.5	1.04
CW3	正向	851.1	820.3	1.04
	负向	879.7	820.3	1.07
CW4	正向	892.7	836.7	1.07
	负向	820.4	836.7	0.98
CW5	正向	677.6	608.5	1.11
	负向	668.3	608.5	1.10
CW6	正向	603.5	572.4	1.05
	负向	574.7	572.4	1.00

结果表明,建立的有限元模型对无边柱试件的骨架曲线进行了合理的模拟。试验结果与有限元结果比值的均值和变异系数分别为 1.04 和 0.04,对设置加强型槽钢连接件的双钢板-混凝土组合墙的承载力进行了保守估计。由于有限元中材料为理想均质材料,试验中的材料并非均质,且存在材料缺陷、焊接产生的残余应力等,故有限元的结果略大于试验结果,但是误差有限,吻合较为良好,可证明建立的有限元模型能够较好地反映设置加强型槽钢连接件的双钢板-混凝土组合墙的骨架特征。

2. 破坏模式比较

图 6.54 将有限元模型面外 U3 方向位移云图与无边柱的双钢板-混凝土组合剪力墙试验中的破坏模式进行了比较。结果表明,无边柱试件的数值模拟结果破坏模式与试验破坏模式一致,墙体上部的 U3 方向位移较小,变形较大的位置集中在墙体底部的两排连接件之间,该位置出现了明显的鼓曲现象。可见,有限元模型较好地模拟了试件的变形形态和破坏模式。

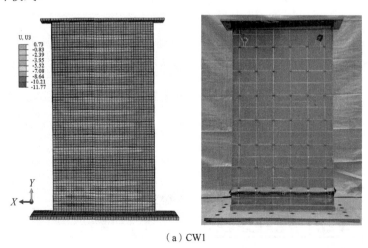

(a) CW1

图 6.54　各试件有限元分析 U3 位移云图与试验的对比

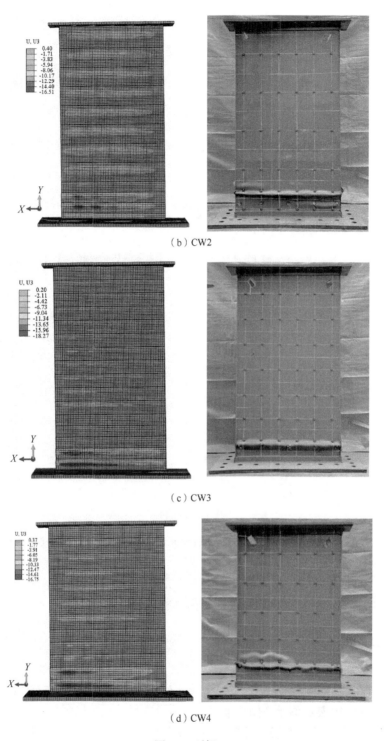

（b）CW2

（c）CW3

（d）CW4

图 6.54（续）

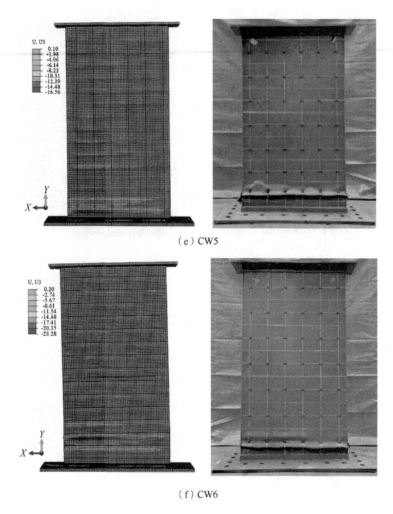

（e）CW5

（f）CW6

图 6.54（续）

　　这里选取试件 CW5 对试验结果与数值分析比较进行说明，试件 CW5 墙体试验最终破坏图和有限元最终应力图如图 6.54（e）所示。试件 CW5 墙体底部两排连接件之间出现明显屈曲，墙体上部钢板基本没有发生变形。这与试验中最终破坏时的墙体底部两排钢板出现屈曲贯通、墙体上部基本没有变化现象完全一致。

6.6　基于 OpenSees 的双钢板-混凝土组合墙低周滞回性能分析

　　本节基于 OpenSees 软件对双钢板-混凝土组合剪力墙的低周滞回性能进行模拟，分别采用 OpenSees 中宏观单元（如纤维单元、多垂直杆单元）模拟双钢板-混凝土组合剪力墙，将有限元模拟滞回曲线、骨架曲线、屈服荷载、屈服位移、极限荷载和极限位移与试验结果进行对比，验证有限元模拟结果的可靠性。基于上述研究结果，本节还将讨论宏观单元模拟双钢板-混凝土组合剪力墙的优劣势。

6.6.1　基于纤维单元的双钢板-混凝土组合剪力墙模拟

1.　构件概况

中国地震局工程力学研究所丁路通[25]开展了一系列采用交错式大头栓钉剪力连接件的双钢板-混凝土组合剪力墙的低周滞回性能研究，其中试件 SW1～SW7 为双钢板-混凝土组合剪力墙，其试验参数主要为高宽比、轴压比、栓钉长度和边缘构件形式。试件 SW1～SW7 基本信息如表 6.13 所示。双钢板-混凝土组合墙的构件形式如图 6.55 和图 6.56 所示，其中组合墙中核心混凝土厚度为 100mm，两侧钢板厚度为 4mm，组合墙的截面高度为 1000mm，大头栓钉直径为 10mm。

表 6.13　试件 SW1～SW7 基本信息

试件编号	L/mm	λ	f_c/MPa	f_y/MPa	f_u/MPa	F/kN	n_t	D/mm	暗柱形式
SW1	50	2	29.5	290	411	1234	0.38	114	矩形钢管+圆钢管
SW2	60	2	29.5	290	411	1234	0.38	114	矩形钢管+圆钢管
SW3	75	2	29.5	290	411	1234	0.38	114	矩形钢管+圆钢管
SW4	90	2	29.5	290	411	1234	0.38	114	矩形钢管+圆钢管
SW5	90	2	29.5	290	411	1707	0.38	114	矩形钢管+圆钢管
SW6	90	2	29.5	290	411	1128	0.37	114	矩形钢管
SW7	90	1	29.5	290	411	1234	0.38	114	矩形钢管+圆钢管

注：L 为大头栓钉长度；λ 为墙的高宽比；f_c 为混凝土单轴抗压强度；f_y 为钢板屈服强度；f_u 为钢板极限强度；F 为试验中施加的轴压力；n_t 为轴压比试验值；D 为大头栓钉剪力连接件间距。

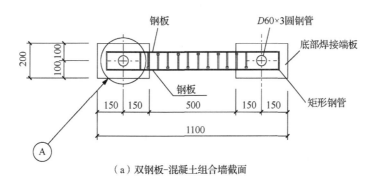

（a）双钢板-混凝土组合墙截面

图 6.55　组合剪力墙立面图（尺寸单位：mm）

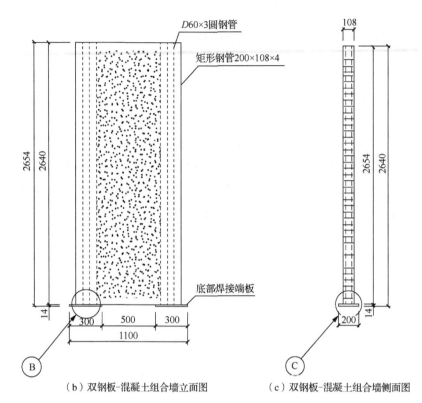

（b）双钢板-混凝土组合墙立面图 　　　（c）双钢板-混凝土组合墙侧面图

图 6.55（续）

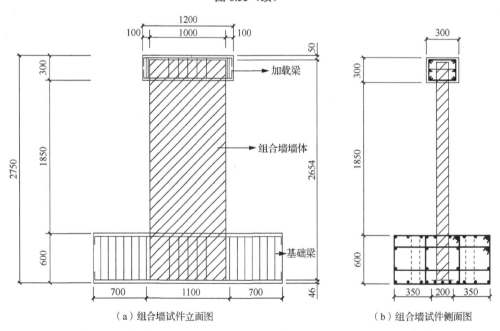

（a）组合墙试件立面图 　　　　（b）组合墙试件侧面图

图 6.56　双钢板-混凝土组合墙试件立面图和侧面图（单位：mm）[25]

2. 模型介绍

基于 OpenSees，采用 DispBeamColumn 纤维单元对双钢板-混凝土组合剪力墙的低周滞回性能进行模拟，其中沿剪力墙高度方向划分为 3 个单元，每个单元中设置 5 个积分点，其纤维截面的定义按照实际截面中钢板、钢管与混凝土截面的分布定义，如图 6.57 所示。

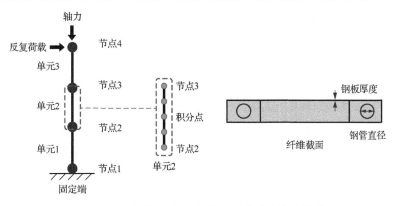

图 6.57　双钢板-混凝土组合墙基于纤维单元模型

（1）混凝土本构关系的确定

混凝土本构采用 Chang 等[26]开发的混凝土单轴滞回本构模型 ConcreteCM，该模型是一个改进的、通用的、无量纲的本构模型，允许校准单调和滞回的材料建模参数，并且可以模拟有约束和无侧限、普通和高强度混凝土在循环压缩和拉伸下的滞回行为，如图 6.58

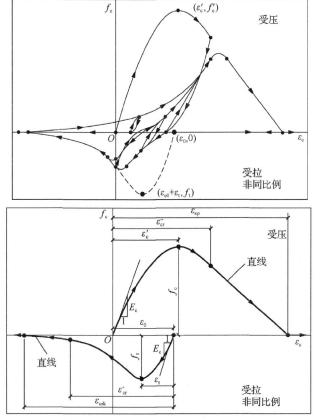

图 6.58　Chang 等[26]开发的混凝土单轴滞回本构模型

所示。该模型较好地模拟了混凝土在循环压缩与拉伸作用下的滞回行为，考虑逐渐卸载和重新加载过程中的刚度退化及混凝土裂缝逐渐闭合的效应。混凝土受压的曲线主要由混凝土的弹性模量 E_c；极限压应力 f_c 及其对应的峰值压应变 ε_c 来描述；除此之外，还有其他参数用来描述混凝土受拉和受压本构曲线。其中，r_c 是由 Tsai[27] 定义混凝土受压应力应变关系曲线包络曲线形状的参数；ε_{cr} 为受压应力应变包络线下降段开始为直线时对应的临界应变；f_t 为混凝土极限拉应力；ε_t 为极限拉应力对应应变；r_t 是由 Tsai[27] 定义混凝土受拉应力-应变关系曲线包络曲线形状的参数；ε_{cr}^+ 为受拉应力应变包络线开始为直线时对应的临界应变，当考虑受拉刚度时，建议取较大的值 10000。

在 OpenSees 的 ConcreteCM 本构模型中引入了一个可选的输入参数 gap，为用户提供了控制混凝土应力-应变行为中缝隙闭合强度的机会，进而影响侧向荷载-位移行为中的捏缩程度。最初的 Chang 等[26] 提出的本构模型在混凝土从拉应力转变为压应力过程中零应力水平处的刚度不为零，对应模型中参数 gap 的定义为 1；使用 gap=0（默认值），认为零应力处切线刚度为零，如图 6.59 中曲线所示，适用于大多数分析。

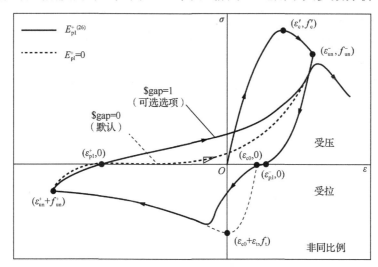

图 6.59　参数 gap 定义对本构关系的影响

图 6.57 展示了剪力墙截面特征，剪力墙暗柱中设置了圆形钢管，钢管内混凝土为约束混凝土，如图 6.60 所示。因此，截面中混凝土材料定义为两种：一种为钢管内的约束混凝土，另一种为截面其他部分的非约束混凝土。非约束混凝土的本构关系参考欧洲规范 Eurocode 2，即

$$\sigma_c = \frac{3 f_c \varepsilon_c}{\varepsilon_{c0} \left[2 + \left(\dfrac{\varepsilon_c}{\varepsilon_{c0}} \right)^3 \right]} \tag{6.93}$$

式中，σ_c 为混凝土受压应力；f_c 为圆柱体抗压强度；ε_c 为混凝土受压应变；ε_{c0} 为混凝土峰值压应变。

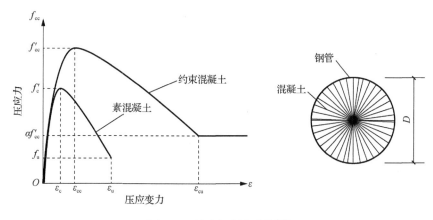

图 6.60　约束混凝土本构[28]

试验测得混凝土抗压强度为 29.5MPa；混凝土峰值压应变按照规范确定为 0.002；混凝土极限抗拉强度按照欧洲规范 Eurocode 2，表 6.12 中的取值线性插值求得；f_t 为 2.9MPa，极限抗拉强度对应的峰值应变参考朱伯芳[29]。

$$\varepsilon_t = af_t^b \tag{6.94}$$

式中，ε_t 为普通混凝土的极限拉伸应变；f_t 为混凝土抗拉强度，MPa；a 和 b 为常数，分别等于 55 和 0.5。

钢管约束中的混凝土强度和峰值应变需要在非约束混凝土本构的基础上进行修正，对极限抗压强度 f_c 和极限压应变 ε_{cu} 的修正参考 Tang 等[28]提出的模型。在三轴应力状态下，混凝土单轴抗压强度为

$$f'_{cc} = f'_c + mf_{rp} \tag{6.95}$$

式中，f'_{cc} 为约束混凝土的极限抗压强度；f'_c 为非约束混凝土的极限抗压强度；系数 m 的取值经过了广泛的试验研究，对于普通混凝土，其取值在 4~6[30]；f_{rp} 为峰值荷载作用下的侧向力。

在 Tang 等[28]提出的计算模型中考虑了荷载作用下钢材与混凝土材料泊松比之间的差异，并引入了经验系数 β。考虑钢管直径 D 及厚度 t 对混凝土侧向压力的影响，侧向压力 f_{rp} 为

$$f_{rp} = \beta \frac{2t}{D-2t} f_y \tag{6.96}$$

经验系数 β 定义为有填充混凝土的钢管泊松比 v_e 与无填充混凝土的钢管泊松比 v_s 之差，即为 $v_e - v_s$。其中，v_s 取值为 0.5，v_e 取值如下：

$$v_e = 0.2312 + 0.3582v'_e - 0.1524\left[\frac{f'_c}{f_y}\right] + 4.843v'_e\left[\frac{f'_c}{f_y}\right] - 9.169\left[\frac{f'_c}{f_y}\right]^2 \tag{6.97}$$

$$v'_e = 0.881\times10^{-6}\left(\frac{D}{t}\right)^3 - 2.58\times10^{-4}\left(\frac{D}{t}\right)^2 + 1.953\times10^{-2}\left(\frac{D}{t}\right) + 0.4011 \tag{6.98}$$

式中，D 为钢管直径；t 为钢管壁厚；f'_c 为混凝土极限抗压强度；f_y 为钢材的屈服强度。

式（6.97）的适用范围为 f'_c/f_y 为 0.04~0.2，本节中 f'_c/f_y 比值为 0.102，满足适用条

件。试验中剪力墙暗柱钢管直径为 60mm，钢管壁厚为 3mm，根据上述计算得到 f'_{cc} 为 56.95MPa。

（2）钢材本构关系的确定

钢材的本构关系采用 Steel02 模型，Steel02 模型用于构造具有各向同性应变硬化的钢材，同时能较好地反映出钢材的包辛格效应。包辛格效应是 Bauschinger 于 1886 年在金属材料的力学性能试验中发现的，当金属材料拉伸到塑性变形阶段后卸载为零，再反向加载，材料的压缩屈服强度比拉伸屈服强度要低。陶慕轩等[31]研究发现是否考虑钢材的包辛格效应对组合结构试件的抗震性能模拟精度影响较大。约束混凝土本构如图 6.61 所示。

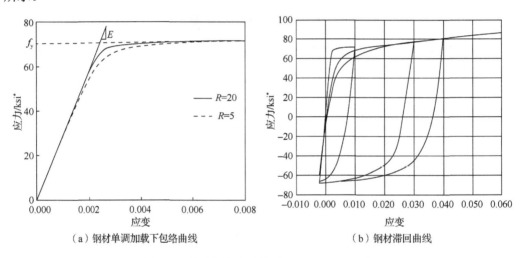

（a）钢材单调加载下包络曲线　　　　（b）钢材滞回曲线

图 6.61　约束混凝土本构（* 1ksi=6.895MPa）

结合图 6.55 中截面组成及双钢板-混凝土组合剪力墙的试验破坏现象，外包钢板底部发生屈曲，模拟中外包钢板不考虑钢材强化，暗柱中的钢管和钢板两侧均有混凝土限制其变形，考虑钢材的强化特征。

（3）边界条件

基于 OpenSees 对边界条件的约束采用 Fix command 命令，该命令用于构造单点齐次边界约束。三维单元共 6 个自由度，其中 0 表示无约束（自由），1 表示有约束（固定）；结合丁路通[25]试验中剪力墙底部基础的设计，模拟中认为墙下端为固定端，即 6 个自由度均被约束。

（4）几何坐标转换

几何坐标转换 geomTransf command 命令用于杆件单元中的局部坐标系与整体坐标系之间的转化关系（图 6.62）。OpenSees 中提供的坐标转化方法主要有 Linear、PDelta 和 Corotational Transformation。其中，Linear 常用于梁柱单元；PDelta 常用于柱子的分析，需要考虑柱子的二阶效应。在 OpenSees 中，三维坐标变换命令格式为

```
geomTransf Linear $transfTag $vecxzX $vecxzY $vecxzZ
```

其中，局部坐标系的定义 x' 轴始终为沿杆轴向方向，由两节点连线方向确定；($vecxzX \ $vecxzY \ $vecxzZ) 定义了一个新方向，此方向为局部坐标系 $x'z'$ 平面上的一个方向。根据右手定则（x' 方向与新的方向）确定局部坐标中的 y' 方向，再根据局部坐标叉乘定义局部坐标 z' 方向[32]。

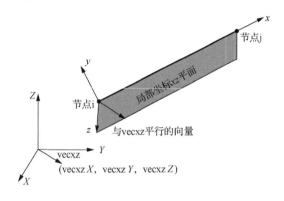

图 6.62　坐标转换

（5）加载制度

试验中的加载制度如图 6.63 所示，通过分配梁将轴向荷载均匀地加载到剪力墙截面上。试验中首先采用力控制加载，后采用位移加载，控制每一圈加载的位移角；模拟中采用试验中位移加载制度，采用循环语句定义分析及增量步。

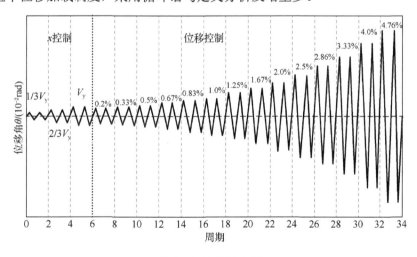

图 6.63　加载制度[33]

3. 数值模拟结果

采用 dispBeamColumn 单元模拟双钢板-混凝土组合剪力墙滞回曲线，如图 6.64 所示，组合剪力墙骨架曲线对比如图 6.65 所示。

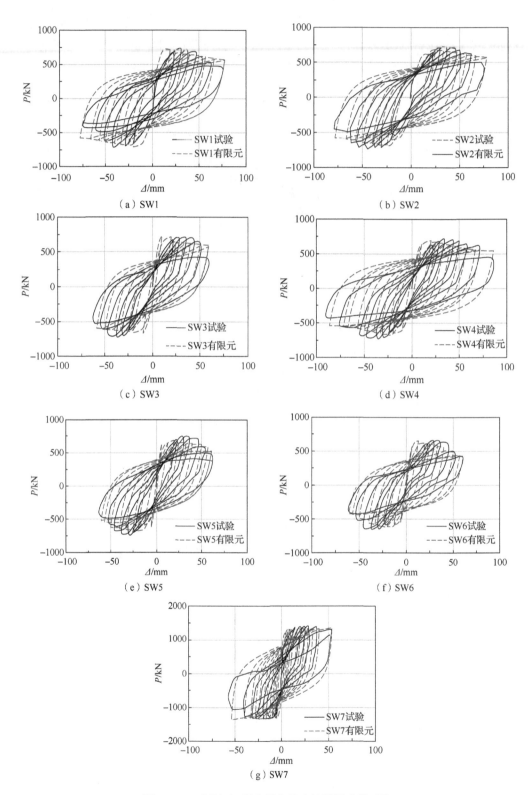

图 6.64 双钢板-混凝土组合剪力墙滞回曲线对比

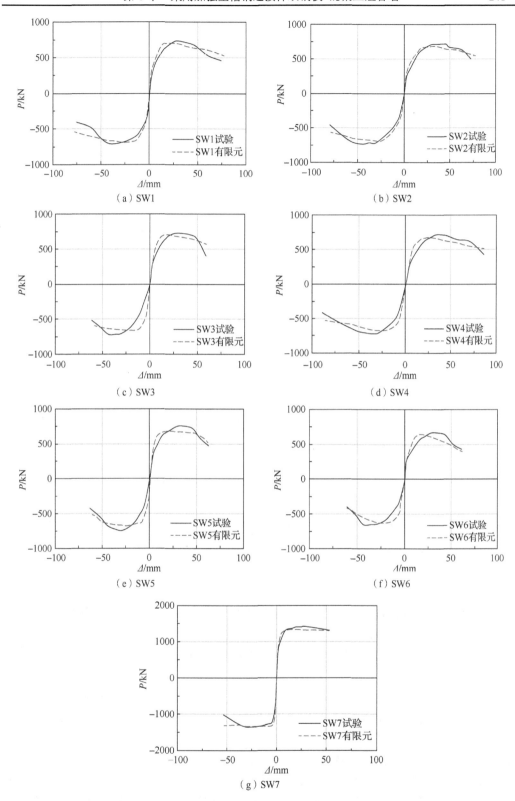

图 6.65　双钢板-混凝土组合剪力墙骨架曲线对比

有限元模拟得到的屈服荷载 P_y、极限荷载 P_u、屈服位移 Δ_y、极限位移 Δ_u 与试验结果对比见表 6.14。

表 6.14　试验值与数值模拟值对比

试件编号	加载方向	$P_{y,test}$/kN	$P_{y,FE}$/kN	$\dfrac{P_{y,test}}{P_{y,FE}}$	$P_{u,test}$/kN	$P_{u,FE}$/kN	$\dfrac{P_{u,test}}{P_{u,FE}}$	$\Delta_{y,test}$/mm	$\Delta_{y,FE}$/mm	$\dfrac{\Delta_{y,test}}{\Delta_{y,FE}}$	$\Delta_{u,test}$/mm	$\Delta_{u,FE}$/mm	$\dfrac{\Delta_{u,test}}{\Delta_{u,FE}}$
SW1	正向	590	542	1.09	633	594	1.07	16.1	12.8	1.25	50.2	55.9	0.90
	负向	−576	−574	1.00	−604	−586	1.03	−17.5	−13.1	1.34	−51.8	−58.6	0.88
SW2	正向	602	567	1.06	610	584	1.05	20.2	15.6	1.30	63.1	65.3	0.97
	负向	−578	−571	1.01	−613	−591	1.04	−19.4	−14.6	1.33	−63.9	−66.0	0.97
SW3	正向	570	618	0.92	613	599	1.02	16.1	11.2	1.44	51.8	53.8	0.96
	负向	−642	−602	1.07	−621	−594	1.04	−23.9	−12.2	1.95	−54.0	−55.4	0.97
SW4	正向	568	595	0.96	602	578	1.04	18.1	12.0	1.51	71.4	66.0	1.08
	负向	−550	−593	0.93	−610	−571	1.07	−16.1	−10.1	1.58	−64.9	−64.3	1.01
SW5	正向	574	602	0.95	641	578	1.11	14.3	8.4	1.71	49.9	57.3	0.87
	负向	−556	−593	0.94	−631	−578	1.09	−13.8	−8.9	1.54	−47.7	−49.5	0.96
SW6	正向	532	551	0.97	574	547	1.05	15.5	11.2	1.39	46.7	41.1	1.14
	负向	−497	−544	0.91	−548	−532	1.03	−17.5	−12.9	1.36	−49.8	−46.7	1.07
SW7	正向	1053	1195	0.88		1141		7.9	5.6	1.42		52.8	
	负向	−1091	−1146	0.95	−1152	−1126	1.02	−8.4	−6.6	1.26	−47.5	−52.8	0.90
均值				0.97			1.05			1.46			0.98
离散系数				0.06			0.03			0.19			0.08

注：$P_{y,test}$ 为试验测得的屈服荷载；$P_{y,FE}$ 为有限元模拟得到的屈服荷载；$P_{u,test}$ 为试验测得的极限荷载；$P_{u,FE}$ 为有限元模拟得到的极限荷载；$\Delta_{y,test}$ 为试验测得的屈服位移；$\Delta_{y,FE}$ 为有限元模拟得到的屈服位移；$\Delta_{u,test}$ 为试验测得的极限位移；$\Delta_{u,FE}$ 为有限元模拟得到的极限位移。

结合图 6.64、图 6.65 及表 6.13 可得到如下结论。

1）dispBeamColumn 单元可以较好地模拟以弯曲破坏为主的双钢板-混凝土组合剪力墙的低周滞回性能，较准确地捕捉加载前几圈的荷载-位移曲线。其中，试验测得屈服荷载与数值模拟屈服荷载比值为 0.97，离散系数为 0.06；试验测得极限荷载与数值模拟得到的极限荷载比值为 1.05，离散系数为 0.03。

2）根据图 6.65 中的骨架曲线对比，加载后期数值模拟结果较高地估计了试件荷载。结合图 6.64 中的滞回曲线，加载后期滞回圈相对试验更为饱满，这是由于试验中试件在加载阶段后期外包钢板发生了屈曲，底部混凝土压溃，钢板与混凝土之间发生了滑移；而数值模拟中忽略了混凝土与钢材之间的黏结滑移，并且目前基于 OpenSees 宏观单元并不能很好地模拟出钢板的屈曲行为。

3）试验测得的屈服位移与数值模拟得到的屈服位移之比均值为 1.46，离散系数为 0.19；试验测得的极限位移与数值模拟得到的极限位移之比为 0.98，离散系数为 0.08。

数值模拟对极限位移的预估较为准确，对屈服位移的预估相比实际较小，这是因为数值模拟中认为边界条件为理想化的固定端，试验中墙体下部支座对墙体的约束达不到理想固端的效果，数值模拟的初始刚度较大，试件的峰值承载力对应的位移提前，导致其屈服位移相比于试验值较小。

4）从图 6.64 中的滞回曲线对比可以看出，基于 OpenSees 的 dispBeamColumn 单元可以较好地模拟弓形滞回曲线，如试件 SW3 和试件 SW5；对于滞回曲线呈现梭形并产生轻微捏拢现象的试件 SW7，可以较好地捕捉峰值荷载前的曲线特征，对破坏阶段滞回曲线的模拟偏于饱满。这是由于加载后期混凝土与钢板之间产生了滑移，模拟当中忽略了两者之间的滑移。

6.6.2　基于多垂直杆单元的双钢板-混凝土组合剪力墙模拟

1. 构件概况

纪晓东等[22]对 5 个剪跨比为 2.5 的"一"字形截面双钢板-混凝土组合剪力墙开展了拟静力实验，研究其抗震性能。试验中研究了边缘约束构件长度、截面含钢率、轴压比、约束边缘构件形式等因素对剪力墙承载能力、耗能能力及变形能力的影响。试验中双钢板-混凝土组合剪力墙截面及尺寸特征如图 6.66 所示，试件基本信息如表 6.15所示。

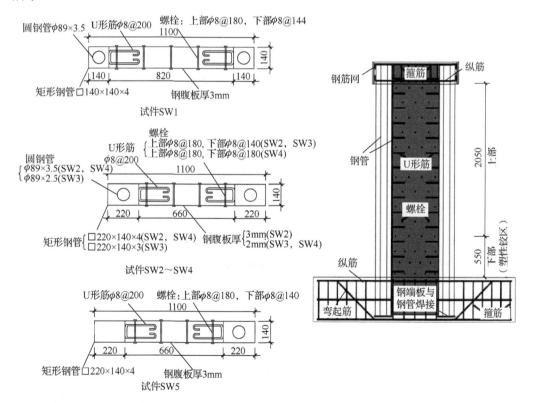

图 6.66　双钢板-混凝土组合剪力墙截面及尺寸特征（单位：cmm）[22]

表 6.15　试件 SW1～SW5 基本信息

试件编号	N/kN	λ	n_d	n_t	ρ_r/%	ρ_c/%	f_c/MPa	暗柱形式
SW1	2061	2.5	0.49	0.25	10.40	4.30	44.0	矩形钢管+圆钢管
SW2	1908	2.5	0.45	0.24	8.50	2.70	40.8	矩形钢管+圆钢管
SW3	1431	2.5	0.38	0.20	6.80	2.10	40.8	矩形钢管+圆钢管
SW4	1546	2.5	0.39	0.20	8.50	2.70	44.0	矩形钢管+圆钢管
SW5	1431	2.5	0.36	0.20	8.50	—	40.8	矩形钢管

注：N 为轴压荷载；λ 为墙的剪跨比；n_d 为剪力墙的设计轴压比；n_t 为轴压比试验值；ρ_r 为矩形钢管含钢率，钢管截面积与约束边缘构件截面积的比值；ρ_c 为圆钢管含钢率；f_c 为混凝土单轴抗压强度。

2. 模型介绍

基于 OpenSees 的多垂直杆单元（MVLEM）对"一"字形截面的双钢板-混凝土组合剪力墙的低周滞回性能开展有限元模拟，有限元模型如图 6.67 所示。多垂直杆模型单元（MVLEM）包含六个自由度，分别位于顶部和底部的刚性梁中心处，剪力墙的轴向变形和弯曲变形由 7 根竖向垂直杆单元来模拟，如图 6.67 中剪力墙的截面分区，每一根竖向垂直杆单元对应剪力墙每一区域；剪力墙的剪切响应由位于距墙构件底部高度 ch 处的剪切弹簧 k_H 描述，单元的剪切与弯曲效应是不耦合的。剪力墙顶面和底面刚性梁之间的相对旋转发生在位于构件中心轴上高度为 ch 的点，基于模型响应与试验结果的比较，Vulcano 等[34]建议 $c=0.4$。

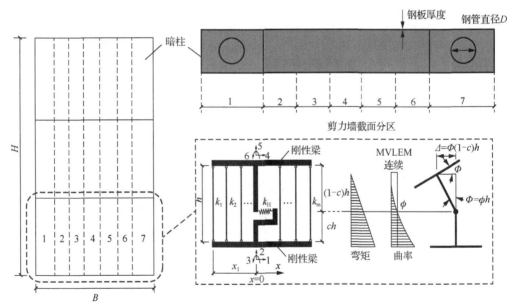

图 6.67　双钢板-混凝土组合墙基于 MVLEM 单元模型

（1）混凝土本构关系的确定

混凝土本构采用 Chang 等[26]开发的混凝土单轴滞回本构模型 ConcreteCM，关于 ConcreteCM 本构模型的介绍详见 6.6.1 节。试验中剪力墙试件 SW1 和 SW4 采用同一批混凝土浇筑，其立方体抗压强度 f_{cu} 为 44.0MPa；试件 SW2、SW3、SW5 采用同一批混凝土浇筑，其立方体抗压强度 f_{cu} 为 40.8MPa。边缘约束构件中圆钢管内的约束混凝土极限抗压强度 f_{cc} 的计算详见 6.6.1 节。截面中的混凝土类型分为两种：一类为暗柱截面混凝土，另一类为剪力墙截面混凝土。图 6.68 所示为剪力墙截面分区，将暗柱整体分为一个区域，暗柱截面混凝土立方体抗压强度 f_c' 的确定如下：

$$f_c' = \frac{f_{cc}A_{cc} + f_c A_c}{A_{cc} + A_c} \tag{6.99}$$

式中，f_{cc} 为钢管内约束混凝土的极限抗压强度；f_c 为暗柱中非约束混凝土的极限抗压强度；A_{cc} 为钢管内约束混凝土的截面面积；A_c 为暗柱中非约束混凝土的截面面积；f_c' 为暗柱截面混凝土的平均极限抗压强度。

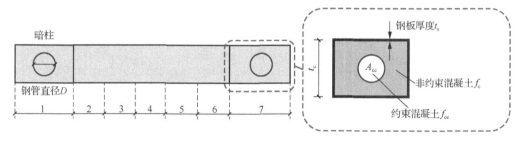

图 6.68　暗柱截面

（2）钢材本构关系的确定

钢材的本构关系采用 Steel02 模型，试验中不同厚度的钢材材料性能如表 6.16 所示。有限元中钢材弹性模量为 190000MPa；Steel02 模型中需要定义从弹性到塑性过渡的参数\$R0、\$CR1 和\$CR2，建议\$R0 取值为 10～20，本节中有限元模拟取值为 18.5，\$CR1 取值 0.925，\$CR2 取值 0.15。

表 6.16　试件 SW1～SW5 的钢材材料性能

名义厚度/ mm	实测厚度/ mm	屈服强度 f_y/ MPa	极限强度 f_u/MPa
2.0	1.83	332.4	440.7
2.5	2.38	345.7	393.2
3.0	2.94	322.1	433.5
3.5	3.12	383.7	461.3
4.0	3.73	298.6	443.6

（3）边界条件及加载制度

试验中墙底设置混凝土地梁，与组合墙浇筑成整体，有限元模拟中剪力墙边界简化为固定端。有限元模拟中加载制度与试验中一致，先向剪力墙截面施加竖向力，水平力各加载等级对应的位移角依次为 0.0050rad、0.0075rad、0.0100rad、0.0150rad、0.0200rad、0.0250rad、0.0300rad、0.0350rad，其中试件 SW1 加载到 0.0300rad 时已经发生破坏。

（4）数值模拟结果

有限元模拟结果与试验滞回曲线对比如图 6.69 所示，试件骨架曲线对比如图 6.70 所示。

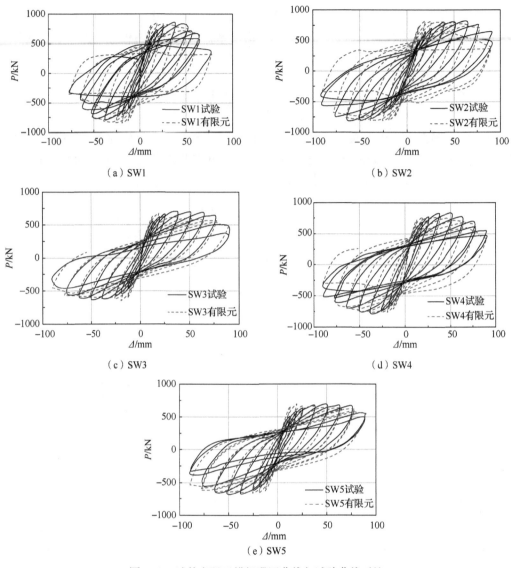

图 6.69　试件有限元模拟滞回曲线与试验曲线对比

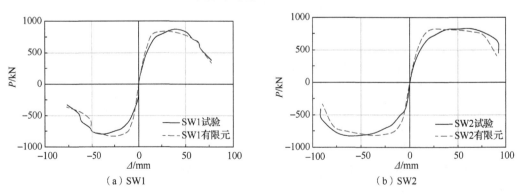

图 6.70　试件骨架曲线对比

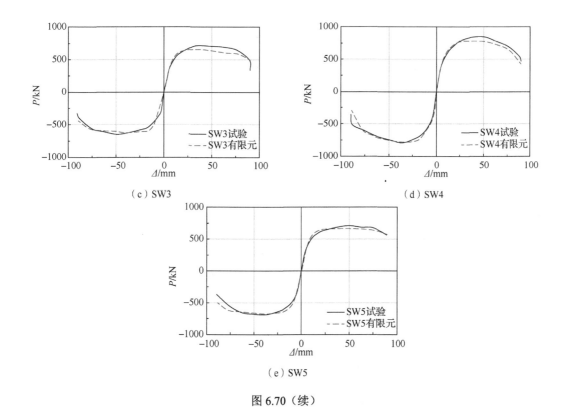

（c）SW3

（d）SW4

（e）SW5

图 6.70（续）

（5）滞回曲线和骨架曲线

图 6.69 为有限元模拟滞回曲线与试验曲线对比。结合试验结果可知，试件 SW1～SW5 变形以弯曲变形为主，试验中双钢板-混凝土组合剪力墙的滞回曲线为弓形，除试件 SW5 外滞回曲线有轻微捏缩现象，试件 SW1～SW4 滞回曲线没有明显的捏缩，呈现出压弯破坏的特征。有限元模拟结果较好地捕捉了试件的骨架曲线特征，如图 6.70 所示。以试件 SW3 和 SW5 为例，有限元模拟的滞回曲线较好地模拟了每个加载圈的刚度和承载力特征，试件 SW1、SW2 和 SW4 在加载后期滞回曲线较试验相比更为饱满，这也是因为有限元模拟中对材料均匀的理想化假设造成的，钢板与混凝土截面间的相对滑移在模拟中也被忽略。

（6）位移和承载力对比

表 6.17 列出了有限元模拟位移和承载力与试验结果对比。由表 6.17 可知，有限元模拟可以较好地捕捉组合剪力墙的峰值承载力 P_p，试验峰值承载力与有限元模拟结果的比值均值为 1.02，离散系数为 0.04；试验得到的屈服承载力与有限元模拟的试件屈服承载力 P_y 之比均值为 0.89，离散系数为 0.03，有限元模拟较高地预估了试件的屈服承载力；试验测得的屈服位移 Δ_y 与有限元模拟值相比，均值为 1.04，离散系数为 0.14，这是因为试件 SW1 和 SW2 骨架曲线过高地估计了试件刚度，极限承载力对应位移提前，导致屈服位移预估值的离散系数较大；对于极限位移 Δ_u 的预测，试验值与预测值的比值均值为 1.01，离散系数为 0.12。

表 6.17 SW1~SW5 有限元模拟位移和承载力与试验结果对比

试件编号	加载方向	$P_{y,test}$/kN	$P_{y,FE}$/kN	$P_{y,test}/P_{y,FE}$	$P_{p,test}$/kN	$P_{p,FE}$/kN	$P_{p,test}/P_{p,FE}$	$\Delta_{y,test}$/mm	$\Delta_{y,FE}$/mm	$\Delta_{y,test}/\Delta_{y,FE}$	$\Delta_{u,test}$/mm	$\Delta_{u,FE}$/mm	$\Delta_{u,test}/\Delta_{u,FE}$
SW1	正向	677	751	0.90	846	838	1.01	13.5	13.4	1.01	57.7	57.7	1.00
	负向	-660	-725	0.91	-782	-822	0.95	-13.9	-10.5	1.33	-54.6	-53.8	1.01
SW2	正向	616	724	0.85	811	817	0.99	16.2	15.2	1.06	82.0	79.5	1.03
	负向	-612	-718	0.85	-806	-817	0.99	-16.4	-13.5	1.21	-76.3	-76.3	1.00
SW3	正向	533	577	0.92	699	654	1.07	12.2	13.6	0.90	77.9	81.3	0.96
	负向	-484	-571	0.85	-638	-623	1.02	-12.7	-14.4	0.88	-73.2	-55.4	1.32
SW4	正向	623	666	0.94	846	780	1.08	14.8	14.4	1.03	72.4	69.5	1.04
	负向	-571	-635	0.90	-752	-780	0.96	-12.8	-12.3	1.04	-67.3	-70.4	0.96
SW5	正向	533	587	0.91	702	665	1.06	13.6	14.3	0.95	82.2	89.7	0.92
	负向	-530	-588	0.90	-693	-673	1.03	-14.1	-13.8	1.02	-68.9	-78.7	0.88
均值				0.89			1.02			1.04			1.01
离散系数				0.03			0.04			0.14			0.12

注：$P_{y,test}$ 为试验测得的屈服荷载；$P_{y,FE}$ 为有限元模拟得到的屈服荷载；$P_{p,test}$ 为试验测得的峰值荷载；$P_{p,FE}$ 为有限元模拟得到的峰值荷载；$\Delta_{y,test}$ 为试验测得的屈服位移；$\Delta_{y,FE}$ 为有限元模拟得到的屈服位移；$\Delta_{u,test}$ 为试验测得的极限位移；$\Delta_{u,FE}$ 为有限元模拟得到的极限位移。

小　结

本章对 23 个新型双钢板-混凝土组合墙试件进行了轴心受压试验，对 6 个无边柱和 7 个有边柱的设置加强型槽钢的双钢板-混凝土组合墙试件进行了拟静力试验研究，开展了双钢板-混凝土组合墙的受压与受剪性能分析，提出了适用于槽钢连接件双钢板-混凝土组合墙的理论模型，同时基于 ABAQUS 和 OpenSees 对组合墙进行了数值建模。本章主要结论如下。

1）轴压状态下，新型双钢板-混凝土组合墙的荷载-位移曲线可以分为线性阶段、非线性阶段和下降阶段三个阶段。其中，线性阶段与非线性阶段的交点对应弹性极限荷载 P_e，此时钢板的鼓曲开始加大；非线性阶段和下降阶段的交点对应峰值荷载 P_u，此时位于剪力连接件之间的钢板沿着宽度方向鼓曲贯通，混凝土被压溃。采用 UHPC 组合墙的下降阶段要比采用普通混凝土组合墙的下降阶段更陡峭，表现出明显的脆性。

2）在承受竖向荷载时，槽钢开口向右会导致加载方向上混凝土与腹板之间的接触面积减小，从而出现应力集中现象，使得混凝土易发生劈裂。随着钢板厚度的增加，组合墙的含钢率随之增长，初始刚度增大；同时，距厚比减小，钢板对混凝土的约束效应增强，构件的承载力和延性提高；混凝土强度的提高能直接提升组合墙的抗压承载力，但同时也会增加材料的脆性，造成结构的延性降低，变形性能减弱。组合墙中剪力连接件的竖向间距越大，组合墙的鼓曲长度越大；随着鼓曲长度的增大，钢板屈曲应变降低，组合墙的破坏模式由塑性屈曲破坏转变为弹性屈曲破坏，钢板提前退出工作，最终影响组合墙的极限承载力，极限位移也随之减小。同时，过少的剪力连接件会削弱钢板对核心混凝土的约束效应，组合墙的延性降低，破坏加快。横向间距和竖向间距对组合墙受力和变形性能的影响接近，当组合墙横向间距大于某一临界值时，造成位于相邻两列连接件之间一定范围内的钢板受约束较弱，相邻鼓曲板带在该弱约束区域内极易发生上下连通的现象，因此根据鼓曲长度计算的距厚比大于根据竖向间距计算的距厚比。

3）本章提出的轴压状态下组合墙的理论模型是根据组合墙实际的受力情况建立的，因此能够很好地预测组合墙的轴压承载力。引用美国规范、欧洲规范和中国标准分别与试验结果进行比较，结果表明中国标准对轴压承载力预测较为准确，美国规范和欧洲规范预测的结果偏于安全。

4）在拟静力受力状态下，各试件的最终破坏形态均为弯曲破坏，无边柱试件的破坏特征包括墙体底部屈曲现象明显、鼓曲横向贯通、呈现出带状凸起现象、墙体底部侧边钢板焊缝开裂、内部混凝土压溃，有边柱试件的破坏特征包括边柱底部钢板屈曲、墙体底部钢板屈曲、边柱角部焊接处的拉伸断裂和混凝土压碎。

5）无边柱试件中连接件间距的增加降低了其承载力、变形能力、初始刚度和耗能能力；无边柱试件的钢板厚度提高，其屈服荷载、峰值荷载和初始刚度均会提高，但破坏位移减小，增加试件的钢板厚度会增加试件的耗能能力；无边柱试件剪跨比的减小显著提高了其承载力和初始刚度，耗能能力有所增加；采用连接件腹板竖直设置的无边柱试件比连接件腹板水平设置的试件承载力更高，初始刚度更大，但变形能力有所下降；底部连接件不加密的无边柱试件比底部连接件加密的试件承载力、初始刚度及变形能力都有所下降；轴压比的增加提高了有边柱试件的承载力，降低了变形能力，并使其耗能能力略有降低；增加边柱的钢板厚度可以提高有边柱试件的承载力和变形能力，显著改善试件的抗震性能；在边柱中设置圆钢管显著改善了有边柱试件的抗震性能，显著提高了其强度、变形能力和耗能能力；在组合墙试件中设置边柱，可大大改善墙体的抗震性能，显著提高其强度、变形能力和耗能能力。

6）在拟静力试验的基础上，通过给出三折线骨架曲线关键点的计算公式，本章建立了设置加强型槽钢的双钢板-混凝土组合墙的恢复力模型骨架曲线。通过确定合适的滞回规律，建立设置加强型槽钢的双钢板-混凝土组合墙的恢复力模型滞回曲线，该恢复力模型能较好地预测该组合墙的抗震性能指标。同时，本章对拟静力状态下设置加强型槽钢的双钢板-混凝土组合墙进行有限元分析，依据试验情况，采用塑性损伤模型模拟混凝土在往复荷载下的力学行为，对试验的无边柱试件进行数值建模，并将有限元结果与试验结果进行比较，两者吻合得较好，验证了数值建模的可靠性和准确性。

7）基于 OpenSees，采用 dispBeamColumn 单元和多垂直杆单元（MVLEM）可以较好地模拟双钢板-混凝土组合剪力墙的滞回性能、骨架曲线及承载力。dispBeamColumn 单元可以较好地模拟以弯曲破坏为主的双钢板-混凝土组合剪力墙的低周滞回性能，较准确地捕捉加载前几圈的荷载-位移曲线，但对加载后期滞回圈的模拟相较于试验曲线更为饱满，对极限承载力的预估也稍高于试验结果；dispBeamColumn 单元对以剪切变形为主的低剪跨比试件滞回性能的模拟较为一般，对滞回曲线中的捏缩现象模拟效果较差。多垂直杆单元较好地模拟了以压弯破坏为主的双钢板-混凝土组合剪力墙的滞回性能、骨架曲线和承载力。两种单元对试件初始刚度的模拟相较于试验结果稍大，有限元模拟中忽略了钢板与混凝土界面间的黏结滑移，因此对峰值承载力后滞回圈的模拟较试验相比更为饱满；两种单元都具有较高的计算效率和较好的收敛性。

参 考 文 献

[1] 张哲，邵旭东，李文光，等. 超高性能混凝土轴拉性能试验[J]. 中国公路学报，2015，28（8）：54-62.

[2] 张有佳，李小军，贺秋梅，等. 钢板混凝土组合墙体局部稳定性轴压试验研究[J]. 土木工程学报，2016，49（1）：62-68.

[3] YAN J B, CHEN A Z, WANG T. Developments of double skin composite walls using novel enhanced C-channel connectors[J]. Steel and Composite Structures, 2019, 33(6):877-889.

[4] CHOI B J, HAN H S. An experiment on compressive profile of the unstiffened steel plate-concrete structures under compression loading [J]. Steel and Composite Structures, 2009, 9(6): 439-454.

[5] 刘良林，王全凤，沈章春. 基于损伤的累积滞回耗能与延性系数[J]. 地震，2008，28（4）：13-19.

[6] YAN J B, WANG Z, LUO Y B, et al. Compressive behaviours of novel SCS sandwich composite walls with normal weight concrete[J]. Thin-Walled Structures, 2019, 141: 119-132.

[7] PARK R, PRIESTLEY M J N, GILL W D. Ductiltiy of square-confined concrete conlumn[J]. Journal of the Structural Division, 1982, 108(4): 929-950.

[8] 过镇海，时旭东. 钢筋混凝土原理和分析[M]. 北京：清华大学出版社，2003.

[9] 唐九如. 钢筋混凝土框架节点抗震[M]. 南京：东南大学出版社，1989.

[10] 樊健生，陶慕轩，聂建国，等. 钢骨混凝土柱-钢桁梁组合节点抗震性能试验研究[J]. 建筑结构学报，2010，31（2）：1-10.

[11] 张晓萌. 钢管束组合剪力墙抗震性能试验及理论研究[D]. 天津：天津大学，2016.

[12] 李国胜. 多高层钢筋混凝土结构设计中疑难问题的处理及算例[M]. 北京：中国建筑工业出版社，2011.

[13] ZHAO W Y, GUO Q Q, HUANG Z Y, et al. Hysteretic model for steel-concrete composite shear walls subjected to in-plane cyclic loading[J]. Engineering Structures, 2016, 106: 461-470.

[14] YAN J B, YAN Y Y, WANG T, et al. Seismic behaviours of SCS sandwich shear walls using J-hook connectors[J]. Thin-Walled Structures, 2019, 144: 106308.

[15] YAN J B, YAN Y Y, WANG T. Cyclic tests on novel steel-concrete-steel sandwich shear walls with boundary CFST columns[J]. Journal of Constructional Steel Research, 2020, 164: 105760.

[16] JI X D, JIANG F M, QIAN J R. Seismic behavior of steel tube-double steel plate-concrete composite walls: Experimental tests[J]. Journal of Constructional Steel Research, 2013, 86: 17-30.

[17] YAN J B, RICHARD LIEW J Y, ZHANG M H, et al. Mechanical properties of normal strength mild steel and high strength steel S690 in low temperature relevant to Arctic environment[J]. Materials & Design, 2014, 61: 150-159.

[18] CLOUGH R W, JOHNSTON S B. Effect of Stiffness Degradation on Earthquake Ductility Requirements[M]. Berkeley: University of California, 1966.

[19] PARK Y J, REINHORN A M, KUNNATH S K. IDARC: Inelastic damage analysis of reinforced concrete frame-shear-wall structures[R]. Technical Report, No. NCEER- 87- 0008, State University of New York, Buffalo, 1987.

[20] 何政，欧进萍. 钢筋混凝土结构非线性分析[M]. 哈尔滨：哈尔滨工业大学出版社，2007.

[21] YAN J B, QIAN X D, RICHARD LIEW J Y, et al. Damage plasticity based numerical analysis on steel-concrete-steel sandwich shells used in the Arctic offshore structure[J]. Engineering Structures, 2016, 117: 542-559.

[22] 纪晓东，蒋飞明，钱稼茹，等. 钢管-双层钢板-混凝土组合剪力墙抗震性能试验研究[J]. 建筑结构学报，2013，34（6）：75-83.

[23] 齐威. ABAQUS 6.14 超级学习手册[M]. 北京：人民邮电出版社，2016.

[24] RABBAT B G, RUSSELL H G. Friction coefficient of steel on concrete or grount[J]. Journal of Structure Engineering, 1985,

111(3): 505-515.

[25] 丁路通. 双钢板-交错栓钉-混凝土组合剪力墙抗震性能研究[D]. 哈尔滨：中国地震局工程力学研究所，2014.

[26] CHANG G A，MANDER J B. Seismic energy based fatigue damage analysis of bridge columns: part i – evaluation of seismic capacity[J]. National Center for Earthquake Engineering Research, 1994.

[27] TSAI W T. Uniaxial compressional stress-strain relation of concrete[J]. Journal of Structural Engineering, 1988, 114(9): 2133-2136.

[28] TANG J L, HINO S, KURODA I, et al. Modeling of stress-strain relationships for steel and concrete in concrete filled circular steel tubular columns[J]. Steel Construction Engineering, 1996, 3(11): 35-46.

[29] 朱伯芳. 混凝土极限拉伸变形与龄期及抗拉、抗压强度的关系[J]. 土木工程学报，1996（5）：72-76.

[30] SUGUPTA D P G, MENDIS P A. Design of high-strength-concrete filled tube column for tall building[C]//Proceedings of the Fifth East-Asia-Pacific Conference on Structural Engineering and Construction, Griffith University, Australia, 1995: 427-432.

[31] 陶慕轩，聂建国. 材料单轴滞回准则对组合构件非线性分析的影响[J]. 建筑结构学报，2014，35（3）：24-32.

[32] 古泉，黄素蓉. OpenSees 实用教程[M]. 北京：科学出版社，2006.

[33] YAN J B, LI Z X, WANG T. Seismic behaviour of double skin composite shear walls with overlapped headed studs[J]. Construction and Building Materials, 2018, 191: 590-607.

[34] VULCANO A, BERTERO V V, COLOTTI V. Analytical Modeling of R/C Structural Walls[C]//Proceedings of 9th World Conference on Earthquake Engineering, Tokyo-Kyoto, Japan, 1988: 41-46.